智能计算
Intelligent Computing

王俊丽　闫春钢　蒋昌俊　著

科学出版社

北京

内 容 简 介

本书主要介绍了智能计算技术相关的理论方法与关键技术，并对典型的应用领域与平台也进行了相关介绍和讨论。全书共 10 章，简要介绍智能的起源、智能与计算等研究背景及意义，详细介绍了机器学习、深度学习等模型与算法及其应用，着重介绍了图神经网络模型、网学习模型、神经网络架构搜索和大数据资源服务等技术，并面向智能交通和网络交易支付等领域和场景详细介绍了智能技术相关的应用。

本书可供计算机科学与技术领域研究人员参考，也可作为高等院校相关专业的教材。

图书在版编目（CIP）数据

智能计算／王俊丽，闫春钢，蒋昌俊著. —北京：科学出版社，2022.8
ISBN 978-7-03-073017-6

Ⅰ. ①智⋯ Ⅱ. ①王⋯ ②闫⋯ ③蒋⋯ Ⅲ. ①人工智能－计算
Ⅳ. ①TP183

中国版本图书馆 CIP 数据核字（2022）第 158176 号

责任编辑：王 哲 ／ 责任校对：胡小洁
责任印制：师艳茹 ／ 封面设计：迷底书装

科 学 出 版 社 出版
北京东黄城根北街 16 号
邮政编码：100717
http://www.sciencep.com

北京建宏印刷有限公司 印刷

科学出版社发行 各地新华书店经销
*
2022 年 8 月第 一 版 开本：720×1 000 1/16
2024 年 2 月第二次印刷 印张：18 1/2 插页：4
字数：370 000
定价：168.00 元
（如有印装质量问题，我社负责调换）

作者简介

王俊丽，女，博士，副研究员，硕士生导师。2007年博士毕业于同济大学，并在同济大学工作至今，曾主持国家自然科学基金青年基金项目等，参与完成的研究成果获得2019年上海市技术发明一等奖。主要研究方向为人工智能、机器学习、深度学习、文本语义分析等。

闫春钢，女，博士，教授，博士生导师。研究成果获得2013年国家科技进步二等奖、2010年国家技术发明二等奖等多项奖项；主持国家863项目、国家自然科学基金、省部级项目等多项；已在国内外核心刊物及国际会议发表学术论文40余篇。主要研究方向为计算机协同与服务计算、可信计算、智能计算等。

蒋昌俊，中国工程院院士，同济大学教授，Brunel University London名誉教授，CAAI/CAA/CCF/IET Fellow，中国人工智能学会监事长，中国云产业创新战略联盟副理事长等。以第一完成人获国家技术发明二等奖1项、国家科技进步二等奖2项、省部级一等奖8项，以及国际离散事件动态系统领域HO PAN CHING YI Award（独立）等国际奖多项。主要从事并发计算与网络金融安全领域研究，是我国该领域带头人。创建了并发系统行为理论，攻克了交易风险防控瞬时精准辨识的重大技术难题，主持建立了我国首个网络交易风险防控体系、系统及标准，为我国在该领域成为国际"领跑者"做出了开拓性贡献。成果获中、美、德发明专利106件、国际PCT25件；发表论文300余篇（含ACM/IEEE汇刊80篇），中英文专著5本；研究成果被广泛引用和正向评价，并在网络经济、数字治理、金融科技等领域获得成功应用。

前　　言

　　智能计算旨在模拟人脑中信息存储和处理机制等智能行为，使机器具有一定程度上的智能水平。目前，人工智能领域的研究取得的重要进展，特别是由于擅长发现高维数据中的复杂结构，已经被广泛应用于计算机视觉、语音识别、自然语言处理、风险控制、自动驾驶汽车等领域，对信息科学领域的发展起到了重要的推动作用。

　　本书从信息技术角度，介绍了智能计算的理论和相关技术，这些内容是近年来作者所在课题组在不断理论突破和实践应用中获得的创新精华。在此基础上，面向网络交易支付和智能交通等典型应用场景与领域，分别给出了相关的关键方法与技术。这些研究持续得到上海市、国家自然基金委员会、科技部等项目支持，形成了智能计算关键技术的整套理论与方法，研制了智能交通和网络交易风险防控系统平台与应用示范。

　　本书详细介绍了机器学习、深度学习等模型与算法及其应用，着重介绍了图神经网络模型、网学习模型、神经网络架构搜索和大数据资源服务等技术，并面向智能交通和网络交易支付等领域和场景详细介绍了智能技术相关的应用。研究团队发表了数十篇 SCI 等学术成果，获得了数十项专利授权，培养了 20 多名博士、硕士及博士后。相关研究成果先后获得了国家科技进步奖二等奖和吴文俊人工智能科学技术奖技术发明奖一等奖。

　　本书的写作过程中，得到了实验室的博士生、硕士生，以及博士后的大力支持，感谢他们为本书提供了相关的材料。感谢同济大学嵌入式系统与服务计算教育部重点实验室的老师、博士生、硕士生及博士后的热情支持与帮助。

　　由于时间和水平有限，书中难免出现疏漏和不妥之处，请读者批评指正！

作　者

2022 年 4 月

目　　录

彩图

第1章　智能源于人、拓于工

1.1　引　　言

随着互联网、大数据、云计算和深度学习等新一代信息技术的飞速发展，目前，人工智能(Artificial Intelligence，AI)领域的研究和应用已经取得重要的进展。AI 是与计算机和控制学科密切相关的一个研究领域，20 世纪 70 年代以来被称为世界三大尖端技术之一(空间技术、能源技术、人工智能)，也被认为是 21 世纪三大尖端技术(基因工程、纳米科学、人工智能)之一。AI 旨在模拟人脑中信息存储和处理机制等智能行为，使机器具有一定程度上的智能水平。由于擅长发现高维数据中的复杂结构，深度学习正被应用于科学、商业和政府等领域，对信息科学领域的发展起到了很重要的推动作用。

本章将从两个维度深入剖析和解读 AI 发展过程，第一个维度是横向视角，从来自于神经科学、人脑智能等智能启发的源头追溯，探讨了 AI 各个分支重要的发展历程，综合分析 AI 的发展和演进过程；第二个维度是纵向视角，从与 AI 密切相关的几个学科，包括计算机科学、控制科学、人脑智能、类脑智能等，通过它们在不同历史时期与 AI 之间的相互作用，分析这些学科或领域之间的交融与历史演进，更清晰地对 AI 的本质进行认知。

本章的组织结构如下：1.2 节深入分析与 AI 密切相关的计算机科学、控制科学、类脑智能、人脑智能等学科或领域之间的交融与历史演进；1.3 节指出神经科学、脑科学与认知科学的有关脑的结构与功能机制的研究成果，为构建智能计算模型提供了重要的启发，并从逻辑模型及系统、神经元及网络模型、视觉神经分层机制等方面，分别阐述智能的驱动与发展；1.4 节对 AI 的发展趋势进行展望，1.5 节是本章小结。

1.2　智能的定义与历史演进

1.2.1　智能的定义

在心理学领域，将智能定义为智力和能力的总称。其中，"智"指进行认识活动的某些心理特点，"能"则指进行实际活动的某些心理特点[1]。下面将从与智能密切相关的人脑智能、人工智能、类脑智能三个方面探讨智能的定义。

人脑是由一千多亿个高度互联的神经元组成的复杂生物网络，是人类分析、联想、记忆和逻辑推理等能力的来源。人脑智能正是反映人类大脑具有的感知世界、理解世界和管理世界的智慧和能力，其研究主要围绕人类智能活动的规律，揭示大脑信息表征、转换机理和学习规则，以期建立大脑信息处理过程的智能计算模型。随着神经解剖学的发展，人脑信息处理的奥秘也正在被逐步揭示。在此基础上，人工智能是模拟人类大脑信息处理、记忆、逻辑推理等智能行为的基本理论、方法和技术，通过应用计算机的软硬件技术，构造具有一定智能的人工系统，让计算机去完成以往需要人的智力才能胜任的工作。而类脑计算则渴求通过模仿人类神经系统的工作原理，开发出快速、可靠、低耗的运算技术。如何借助神经科学、脑科学与认知科学的研究成果，建立智能计算模型，使机器掌握人类的认知规律，是"类脑智能"的研究目标[2,3]。

1.2.2 智能的历史演进

1950 年，AI 之父英国人图灵(Turing)的一篇里程碑式论文《计算机器与智能》为人类带来了一个新学科——人工智能[4]。1956 年夏季的"达特茅斯会议"中，以麦卡锡(McCarthy)、明斯基(Minsky)、罗切斯特(Rochester)和香农(Shannon)等为首的一批有远见卓识的年轻科学家，共同研究和探讨用机器模拟智能的一系列问题，首次提出了"人工智能"这一术语，标志着"人工智能"正式诞生。

AI 作为一门新兴的科学技术，其发展演进过程与信息科学领域的演进过程密切相关，特别是计算机科学、控制科学这两大学科。在 AI 的发展中，不同学科背景的学者对 AI 做出了各自的理解，提出了不同的观点。为此，将首先综合分析计算机科学、控制科学、人工智能的历史时期的主要演变环节和相互作用，如图 1.1 所示。

首先在计算机科学发展过程中，从基础理论来说，形成了一套坚实的计算机科学理论。20 世纪 30 年代，可计算理论取得突破性进展，当时提出四个重要的计算模型：λ演算、图灵机、哥德尔递归函数、Post 系统。在理论意义上，这些模型之间在能力上是等价的，其中以图灵机更接近常人计算，成为计算机的计算理论基础。在此基础上，20 世纪 50 年代乔姆斯基(Chomsky)建立了形式语言的理论体系[5]，从语言、文法到机器模型，给出了计算机科学的能级空间的层次划分，对计算机科学有着深刻的影响，特别是对程序设计语言和编译方法等有重要的作用。同时，60 年代的计算复杂性和 70 年代的程序验证理论都为整个计算机科学的发展奠定了坚实的理论基础。另一方面是计算机技术的发展。50 年代冯·诺依曼提出计算机体系结构，以程序存储为基础，程序指令和数据共用一个存储空间。1945 年，第一代计算机 ENIAC 诞生。1964 年，IBM(International Business Machines Corporation)宣布推

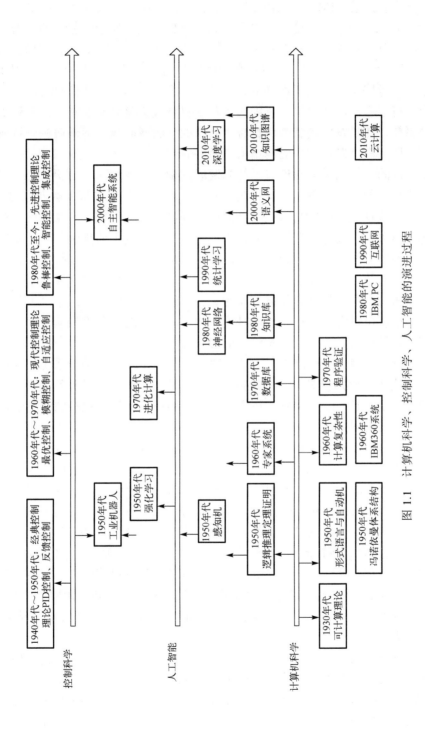

图 1.1　计算机科学、控制科学、人工智能的演进过程

出的一款计算机系统 IBM360,在业界引起了轰动。后来到 80 年代的 PC 机,IBM 一直保持领先优势。当时讨论的是单个电脑的计算组成、原理和相应的机器,即单机系统。在这个范畴内,无论是理论还是技术都比较完备。后来,随着时间的推进,90 年代出现的互联网,不同于单机系统的确定和完备,是一个非确定、开放共享、动态的系统。近些年,出现了物联网、云计算、大数据等新一代信息技术,到现在的云平台。可以看出,计算机系统经历了从单机时代进化到能够整合共享资源的专用局域网系统,然后发展到资源可整合、共享的互联网时代,逐步演进到目前资源动态分配、服务高度发达共享的网络信息服务时代。

　　基于这样的计算机科学理论与系统的发展,AI 发展最早可以追溯到 50 年代以符号主义为代表的逻辑推理和定理证明研究。之后,60 年代模拟人类专家的行为,概括成经验性的规则形成规则系统,推演应用领域知识的生成。专家系统在医疗诊断、化学逻辑关系推演等发挥很好的作用。但因为人工制定的规则一旦抽取出来就是固定的,不便于系统的成长和拓展,而且规则是确定的,专家系统难以处理一些新的问题。随着该过程的发展,后来出现了数据库和知识库,建立知识单元支持规则的推演;语义网络,将概念与概念间的关系组织起来形成网络;结合大数据又出现了知识图谱。可以看出,这一层面是模拟和学习人的逻辑思维推演过程,这也正是受到底层计算机科学理论和系统结构的影响而发展起来的。

　　AI 的另外一条主线是以连接主义为代表,模拟发生在人类神经系统中的认知过程。50 年代提出的感知机是最早的模拟神经元细胞和突触机制的计算模型。之后模拟人的神经系统,建立了多层感知机等人工神经网络,一直到现在的深度学习都是沿着这一主线发展起来的。

　　与此同时,在 AI 发展过程中另外一个重要学派行为主义认为智能是系统与环境的交互行为。因此,形成了强化学习、进化计算等智能方法,可以看成控制学科对 AI 的启发。控制科学的发展经历了三个重要时期:1940 年代～1950 年代:经典控制理论(PID(Proportional Integral Derivative)控制、反馈控制),这一时期是单变量专一事务的控制,而且是试错性的。1960 年代～1970 年代:现代控制理论(最优控制、模糊控制、自适应控制),在线性系统的状态空间表示基础上,建立状态方程,卡尔曼滤波最具代表性。1980 年代至今:先进控制理论(鲁棒控制、智能控制、集成控制),具有代表性的有离散事件动态系统、混杂系统。此外,20 世纪 50 年代开始的机器人也比较有代表性,后来出现了服务机器人,特别是最近的自主智能系统,如无人机、无人车等。

　　以上从三条主线纵观了智能的情况和背景,下面换个角度,从计算机科学和类脑智能的发展角度来看人工智能,如图 1.2 所示。

　　AI 从 20 世纪 50 年代开始经历了三次浪潮。第一次浪潮是 1956 年开始,核心是符号主义用机器证明的办法去证明和推理一些知识,建立了逻辑定理证明、专家

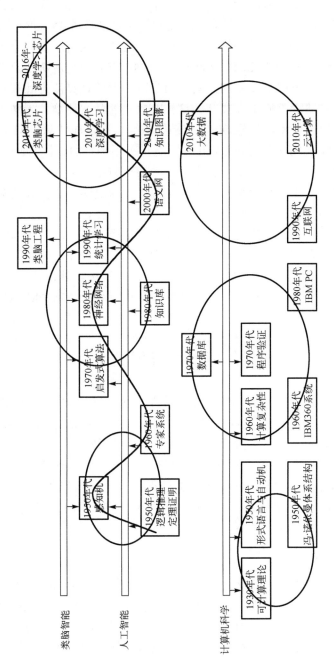

图 1.2 计算机科学、人工智能、类脑计算的演进过程

系统、知识库等。但专家的经验规则是有限的、确定的，难以进行知识的更新。所以在这个阶段，人们原来期望借助 AI 可以解决很多问题，实际上没有得到解决，AI 走向低潮。第二次浪潮是 20 世纪 80 年代，受到算法复杂性理论、硬件支撑系统、数据库管理系统等方面的推动，以神经网络为代表的连接主义再次受到学者们的广泛关注，提出了多层感知机、BP(Back Propagation)网络等，成功解决了复杂的非线性分类和回归问题，再次引起了 AI 的热潮。但当时机器的计算能力还很有限，缺乏强力计算设备，同时缺少类似于人类社会这样开放式的学习环境，无法提供神经网络训练所需的大量数据样本，导致 90 年代神经网络再次走向低潮，AI 研究者将目光转向统计学习。90 年代互联网兴起，互联网是一个不确定的、不断成长的系统，包括云计算和大数据的出现，提供了一套更加有效地对数据获取、处理的机制和平台。这样一来，再次刺激了神经网络的复苏，出现了以深度学习为代表的第三次浪潮。2006 年，辛顿(Hinton)提出神经网络深度学习算法，使得至少具有 7 层的神经网络的训练成为可能[6]，由于能够比较好地模拟人脑神经元多层深度传递的过程，在解决一些复杂问题时有着突破性的表现。与此同时，类脑智能研究也逐步引起学术界和工业界的关注，其核心是受脑启发构建神经拟态架构和处理器，包括 IBM TrueNorth 等硬件方面模拟人的神经元芯片和深度学习芯片，如 Google TPU、中科院的寒武纪系列等。

1.3 智能的驱动与发展关系

神经科学、脑科学与认知科学所揭示的有关脑结构与功能机制为构建智能计算模型提供了重要的启发。本节将在上述发展脉络分析的基础上，从智能的起源开始追溯，分别从智能驱动的专题版块进行阐述，包括逻辑模型及系统、神经元及网络模型、视觉神经分层机制、脉冲神经网络模型、学习与记忆机制、语言模型、进化与强化，综合分析 AI 的发展和演进过程，设计了智能版块"五线谱"，其中五条线分别为五个不同的领域，七种不同颜色分别表示七个智能专题，如图 1.3 所示。

1. 逻辑模型及系统

人类神经系统具有逻辑思维的潜力，可以通过后天的学习和训练，逐渐形成具体的逻辑思考能力。以人的逻辑思维和推演过程为智能驱动，经历了 20 世纪 50 年代~70 年代初的逻辑推理与定理证明，之后发展到 20 世纪 80 年代出现大量的专家库和知识库，到 1998 年出现语义网、2012 年谷歌提出知识图谱等。可以看出，在这一层面 AI 领域通过模拟和学习人类的逻辑推理能力，经历了逻辑推理与定理证明、专家库、知识库、语义网、知识图谱等一些重要的历程。

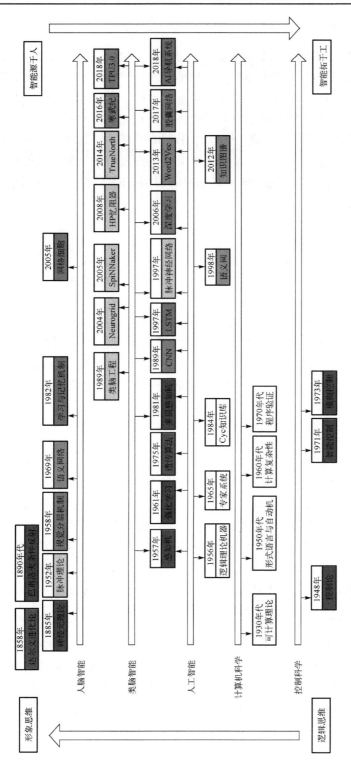

图 1.3　智能版块"互线谱"（见彩图）

2. 神经元及网络模型

人的大脑通过神经元传输信息，数量巨大的神经元构成了神经网络。以神经元及网络模型[7,8]为智能驱动，20 世纪 50 年代出现模仿人类神经元模型的感知机[9,10]；之后发展了模拟人脑信息传递与处理过程的多层感知机[11]、Hopfield 网络[12]、波尔兹曼机[13]，这些模型在当时都引起了较大轰动；在此基础上，发展了可以通过学习获得所需要的信息处理能力的 BP 算法[14]，用于训练多层神经网络，以解决复杂学习问题。可以看出，在这一层面 AI 领域基于模仿生物大脑的结构和功能构建信息处理系统，发展了感知机、多层感知机、Hopfield 网络、BP 算法等一系列重要的人工神经网络理论与方法。

3. 神经分层机制

以神经分层机制[15]为智能驱动，探索新型的神经网络架构，具有代表性的成果有 1989 年提出的模拟人脑可视皮层信息分层处理机制的卷积神经网络[16]、2012 年在百万量级的 ImageNet 数据集合上夺冠的受限波尔兹曼机[17]、2017 年提出一种新型神经网络架构——胶囊网络[18]等，在计算和智能模拟能力上取得重要突破。在深度学习算法芯片方面，有代表性的包括：寒武纪系列芯片[19]和谷歌的 TPU。可以看出，在这一层面 AI 领域基于人脑在脑区尺度进行层次化信息处理的机制，发展了卷积神经网络、受限波尔兹曼机、胶囊网络等一系列重要的深度学习模型和架构。

4. 脉冲神经网络模型

以脉冲神经网络模型为智能驱动，基于人脑神经元之间突触的信号传递机制与突触可塑性法则，探索新型的脉冲神经网络模型[20,21]和神经拟态架构，代表性成果有 IBM TrueNorth[22]计算机架构，在并行计算中实现更高效的通信；忆阻器[23]作为一种特殊的电子元器件，具有与神经系统突触十分相似的传输特性[24]，同时具有布尔逻辑运算的功能[25]，已被应用于脉冲神经网络中构建多记忆突触结构[26]。可以看出，在这一层面 AI 领域基于更高级的生物神经传递机制的模拟，发展了脉冲神经网络和以 IBM TrueNorth、忆阻器为代表的一系列神经拟态架构。

5. 学习与记忆机制

以学习与记忆机制为智能驱动，探索新型的神经网络模型，1997 年提出的长短时程记忆网络（Long Short Term Memory Networks，LSTMs）是模拟人脑神经系统短期记忆与长期记忆机制[27]。另外一方面，神经科学家发现大脑神经系统中存在着神经元位置细胞和网格细胞，参与大脑记忆活动。受此启发，2018 年提出的基于网格细胞的定位模拟系统[28]能自动生成与大脑细胞活动非常相似的网格模式，并帮助小鼠自动找到捷径。可以看出，在这一层面 AI 领域基于模拟人类大脑通过学习来获取和存储知识的能力，发展了 LSTMs 和网格细胞定位系统等重要的成果。

6. 语言模型

以语言模型为智能驱动，探索机器的语义信息的加工编码机制[29]，发展了语义 Web[30]和知识图谱，将概念和实体组成具有层次的网络系统；另一方面，在大脑神经系统视觉字母识别[31]基础上，探索基于神经网络的统计语言模型，发展了神经网络语言模型 (Neural Network Language Model，NNLM)[32]、词嵌入[33]、基于深度神经网络的字母识别计算模型[34]等，广泛应用于各种自然语言处理问题。可以看出，在这一层面 AI 领域基于模拟人类大脑对语言的学习和组织能力，分别发展了语义 Web、知识图谱和 NNLM、词嵌入等重要成果。

7. 进化与强化

以进化与强化为智能驱动，基于模拟生物进化过程中"优胜劣汰"的自然选择机制和遗传信息的传递规律等，发展了一系列的遗传算法、进化策略、蚁群算法等进化方法，通过自然演化寻求最优解。另外一方面，受控制理论[35]发展的影响，形成了动态规划和马尔可夫决策过程等最优控制方法，之后发展了 Q 学习、SARSA (State Action Reward State Action) 算法、DQN (Deep Q Network) 等强化学习方法[36]，通过与环境进行交互获得的奖赏以指导行为。可以看出，一方面借鉴生物进化和遗传学理论，发展了遗传算法、进化策略、蚁群算法等进化方法；另外一方面，基于模拟人类与外界环境交互式学习过程，发展了动态规划、Q 学习、SARSA 算法、DQN 等一系列重要的强化学习方法。

1.4　人工智能的现状与趋势

1.4.1　人工智能的现状

人工智能受到各国政府的高度重视。2016 年 10 月，美国白宫发布报告《国家人工智能研究和发展战略计划》，提出了美国优先发展的人工智能七大战略方向：投资研发战略、人机交互战略、社会影响战略、安全战略、开放战略、标准战略、人力资源战略，将人工智能上升到国家战略层面。2017 年 7 月，我国国务院印发《新一代人工智能发展规划》，提出了面向 2030 年我国新一代人工智能发展的指导思想、战略目标、重点任务和保障措施，部署构筑我国人工智能发展的先发优势，加快建设创新型国家和世界科技强国。2017 年 2 月，中国工程院院刊《信息与电子工程前沿（英文）》出版了 AI 2.0 专题，对人工智能 2.0 中所涉及的大数据智能、群体智能、跨媒体智能、混合增强智能和自主智能等进行深度阐述[37-43]。

1.4.2　人工智能发展趋势

人工智能发展的特点如图 1.4 所示。传统的 AI，注重从感知到认知的过程，实现从逻辑到计算的不断提升。当前的 AI，由弱到强的智能，是从闭环到开环、从确定到不确定的系统。未来的 AI，将是从理性到感性，从有限到无限，从专门到综合。这样的过程更具有挑战性，所以 AI 发展之路还很漫长，现在只是开始，深入探索传统 AI，并为向当前 AI 和未来 AI 迈进奠定基础。

未来AI　　5. 从理性到感性
　　　　　6. 从有限到无限
　　　　　7. 从专门到综合

当前AI　　3. 从闭环到开放
　　　　　4. 从确定到不确定

传统AI　　1. 感知计算
　　　　　2. 逻辑演算

图 1.4　人工智能发展的特点

目前，AI 的基础理论和技术已取得了一系列重要的研究成果。未来计算机科学、人工智能、类脑智能、人脑智能的研究还有许多亟待解决的问题与挑战。

1. 互联网的计算理论

当前互联网基础设施的不断完善和提升，应用创新和商业模式创新层出不穷，在智能交通、互联网金融、智慧医疗等领域已经取得了一些初步应用成果。但是互联网计算理论的研究有待加强。早期的单机系统具有坚实理论基础，但互联网是一个开放的不确定系统，如何以智能应用为垂直场景，在确定有效前提或边界的条件下，建立互联网的计算理论具有挑战性。

2. AI 的演算和计算的融合

尽管深度神经网络在语音识别和图像识别等任务中显示出很大的成功，现有的深度学习结构还远远不及生物神经网络结构复杂，目前的神经网络模型大都侧重对数据的计算层面，而事实上一个高级的智能机器应该具有环境感知与逻辑推理的能力。如何将 AI 的演算和计算进行融合，反映人脑的交互迭代过程，这样的交互和融合将是下一步的主要研究方向。

3. 类脑智能的模型和机理

在构建类脑认知模型中，目前脉冲神经网络的神经元以电脉冲的形式对信息进行编码，更接近真实神经元对信息的编码方式，能够很好地编码时间信息。但由于脉冲训练缺乏高效的学习方法而且需要耗费大量算力，在性能上与深度网络等模型还存在一定差距。未来，两类模型仍需要不断从脑科学中吸取营养并不断融合，发展性能更好、效能更高的新一代神经网络模型。

4. AI 对神经科学的推动作用

目前 AI 得以在许多任务达到人类水平，与来自神经科学的启发是密不可分的。心理学家和神经科学家发现与揭示的关于大脑智力的相关机制，激发了 AI 研究人员的兴趣，并提供了初步线索。另外一方面，通过 AI 领域定量地形式化研究，对神经科学智能行为研究的必要性和充分性提供洞察，例如，依据机器学习的重要进展所提出假说：人类大脑可能是由一系列互相影响的成本函数支撑的混杂优化系统[44]，将为神经科学的实证研究提供新的线索。因此，未来神经科学与 AI 之间将有更好的合作，带来良性循环。

5. 反馈计算的算法设计与控制系统的能级

计算机科学基础的理论有可计算性理论、计算复杂性理论和算法等，定义了机器不能算和能算、计算的时(空)开销层次、算法的设计优化，建立了度量开销的计算理论。还有形式语言自动机理论，定义了有限自动机、上下文无关自动机、上下文有关自动机、图灵机四个能级，建立了机器、语言和文法的能级等价及层次关系，对计算机科学有着深刻的影响，特别是对程序设计语言的设计和编译方法等方面有重要的作用。而控制科学优势是反馈机制，迭代过程中不断修正迭代梯度等，快速接近目标。但在做控制器设计时缺少相应的能级理论，反过来，计算机的迭代计算过程，从起点到终点，给定迭代梯度，没有中间过程的反馈修正。因此，计算机科学和控制科学之间不断地互相借鉴，创造出更智能更有效的理论方法，值得下一步探索研究。

1.5　小　　结

本章围绕 AI 的发展和主要研究进展，探讨了与 AI 密切相关的计算机科学、控制科学、类脑智能、人脑智能等学科之间的交融与历史演进；结合脑神经科学对 AI 的潜在启发，从包括逻辑模型及系统、神经元网络及模型、视觉神经分层机制等角度阐述 AI 的历史演进；最后，分析了 AI 的发展现状，并指出其特点和未来发展趋势。可以说，以神经科学、脑科学与认知科学所揭示的有关脑结构与功能机制的研究成果为构建智能计算模型提供了重要的启发，为智能之源；而以计算和控制的数学物理等形式化、模型化开展分析与优化，为智能之工，概括起来即为人工智能。

参 考 文 献

[1]　林崇德, 杨治良, 黄希庭. 心理学大辞典. 上海: 上海出版社, 2003.

[2]　蒋昌俊, 王俊丽. 智能源于人、拓于工. 中国工程科学, 2018, 20(6): 93-100.

[3]　Jiang C J, Wang J L. Intelligence originating from human beings and expanding in industry: a view on the development of artificial intelligence. Strategic Study of Chinese Academy of Engineering, 2018, 20(6): 93-100.

[4]　Turing A M. Computing machinery and intelligence. Mind, 1950, 59(236): 433-460.

[5]　Chomsky N. Three models for the description of language. IEEE Transactions on Information Theory, 1956, 2(3): 113-124.

[6]　Hinton G E, Salakhutdinov R R. Reducing the dimensionality of data with neural networks. Science, 2006, 313(5786): 504-507.

[7]　McCulloch W S, Pitts W. A logical calculus of the ideas immanent in nervous activity. The Bulletin of Mathematical Biophysics, 1943, 5(4): 115-133.

[8]　Hebb D O. The Organization of Behavior. New York: Wiley, 1949.

[9]　Rosenblatt F. The perceptron: a probabilistic model for information storage and organization in the brain. Psychological Review, 1958, 65(6): 386-340.

[10]　Minsky M, Papert S. Perceptrons. Oxford: MIT Press, 1969.

[11]　Werbos P J. Backpropagation through time: what it does and how to do it. Proceedings of the IEEE, 1990, 78(10): 1550-1560.

[12]　Hopfield J J. Neural networks and physical systems with emergent collective computational abilities. Proceedings of the National Academy of Sciences, 1982, 79(8): 2554-2558.

[13]　Ackley D H, Hinton G E, Sejnowski T J. A learning algorithm for helmholtz machines. Cognitive Science, 1985, 9(1): 147-169.

[14]　Rumelhart D E, Hinton G E, Williams R J. Learning representations by back-propagating errors. Nature, 1986, 323(6088): 533-536.

[15]　Hubel D H, Wiesel T N. Early exploration of the visual cortex. Neuron, 1998, 20: 401-412.

[16]　LeCun Y, Boser B, Denker J S. Backpropagation applied to handwritten zip code recognition. Neural Computation, 1989, 1(4): 541-551.

[17]　Krizhevsky A, Sutskever I, Hinton G E. ImageNet classification with deep convolutional neural networks//Proceedings of the International Conference on Neural Information Processing Systems, Curran Associates, 2012.

[18]　Sara S, Frosst N, Hinton G E. Dynamic routing between capsules. arXiv Preprint arXiv: 1710. 09829, 2017.

[19] Chen T, Du Z, Sun N. DianNao: a small-footprint high-throughput accelerator for ubiquitous machine learning//Proceedings of the 19th International Conference on Architectural Support for Programming Languages and Operating Systems(ASPLOS), Salt Lake, 2014.

[20] Mead C. Analog VLSI and Neural Systems. New York: Addison-Wesley Longman Publishing, 1989.

[21] Wolfgang M. Networks of spiking neurons: the third generation of neural network models. Neural Networks, 1997, 10(9): 1659-1671.

[22] Merolla P A. A million spiking-neuron integrated circuit with a scalable communication network and interface. Science, 2014, 345(6197): 668-674.

[23] Chua L O. Memristor-the missing circuit element. IEEE Transactions on Circuit Theory, 1971, 18(5): 507-519.

[24] Dmitri B S, Gregory S S, Duncan R S, et al. The missing memristor found. Nature, 2008, 453(7191):80-83.

[25] Borghetti J. Memristive switches enable stateful logic operations via material implication. Nature, 2010, 464(7290): 873-876.

[26] Irem B, Manuel L G, Nandakumar S R. Neuromorphic computing with multi-memristive synapses. Nature Communication, 2018, 9(1): 2514.

[27] Hochreiter S, Schmidhuber J. Long short-term memory. Neural Computation, 1997, 9(8): 1735-1780.

[28] Andrea B, Caswell B, Benigno U. Vector-based navigation using grid-like representations in artificial agents. Nature, 2018, 557(1):429-433.

[29] Collins A M, Quillian M R. Retrieval time from semantic memory. Journal of Verbal Learning and Verbal Behavior, 1969, 8(2): 240-248.

[30] Tim B L. Semantic web road map. http://www.w3.org/DesignIssues/Semantic.html, 1998.

[31] McClelland J, Rumelhart D. An interactive activation model of context effects in letter perception: part 1. an account of basic findings. Psychological Review, 1981, 88(2): 375-407.

[32] Bengio Y, Ducharme R, Vincent P. A neural probabilistic language model. Journal of Machine Learning Research, 2003, (3): 1137-1155.

[33] Mikolov T, Chen K, Corrado C. Efficient estimation of word representation in vector space// Proceedings of Workshop at the International Conference on Learning Representations, Florida, 2013.

[34] Testolin A, Stoianov I, Zorzi M. Letter perception emerges from unsupervised deep learning and recycling of natural image features. Human Behaviour, 2017, 6(1):657-664.

[35] Wiener. Cybernetics: Or Control and Communication in the Animal and the Machine. Cambridge: The MIT Press, 1948.

[36] Minsky M L. Theory of Neural-analog Reinforcement Systems and Its Application to the Brain-model Problem. Princeton: Princeton University. 1954.

[37] Zhuang Y, Wu F, Chen C. Challenges and opportunities: from big data to knowledge in AI 2.0. Frontiers of Information Technology and Electronic Engineering, 2017, 18(1): 3-14.

[38] Li W, Wu W, Wang H. Crowd intelligence in AI 2.0 era. Frontiers of Information Technology and Electronic Engineering, 2017, 18(1): 15-43.

[39] Peng Y, Zhu W, Zhao Y. Cross-media analysis and reasoning: advances and directions. Frontiers of Information Technology and Electronic Engineering, 2017, 18(1): 44-57.

[40] Zheng N, Liu Z, Ren P. Hybrid-augmented intelligence: collaboration and cognition. Frontiers of Information Technology and Electronic Engineering, 2017, 18(2):153-179.

[41] Tian Y, Chen X, Xiong H. Towards human-like and transhuman perception in AI 2.0: a review. Frontiers of Information Technology and Electronic Engineering, 2017, 18(1):58-67.

[42] Zhang T, Li Q, Zhang C. Current trends in the development of intelligent unmanned autonomous systems. Frontiers of Information Technology and Electronic Engineering, 2017, 18(1): 68-85.

[43] Li B, Hou B, Yu W. Applications of artificial intelligence in intelligent manufacturing: a review. Frontiers of Information Technology and Electronic Engineering, 2017, 18(1): 86-96.

[44] Marblestone A H, Wayne G, Kording K P. Towards an integration of deep learning and neuroscience. Frontiers in Computational Neuroscience, 2016, 10(5):1-60.

第 2 章　智能与计算

第 1 章从智能源于人、拓于工的角度，回顾人工智能及相关学科的起落和历史演进，深入阐述人工智能的发展。本章将从智能计算的视角解读人工智能，探讨计算与智能的融合。

2.1　引　　言

人类是具有智能的生物体，拥有思考、想象和创造的能力。人脑智能基本分为形象思维和逻辑思维，逻辑思维以数学逻辑为基础，围绕计算智能，出现了布尔逻辑、一阶逻辑、可计算理论，一直到冯·诺依曼计算机系统。而另外一方面，模拟人脑的形象思维属于综合智能，这一类智能难以建立可计算机理论。为了衡量某个机器是否能表现出与人等价或无法区分的智能，1950 年图灵发表了《计算机器与智能》[1]，提出了关于判断机器是否能够思考的著名试验——图灵测试，他把一台机器和一个人放在不同的房间里，通过裁判出题给他们，如果解答出来的答案，分不清是人还是机器，就认为这台机器已经达到了这个人的智能。同时，图灵还指出只要适当的编程，计算机也可以实现人脑一样的思考。

实际上，迄今为止的人工智能更多的是在计算智能的范畴内。本章将从智能计算方面，讨论智能的发展过程及出现的新应用，全面回顾计算机科学理论、软件系统、芯片及平台。本章其余小节的组织结构如下：2.2 节~2.6 节分别围绕计算理论基础、计算装置结构、计算机系统与技术、计算机软件算法和应用场景、智能发展的思考等方面展开介绍；2.7 节是本章小结。

2.2　计算理论基础

追溯现代计算机科学理论的起源，人工智能与逻辑有着密不可分的关系。首先是形式逻辑，属于哲学层面，代表性的包括苏格拉底、柏拉图、亚里士多德三大哲学圣贤。亚里士多德在哲学上最大的贡献在于创立了形式逻辑这一重要分支学科，使用演绎法推理，用三段论的形式论证。现代意义上的逻辑科学是以数理逻辑为基本内容，德国数学家、哲学家莱布尼兹是对当今逻辑科学有突出贡献的人，他首次将形式逻辑符号化，用于刻画人的逻辑思维和推理关系，从而形成了数理逻辑，并做出了四则运算的手摇计算机。再进一步，英国数学家、逻辑学家布尔，实现了莱布尼兹这样一个思维符号化和数学化的思想，提出了一种崭新的代数系统，也就是布尔代数，从这里可以看到发展的过程逐步数学化，数学成为人类认识自然、掌握自然规律最有效最严谨的工具。因为数学的重要性，给全部数学提供一个坚实的安全基础，是一件重要的工作。1900 年，德国数学家希尔伯特在巴黎数学家大会上提出了 23 个最重要的问题供 20 世纪的数学家们去研究，这就是著名的"希尔伯特 23 个问题"。1902 年，英国哲学家罗素提出了著名的罗素悖论，罗素悖论的出现，使得有学者认为康托的集合定义有缺陷，集合论的基础有问题。以希尔伯特为代表的数学家们期望将整个数学体系严格公理化，希望数学是完整的，也是可判定的，数学是建立在严谨的逻辑之上，是世间最无懈可击的真理。1928 年，希尔伯特明确提出了三个数理逻辑的问题，第一个数学是完备的吗？第二个数学是相容的吗？或者一致的吗？第三个数学是可判定的吗？1931 年，著名的奥地利裔美国数学家、逻辑学家、哲学家哥德尔针对希尔伯特这三个问题和罗素悖论，提出了不完备性定理：真与可证是两个概念，这就是著名的哥德尔不完备性定理，它不仅否定了希尔伯特的前两个问题，并且阐述了我们根本不可能解决这两个问题；同时他在证明其著名的不完全性定理时，给出了原始递归函数的描述，并以原始递归式为主要工具，运用编码技术把所有元数学的概念进行了算术化，开创了可计算性理论这一领域。

到了 1936 年，图灵发表了《论可计算数及其在判定问题上的应用》这篇论文，提出了图灵机的概念。图灵机就是一个无限长的袋子，读取指令上有 0 和 1 两种代码、两种符号，还有读写头左移右移，模拟人类所可能进行的任何计算过程。图灵证明了只要图灵机可以被实现，就可以用来解决任何可计算问题。这就是著名的图灵机模型。

1936 年，普林斯顿大学的邱奇提出了 λ 演算，这是一个研究函数定义、函数应用和递归形式的系统，称为最小的通用程序设计语言。这套系统可以证明任何一个可计算函数都能用这种形式来表达，并且求值。邱奇提出的这套模型称为 λ 演算。

他们最后把这两者结合在了一起，这就是教科书上经常说到的邱奇图灵论题，代表计算机理论的一个直观的感觉。哥德尔对图灵模型评价很高，认为它是一种可以非常直观反映的一个计算原理。冯·诺依曼提出计算机体系结构，以程序存储为基础，程序指令和数据共用一个存储空间，实现了冯·诺依曼架构的计算机系统的实践。

2.3　计算装置的结构

从最早期的结绳计数开始，人类结绳记事约起源自新石器时代，历经漫长的传承，并遍布世界范围；然后到珠算，以算盘为工具进行数字计算，被誉为中国的第五大发明；逐步到步进计算器，1674 年莱布尼兹改进法国人帕斯卡的自动进位加法器，建造了步进计算器，不仅可以计算加减，还可以乘除；1822 年，英国数学家、发明家巴贝奇提出了一种新型的机械装置"差分机"，把函数表的复杂算式转化为差分运算，用简单的加法代替平方运算；1837 年，巴贝奇提出了分析机的设计思想，分析机具有存储、控制、I/O 等现代计算机的关键部件，只是不用电源，输入和输出都采用打孔卡进行。

　　上述计算装置的发展过程，到穿孔制表机的出现，1728 年法国工程师发明了借助穿孔卡片实现自动提花的织布机，1888 年，霍列瑞斯借助穿孔卡片的思想，为方便美国人口普查发明了制表机和使用继电器计数的读卡机；然后德国柏林工程师康拉德提出了计算机程序控制的概念，1941 年首次设计完成了使用继电器的程序控制计算机，Z3 计算机使用了机械滑动金属存储器。受巴贝奇思想启发，1944 年，IBM 与哈佛大学合作的首台自动按序控制计算器——马克 1 号诞生，数据和指令通过穿孔卡片机输入，输出由电传打字机实现。1946 年，美国的宾夕法尼亚大学摩尔电气工程学院建造一台巨型机器——电子数值积分计算机（Electronic Numerical Integrator and Computer，ENIAC），其存储器的存储介质是一种打孔卡片。1946 年，冯·诺依曼参与建造离散变量自动电子计算机（Electronic Discrete Variable Automatic Computer，EDVAC），提出了冯·诺依曼体系架构规范，标志着电子计算机的时代开始。

　　上述我们回顾了从早期的计算装置到第一台电子计算机这个发展过程。下面再看看近些年来计算装置中芯片的发展，CPU（Central Processing Unit）是英特尔的一个代表性工作，1958 年，美国工程师基尔比（曾获得 2000 年诺贝尔物理学奖）研制出第一块集成晶体管"微芯片"。1971 年，英特尔公司推出了世界上第一台真正的微处理器 CPU：克雷 4004。机器学习很重要的一个装备就是 GPU（Graphics Processing Unit），GPU 做得比较好的是英伟达。1999 年，英伟达公司发布了一款代号为 NV10 的图形芯片 Geforce 256，从此才产生了 GPU 的概念和近几年来发展起来的 AI 芯片。AI 芯片按技术架构可以分为 GPU、现场可编程门阵列（Field Programmable Gate Array，FPGA）、专用集成电路，以及神经形态的芯片。这些芯片是围绕人工智能的发展形成起来。2006 年，多伦多大学教授 Hinton 及其学生 Ruslan 在世界顶级学术期刊 *Science* 上发表了一篇论文，首次证明了大规模深度神经网络的学习可行性，引发了深度学习在研究领域和应用领域的发展热潮。后来，2008 年英伟达推出了统一的计算架构，GPU 具有了方便的编程环境，其推出的 Tegra 芯片已经成为英伟达最重要的芯片之一，特别是在智能驾驶领域里得到充分应用。IBM 在 2010 年首次发布计算机模拟人脑神经网络架构的类脑芯片原型——IBM 的 TrueNorth[2]，具有感知认知能力和大规模并行计算能力，在这个只有邮票大小的硅片上，集成了 100 万个"神经元"、256 个"突触"、4096 个并行分布的神经内核，用了 54 亿个晶体管，它的特点就是用少量的功耗实现重要的计算，相当于人的超级计算只需要 65W 功率。2012 年谷歌大脑用 1.6 万个 GPU 核的并行计算平台，实现了模拟人脑的神经计算和训练过程的深度神经网络（Deep Neural Network，DNN）模型，在语音和图像识别领域里获得了很大成功。到了 2013 年，GPU 开始广泛应用于 AI 领域，包括高通发布 Zeroth 相关芯片。2014 年，英伟达发布了首个深度学习的 GPU 框架，现在基于深度学习的处理器架构，也就是定制化的 ASIC（Application Specific Integrated Circuit）芯片。2014 年，中科院计算机所推出首个多核深度学习处理器架构 DaDianNao[3]，并成功研制出全球首个深度学习专用处理器芯片"寒武纪"。2016 年，谷歌发布了张量处理单元（Tensor Processing Unit，TPU），首次发布 ASIC芯片 TPU1.0，专用于机器学习算法的专用芯片。2017 年，谷歌的 TPU2.0 发布，加强了训练效能。同年，中国华为发布了麒麟 970 成为首个手机的 AI 芯片。2018 年，谷歌又推出了 TPU3.0，并且形成了 Tensorflow[4]这样的一个深度学习平台和系统。人工智能芯片开始延伸至整个学习系统或者平台，为知识能力学习应用提供了坚实基础。

2.4 计算机系统与技术

随着社会的发展，互联网在过去五十年中，每隔十年就会因为技术进步产生一个新的计算技术周期，从小型机到个人机再到互联网，每一波浪潮都可以支撑十倍于前一轮的用户量，截至 2021 年 1 月，全世界活跃的互联网用户共有 48 亿人。

计算机系统的演进过程与现实世界中人类社会的演进过程极其相似，如图 2.1所示。人类社会从早期的自给自足的单体生活方式进化到初期部落内协作分工的生活方式，然后演进到城镇化社会，人们共享基本的基础设施与资源，并有着精细化的社会分工协作，最后演进到基础资源高度整合、社会分工高度发达的现代化社会；对应地，计算机系统从单机时代进化到能够整共享资源的专用局域网系统，然后发展到资源可整合、共享的互联网时代，逐步演进到目前资源动态分配、服务高度发达共享的信息时代。

近年来，网格服务、面向服务的构架（Service-Oriented Architecture，SOA）、云计算、物联网、大数据等信息服务技术，为网络环境下跨域、跨组织的应用集成和信息服务带来了巨大的机遇。

2.4.1 大数据

当今全球的数据量已达到 ZB（Zettabyte）级，数据正以前所未有的速度增长和累积，这些信息和数据包括不同的数据类型，如结构化数据、半结构化数据和非结构化数据。

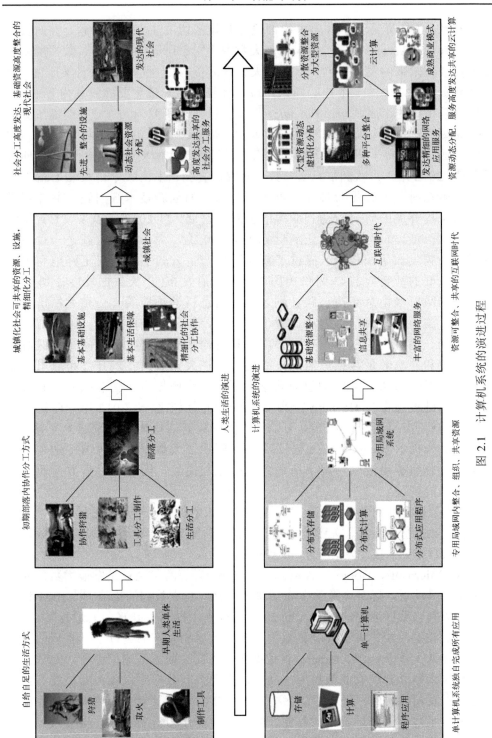

图 2.1　计算机系统的演进过程

　　学术界、工业界甚至于政府机构都已经开始密切关注大数据问题，并对其产生浓厚的兴趣。*Nature* 杂志 2008 年"大数据"[5]专刊集中报道了大数据所带来的技术挑战及未来的发展方向，标志着大数据分析与处理已经成为科学研究、商业活动和日常生活中的一个核心问题，成为计算机科学最重要的研究内容之一。微软研究院出版的 *The Fourth Paradigm*[6]一书以科学研究为切入点，阐述了如何在 eScience 时代进行数据密集型的科学研究。*Science* 杂志的 2011 年"数据处理"专刊[7]主要围绕着科学研究中大数据的问题展开讨论，阐明大数据对于科学研究的重要性。2012 年 4 月欧洲信息学与数学研究协会会刊上出版专刊"Big Data"[8]，讨论了大数据时代的数据管理及数据密集型研究的创新技术等问题，并介绍了欧洲科研机构开展的研究活动和取得的创新性进展。自 2012 年以来，大数据的关注度与日俱增。1 月份的达沃斯世界经济论坛上，大数据是主题之一，还特别针对大数据发布了报告[9]，探讨了新的数据产生方式下，如何更好地利用数据来产生良好的社会效益。3 月份美国奥巴马政府发布的"大数据发展计划"[10]，被视为美国政府继信息高速公路计划之后在信息科学领域的又一重大举措。根据该计划，美国国家科学基金会、卫生研究院、国防部、能源部、国防部高级研究计划局、地质勘探局等六个联邦部门和机构共同提高收集、储存、保留、管理、分析和共享海量数据所需的核心技术，扩大大数据技术开发和应用所需人才的供给[11]。过去几年欧盟已对科学数据基础设施投资 1 亿多欧元，并将数据信息化基础设施作为 Horizon 2020 计划的优先领域之一。2012 年专门征集针对大数据的研究项目预算为 5000 万欧元，仍以数据信息化基础设施为先导。与此同时，联合国的 Global Pulse 倡议项目[12]阐述了大数据时代各国特别是发展中国家在面临数据洪流的情况下所遇到的机遇与挑战，同时还对大数据的应用进行了初步的解读。

　　虽然大数据已受到各界强烈关注，但目前对大数据的研究还缺乏科学性、系统性，其至大数据基本概念、关键技术以及对其的利用上还存在很多疑问和争议。下面将阐述大数据分析技术发展现状与趋势。

　　IBM、Microsoft、Google、Amazon、Facebook 等跨国企业是发展大数据处理技术的主要推动者，部分企业已发布解决方案来应对大数据的挑战[13]。IBM 将数据分析作为其大数据战略的核心。自 2005 年以来，投资 160 亿美元进行了 30 次数据分析的相关收购，并对其海量数据分析平台等相关产品进行了一系列创新，以更好地支持大数据处理。Oracle 将数据库作为其大数据战略的中心，将数据挖掘和分析技术整合到现有的数据库产品中，再配合其数据库云服务器、商务智能云服务器以及相关软件，组成系统解决方案。EMC 将云计算作为其大数据战略的平台，推出了基于云基础架构的存储、数据科学协作和自助服务、支持大数据的应用程序等相关产品和服务，使用户从数据源获得最大价值，增强灵活性并提高效率。Facebook 作为社交网络的领导者，积累了海量用户行为和网络群组关系数据，利用用户行为分析，对不同用户群组有针对性地发布广告。Google 针对大数据问题提出了具有代表性的技术：Google 文件系统(Google File System，GFS)和 Map/Reduce 处理模型，发表了一系列关于大数据管理和分析处理技术的论文[14,15]。学术界同样开展了对于大数据分析的研究，尚处于起步阶段。近来，美国太平洋西北国家实验室正在与华盛顿大学合作成立了大数据研究所，支持大数据科学研究，探索大数据挖掘技术，应对气象变化和能源管理等领域的大数据分析。*VLDB* 期刊 2012 年第 21 卷 *Large Scale Analytics* 专刊探讨了如何利用大规模集群系统所具有的可伸缩性和容错性的优势，实现高效的数据管理功能，大数据技术研究包括 MapReduce[16,17]与 Hadoop[18]等。

综上所述，大数据技术及相应的基础研究已经成为科技界的研究热点，大数据研究作为一个横跨信息科学、社会科学、网络科学、系统科学、心理学、经济学等诸多领域的新兴交叉方向正在逐步形成。

2.4.2　物联网

物联网的概念最初来源于美国麻省理工学院在 1999 年建立的自动识别中心提出的网络无线射频识别(Radio Frequency Identification，RFID) 系统[19]——把所有物品通过射频识别等信息传感设备与互联网连接起来，实现智能化识别和管理。早期的物联网是以物流系统为背景提出的，以射频识别技术作为条码识别的替代品，实现对物流系统进行智能化管理。随着技术和应用的发展，物联网的内涵已发生了较大变化。

2005 年，国际电信联盟(International Telecommunication Union，ITU)在突尼斯举行的信息社会世界峰会上正式确定了"物联网"的概念[20]，介绍了物联网的特征、相关的技术、面临的挑战和未来的市场机遇等。ITU 在报告中指出，我们正站在一个新的通信时代的边缘，信息与通信技术的目标已经从满足人与人之间的沟通，发展到实现人与物、物与物之间的连接，无所不在的物联网通信时代即将来临。

物联网使我们在信息与通信技术的世界获得一个新的沟通维度，将任何时间、任何地点、连接任何人，扩展到连接任何物品，万物的连接就形成了物联网。物联网把传统的信息通信网络延伸到了更为广泛的物理世界。虽然"物联网"仍然是一个发展中的概念，然而，将"物"纳入"网"中，则是信息化发展的一个大趋势。物联网将带来信息产业新一轮的发展浪潮，必将对经济发展和社会生活产生深远影响[21]。

继美国政府提出制造业复兴战略以来，美国逐步将物联网的发展和重塑美国制造优势计划结合起来以期重新占领制造业制高点。欧盟建立了相对完善的物联网政策体系，积极推动物联网技术研发。德国的工业 4.0 战略也是利用物联网来提高德国制造业的竞争力，以引领新一轮的工业革命。韩国政府则预见到以物联网为代表的信息技术产业与传统产业融合发展的广阔前景，持续推动融合创新。

　　受各国战略引领和市场推动，全球物联网应用呈现加速发展态势，物联网所带动的新型信息化与传统领域走向深度融合，物联网对行业和市场所带来的冲击和影响已经广受关注。总体来看，全球物联网应用仍处于发展初期，物联网在行业领域的应用逐步广泛深入，在公共市场的应用开始显现，机器与机器通信、车联网、智能电网是近几年全球发展较快的重点应用领域[22]。

2.4.3　云计算

　　云计算是继 20 世纪 80 年代大型计算机到客户端-服务器的大转变之后的又一种巨变，被誉为"革命性的计算模型"，它延续了网格计算、分布式计算、并行计算等既有的理论，其远景是以互联网为中心，提供安全、快速、便捷的数据存储和网络计算服务[23]。权威机构预测，云计算有望成为继大型计算机、个人计算机、互联网之后的第四次信息技术(Information Technology，IT)产业革命。云计算将 IT 相关的能力以服务的方式提供给用户，允许用户在不了解提供服务的技术、没有相关知识以及设备操作能力的情况下，通过 Internet 获取需要的服务。云计算具有虚拟化、按需自助、多种网络访问形式、资源共享、弹性的快速配置和可度量性等特点。云计算的概念自 2007 年被提出以来，得到了各方的高度重视，在云平台、云终端、云安全等领域产生了许多有价值的研究成果和商业应用[24,25]。

　　国内的互联网巨头们，如百度、腾讯、阿里巴巴等，也都相继打造了各类云服务和云应用平台。例如，百度应用引擎提供了 Java、Python 的执行环境，以及云存储、消息服务、云数据库等全面的云服务。腾讯云计算平台提供了第三方应用从 Web 接入到上线运营整个过程中涉及的一系列服务，以降低技术和运营门槛，节省开发者的运营成本，提升运营效率，可为广大第三方应用开发和运营团队创造更多价值。阿里巴巴打造的阿里云为用户提供了弹性计算、云存储、云引擎等其他一系列的云服务。

　　智能移动通信云终端市场也成为国内各大互联网厂商抢占的对象。小米科技公司用小米手机搭载米聊软件，以较高的性价比迅速吸引了一批用户，并赢得了智能手机市场一定的份额。阿里巴巴与国内手机厂商天语合作，推出了阿里云手机，该手机内置了几乎所有的淘宝应用。奇虎 360 公司联合 TCL、海尔等公司，搭载其云安全软件，面向学生群体推出 360 智能手机。百度联合长虹研发千元智能手机，用户可以方便简易地使用百度云平台和服务。盛大联合爱立信开发 Bambook 智能手机，其中包含云中书城、盛大网盘等盛大云服务终端产品。

2.4.4　实时并发

实时系统在生产生活的各个领域都有重要应用。而当前随着数据量的激增及应用种类和形态的多元化，系统的实时性正面临更大的挑战，要求系统具有更高的并发处理能力、实时风险防御能力和资源动态配置能力等。例如，在互联网金融领域，只有通过实时的风险辨识才能保证网络交易用户使用体验的同时确保交易安全，而在智能交通领域中，同样需要交通道路实时路况的计算和实时控制。在这些应用中，如果系统在时间限内不能及时完成任务就会导致系统瘫痪甚至是灾难[26]。

实时系统的另一特点是通常以多任务的并发方式进行。在并发系统中，如果每个任务都在不同的处理器上同时执行，那么并发就是真实的。相反，如果各个任务之间是交错开的，只是在同一处理器的不同时间片上执行，那么并发就是虚拟的。实时系统必须保证各个任务的每一次请求都在时间限内完成，因此任务调度问题是实时系统研究的重点。研究者们分别设计了多种可行且高效的任务调度算法，在工业生产、公共交通、网络路由及其他高科技领域都有重要的应用[27]。

由于调度问题本身是 NP（Non-deterministic Polynomial）完全问题，国内外的研究者提出了很多启发式算法。根据算法基本思想的不同，传统的并行静态任务调度的算法大致可分为四类：表调度算法[28-30]、基于任务复制的调度算法[31, 32]、基于任务聚类的调度算法[33, 34]和基于随机搜索的调度算法[35]。根据对目标系统的假设不同，静态任务调度又可分为同构环境下的任务调度和异构环境下的任务调度两种。表调度的基本思想是：通过对节点分配优先级别来构造一个调度列表，然后重复从调度列表中顺序取出第一个节点，将节点分配到使它的启动时间最早的处理器上，直到任务图中所有节点被调度完毕。大多数表调度算法假设目标系统是处理单元数目有限且完全连接的同构环境。通常，表调度算法比较实用，与其他调度算法相比，其时间复杂度相对较低，调度结果较好。基于任务复制调度的基本思想主要是：在一些处理器上冗余地映射任务图中的一些任务，以达到减少处理器之间通信开销的目的，即它利用处理器的空闲时间复制前驱任务，可以避免某些前驱任务的通信数据的传输，从而减少处理器等待的时间间隙。其目标系统一般是处理单元数目不受限制的同构环境。基于任务聚类调度的基本思想是把给定任务图的所有任务映射到数量不受限的集群上。如果两个任务分配到同一个聚类，则表示它们在同一个处理器上执行。除了执行聚类的步骤外，算法还必须对完成映射的聚类进行最后的调度，即对聚类中的任务在每个处理器上进行时间先后排序。基于随机搜索技术的调度算法主要是通过有导向的随机选择来搜索问题的解空间，而并不是单纯的随机搜索。这类技术组合前面搜索结果的知识和特定的随机搜索特点来产生新的结果。其主要代表是遗传算法和模拟退火方法。遗传算法比一般的启发式算法的调度结果要好，然而，它们往往有较高的时间复杂度，而且需要适当地确定一些控制参数。此外，适用于一个任务图的最优控制参数往往不适合另一任务图,很难找到对于大多数任务图都能产生较好的调度结果的控制参数集。当前,异构环境下任务调度的研究往往是针对元任务或者批任务开展,忽视了任务之间的数据关联和优先约束关系,即大多数针对独立任务的调度不能反映异构环境下任务的实际特征。早期的大多数并行任务调度算法往往基于较为简单的假设,例如,假设任务执行时间相同、任务之间无通信、处理器完全连接以及处理器数目不受限制等,而且,它们通常缺乏对异构资源特征的分析。文献[36]和文献[37]利用模糊聚类的理论分析异构资源特征,并根据异构资源特征分析的结果提出启发式调度算法。

2.4.5　应变适配

在当今的环境下,"触网"的物体和对象日益增加和丰富,这使得存在于互联网络上的信息服务的内涵越来越丰富和广泛,互联网络日趋庞大和复杂,参与的用户也越来越复杂多样,随之而来的是用户需求的多样性和互联网络环境的复杂多变性。在此趋势下,网络信息服务的应变与适配技术就显得越来越重要。近年来流行的P2P(Peer-to-Peer)服务、网格服务、面向服务的构架(SOA)和云计算等信息服务技术,给网络环境下跨域、跨组织的应用集成和信息服务带来了巨大的机遇。P2P 服务是一种面向互联网的应用,参与对等计算的各个节点作为平等的对等体,通过直接交换来共享资源和信息[38]。网格服务以 20 世纪 90 年代后期开始的网格计算为代表,网格服务的目标是共享和整合广域分布的网络资源,为用户提供虚拟网络计算环境[39]。随着电子商务的迅速崛起,Web 服务作为一种新兴的 Web 应用模式应运而生[40]。Web 服务是 Web 上数据和信息集成的有效机制,它基于一系列开放的标准技术,具有松散耦合、语言中立、平台无关性和开放性。Web 服务和相关技术的不断发展促使了 SOA 逐渐盛行。SOA 平台下,用户、过程、应用和数据被全面整合起来。服务将分布、异构的资源整合起来,呈现为统一的逻辑对象,在开放的标准之上,以安全和可管理的方式供用户使用。近年来,分布式处理、并行处理、网格计算等技术的发展促使了云计算这一计算模式和应用平台的产生。在云计算模式下,功能强大的应用和服务被整合打包发布在互联网上,使用户可以方便直接地使用,具有巨大的发展潜力[41]。同时,这些信息服务技术也分别从不同侧面来努力实现应变和适配:网格服务通过异构集成来实现资源的共享和灵活应用,SOA 和 Web 服务通过服务的重用和组合来实现服务系统灵活架构和柔性服务流程,云计算通过虚拟化等技术来解决系统和资源的可扩展、伸缩性等。

综上所述,已有的这些计算机技术侧重解决资源和服务的互联互通,通过资源聚合和协同的方式实现上层应用,有力地推动了网络信息服务的发展,并且针对应变与适配的需求,它们也进行了各自的努力和尝试。但是,在当前互联网的环境下,需求的多样性、环境的多变性对信息服务技术也提出了更高的要求。需求的多样性要求信息服务技术能够按需聚合相应的服务资源，并保证服务流程的正确性和所提供内容的精准性。环境的多变性要求信息服务能适应异构环境下软、硬件资源的变化特征，做到与环境适配。针对此挑战，以同济大学为牵头单位的 973 项目"信息服务的模型与机理研究"，从网络环境下信息服务的"流程、内容和环境"三要素及其相互关系出发，凝练出了其中的两个关键科学问题：网络信息服务的表达性问题和适配性问题。表达性问题是指如何应对不确定和多样的用户需求，准确地设计和表达服务的流程与内容，以提供动态、精准、可伸缩的信息服务，满足用户需求的问题。适配性问题是指如何应对异构、复杂、动态的网络环境，实现和增强服务对环境的适配能力，促进服务聚合和协同，提升信息服务质量的问题。围绕关键科学问题，面向构建网络信息服务应变机制的总体目标，在信息服务的表达性和适配性两个关键科学问题的研究上形成重要创新成果，对于一般意义下的信息服务科学问题和信息服务范畴中的计算本质问题的探讨具有开创性贡献，揭示了一般意义下信息服务的基本特征和重要特性，获得信息服务表达性的计算结构和适配性的性能界等重要理论结果[42]。这些进展改变了传统信息服务研究的特定性和表观性，为互联网信息处理的本征研究奠定了重要的理论基础。

2.5　计算机软件算法和应用场景

早期的软件主要是美国军方实验程序。19 世纪，数学家艾达建立了循环和子程序概念，为计算程序拟定"算法"，被视为"第一个给计算机写程序的人"，是计算机程序的创始人；20 世纪 50 年代初，首届图灵奖得主佩利等为 IBM 650 设计与开发了新的代数语言和汇编语言。汇编语言用比较容易识别、记忆的助记符替代特定的二进制串，这些助记符号计算机无法识别，需要一个专门的程序将其翻译成机器语言。1970 年提出的 C 和 C++语言是使用最为广泛的编程语言之一。1970 年，贝尔实验室开发的 UNIX 操作系统使各类计算机得以大规模联网，在早期的大规模计算机发展中起到了很重要作用，从而成就了今天实用的 Internet。后来演绎出更加轻便的操作系统，就是微软 Windows 系统，主要是基于 PC 层面的操作系统。1995 年，微软公司发行了内核版本号为 4.0 的一个混合了 16 位/32 位的 Windows 系统——Windows 95，并成为当时最成功的操作系统。

我们再看看应用场景，首先是 AlphaGo 的围棋博弈大战，2018 年，DeepMind AlphaZero 发表在 Science 杂志封面，从随机对弈开始训练，在没有先验知识、只知道基本规则的情况下，快速学习每个游戏，成为强大的棋类人工智能，每个过程有自学习和自训练的特点。还有我们必须提到 ImageNet 项目，该项目于 2007 年由斯坦福大学华人教授李飞飞创办，目标是收集大量带有标注信息的图片数据供计算机视觉模型训练。这是目前世界上最大的图像识别数据库，已超过 1300 万张。2017

年是 ImageNet 的最后一年，从 2009 年开始到 2017 年短短的七年中，图像的识别精度从 71.8%上升到 97.3%，人的识别精度是差不多是 95%左右，所以超过了人类水平，这个项目也就终止了。此外就是 2018 年微软亚洲研究院与雷德蒙研究院研究人员组成的团队宣布其研发的机器翻译系统，在通用新闻报道测试集的中-英测试集上，达到了可与人工翻译相媲美的水准。在机器人自主系统里，2016 年波士顿动力这个知名企业发布的直立行走机器人是当时世界最先进的人形机器人。

2.6 智能发展的思考

人工智能的发展主要取决于三个因素，一个是随着云计算、大数据、物联网等信息技术的快速发展和传统产业数字化的转型，数据量呈现几何级增长，带来了大量数据存量；二是计算能力得到大规模的提升；三是深度学习方法的出现，由于擅长发现高维数据中的复杂结构，近些年来在深度学习在解决一些复杂问题时有着突破性的表现，正被应用于科学、商业和政府等领域，对信息科学领域的发展起到了很重要的推动作用。但是，现在的发展如何把智能和超级计算紧密融合，形成能够改变现在的一些新的科研模式，是目前所遇到的问题[42,43]。图 2.2 是对智能发展的一些思考。

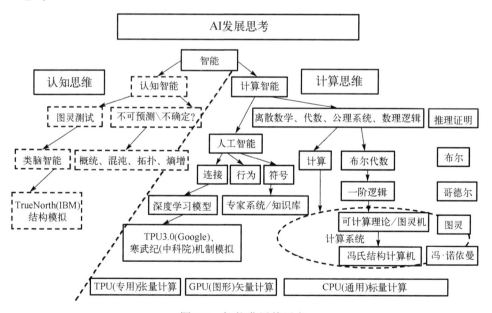

图 2.2 智能发展的思考

从高性能计算应用与趋势方面来看，当前世界前 500 的超级计算机基本都可以达到 P 级(1P flot=10^{15} flops)运算速度。量子计算机和生物计算机也成为了新的发展趋势，2017 年年底，IBM 宣布全球首台 50 个量子比特的量子计算机原型机。HPC 体系结构设计方面也出现了多异构拓扑灵活切换和 AI 芯片设计等新的趋势。在这个过程中，智能的出现推进了异构芯片计算机系统架构的发展。2018 年 3 月，前斯坦福大学校长 Hennessy 和加州大学伯克利分校教授 Patterson 在 2017 年获得了 ACM 图灵奖，他们的主要贡献是在计算机体系结构的设计和评估方面开创了一套系统化、量化的方法，并对微处理器行业产生了深远的影响，他们预计开源的指令集架构和面向领域的芯片架构是未来发展的重要方向，最有可能产生突破性进展。

从计算架构方面来看，云边端是一个重要的关系，实际上在电信网络时代，其中心主要是程控中心，边缘是程控交换机，端主要是在边网端；到了互联网时代，数据中心和移动电话是互联网时代的云边端；到了物联网时代，特别是云计算加物联网时代，云计算中心、小型数据中心/网管、传感器则形成了新的"云边端"形态。

边缘计算主要是一种优化云计算系统的方法，用小数据中心以及网关这样的靠近数据来源的网络边缘来执行数据处理任务。端则主要是通过传感器的万物互联准确感知终端设备信息。所以云边端经过电信时代、互联网时代和云计算加物联网时代，它们将为人工智能的应用提供重要的技术基础。

同时，随着人工智能和深度学习在网络信息服务应用领域的不断深入，当前互联网基础设施的不断完善和提升，应用创新和商业模式创新层出不穷，互联网企业掀起新一波信息服务浪潮，消费互联网迅猛增长，产业互联网步伐进一步加快，互联网加速向金融、交通、教育、影视等传统领域渗透，人工智能技术在智能交通、互联网金融、智慧医疗等领域已经取得了一些初步应用成果，可以预见未来深度学习模型将广泛地应用于各个领域，尤其是在网络信息服务的各个应用领域，必将产生更深远的影响[43]。

2.7　小　　结

总体来说，智能化是新的发展阶段，是主旋律，在这个过程中融入了大数据和云计算。人工智能、大数据、云计算和物联网将为人们今后的发展提供重要的技术支撑和研究途径。同时也应该看到，在智能的基础、智能的核心技术及平台方面还有很多不足和距离，所以应该进一步创新发展，为人工智能新时代奠定重要的基础。

参 考 文 献

[1]　Turing A M. Computing machinery and intelligence. Mind, 1950, 59(236):433-460.

[2]   Kopyan F, Sawada J, Cassidy A, et al. TrueNorth: design and tool flow of a 65 mW 1 million neuron programmable neurosynaptic chip. IEEE Transactions on Computer-Aided Design of Integrated Circuits and Systems, 2015, 34(10):1537-1557.

[3]   Chen Y, Tao L, Liu S. DaDianNao: a machine-learning supercomputer//Proceedings of the IEEE International Symposium on Microarchitecture, Cambridge, 2014.

[4]   Abadi M, Agarwal A, Barham P. Tensorflow: large-scale machine learning on heterogeneous distributed systems. arXiv Preprint arXiv:1603.04467, 2016.

[5]   Nature. Big data. http://www.nature.com/news/specials/bigdata /index.html, 2008.

[6]   Tony H. The fourth paradigm: data-intensive scientific discovery. Microsoft Research, 2009.

[7]   Science. Special online collection: dealing with data. http://www.sciencemag.org/ site/special/ data/, 2011.

[8]   ERCIM News. Special online collection: big data. https://ercim-news.ercim.eu/en89/special/big-data-introduction-to-the-special-theme, 2012.

[9]   Mundial F E. Big data, big impact: new possibilities for international development. Foro Económico Mundial, 2012: 64-65.

[10]   Office of Science and Technology Policy and Executive Office of the President. Fact sheet: big data across the federal government. https://obamawhitehouse.archives.gov/sites/default/file-s/ microsites/ostp/big_data_fact_sheet_final.pdf, 2012.

[11]   李国杰, 程学旗. 大数据研究: 未来科技及经济社会发展的重大战略领域. 中国科学院院刊, 2012, 27(6):647-657.

[12]   Pulse G. Big Data for Development: Challenges and Opportunities, 2012.

[13]   赛迪网.大数据产业生态战略研究. http://www.ccidconsulting.com/portal/bps/w-ebinfo/2012/06/ 13389460520-18270.htm, 2012.

[14]   Dean J, Ghemawat S. MapReduce: simplified data processing on large cluster. Communications of the ACM, 2005, 51(1):107-113.

[15]   Dean J. MapReduce: simplified data processing on large clusters//Proceedings of the Symposium on Operating System Design and Implementation, San Francisco, 2004.

[16]   Hall A, Bachmann O, Bussow R. Processing a trillion cells per mouse click//Proceedings of the VLDB Endowment, Istanbul, 2012.

[17]   Wolf J, Balmin A, Rajan D. On the optimization of schedules for MapReduce workloads in the presence of shared scans. The VLDB Journal, 2012, 21(5):589-609.

[18]   Jingren, Bruno N, Wu M C. SCOPE: parallel databases meet MapReduce. The VLDB Journal, 2012, 21(5):611-636.

[19]   Bu Y Y, Howe B, Balazinska M. The HaLoop approach to large-scale iterative data analysis. The VLDB Journal, 2012, 21(5):169-190.

[20] ITU. ITU Internet Report 2005: The Internet of Things, 2005.

[21] 徐杨, 王晓峰, 何清漪. 物联网环境下多智能体决策信息支持技术.软件学报, 2014, 25(10): 2325-2345.

[22] 孙其博, 刘杰, 黎羴, 等. 物联网: 概念、架构与关键技术研究综述. 北京邮电大学学报, 2010, 33(3): 1-9.

[23] 张亚勤. 与云共舞: 微软云计算的新进展. 中国计算机用户, 2009, 4(2): 12-13.

[24] 张玉清, 王晓菲, 刘雪峰, 等. 云计算环境安全综述.软件学报, 2016, 27(6): 1328-1348.

[25] 邓维, 刘方明, 金海, 等. 云计算数据中心的新能源应用: 研究现状与趋势. 计算机学报, 2013, 36(3): 582-598.

[26] Laplante P A. Real-Time Systems Design and Analysis. New York: Wiley, 2004.

[27] 陈艳. 并发实时系统的模型及其形式化. 桂林: 广西师范大学, 2008.

[28] Adam T L, Chandy K M, Dickson J. A comparison of list scheduling for parallel processing systems. Communications of the ACM, 1974, 17(12): 685-690.

[29] Hwang J J, Chow Y C, Anger F D. Scheduling precedence graphs in systems with inter-processor times. SIAM Journal on Computing, 1989, 18(2): 244-248.

[30] Sih G C, Lee E A. A compile-time scheduling heuristic for interconnection constrained heterogeneous processor architectures. IEEE Transactions on Parallel and Distributed Systems, 1993, 4(2): 75-80.

[31] Ahmad I, Kwok Y K. On exploiting task duplication in parallel programs scheduling. IEEE Transactions on Parallel and Distributed Systems, 1998, 9(9): 872-892.

[32] Kwok Y K, Ahmad I. Static scheduling algorithms for allocating directed task graphs to multi processors. ACM Computing Surveys, 1989, 31(4): 406-471.

[33] Sarkar V. Partitioning and Scheduling Parallel Programs for Multiprocessors. Cambridge: MIT Press, 1989.

[34] Kwok Y K, Ahmad I. Dynamic critical path scheduling: an effective technique for allocating task graphs onto multiprocessors. IEEE Transactions on Parallel and Distributed Systems, 1996, 7(5): 506-521.

[35] 郝东, 蒋昌俊, 林琳. 基于 Petri 网与 GA 算法的 FMS 调度优化. 计算机学报, 2005, 28(2): 201-208.

[36] 杜晓丽, 蒋昌俊, 徐国荣, 等. 一种基于模糊聚类的网格 DAG 任务图调度算法. 软件学报, 2006, 17(11): 2277-2288.

[37] 杜晓丽, 王俊丽, 蒋昌俊. 异构环境下基于松弛标记法的任务调度, 自动化学报, 2007, 33(6): 615-621.

[38] Stoica R, Morris D, Karger M F. Chord: a scalable peer-to-peer lookup service for Internet applications//Proceedings of ACM SIGCOMM, SanDiego, 2001.

[39] Foster C, Kesselman W. The Grid 2: Blueprint for a New Computing Infrastructure. San Francisco: Morgan Kaufmann Publishers, 2004.

[40] Berbner R, Spahn M, Repp N. WSQoSX: a QoS architecture for web service workflows// Proceeding of the 5th International Conference on Service-Oriented Computing, Berlin, 2007.

[41] Weiss A. Computing in the clouds. New Worker, 2007, 11(4):16-25.

[42] 蒋昌俊. 计算与智能//第二届网络信息服务国际学术会议大会报告, 泰安, 2019.

[43] 蒋昌俊. 智能与计算// CAAI 大讲堂, 杭州, 2020.

第3章 机 器 学 习

3.1 引　言

机器学习(Machine Learning，ML)是人工智能领域的一个重要学科，也是一门多领域交叉学科，涉及概率论、统计学、算法复杂度理论等多门学科。数据作为载体，机器智能作为目标，而机器学习正是从数据通往智能的技术、方法和途径，是现代人工智能的本质和核心。自从 20 世纪 80 年代以来，机器学习作为实现人工智能的途径，在算法、理论和应用等方面都获得了巨大成功。特别是近年来，人工智能的再次崛起，机器学习领域已成为人工智能的重要课题之一。

学习是人类具有的一种重要智能行为。按照西蒙的观点，学习就是系统在不断重复的工作中对本身能力的增强或者改进，使得系统在下一次执行同样任务或相同类似的任务时，会比现在做得更好或效率更高。西蒙对学习给出的定义本身，就说明了学习的重要作用。计算机是否可以像人一样学习？机器学习正是研究计算机如何模拟或实现人类的学习行为。

关于机器学习的定义有很多。第一个机器学习的定义来自于 Samuel，他定义机器学习为：在进行特定编程的情况下，给予计算机学习能力的领域[1]。Langley 定义的机器学习是：机器学习是一门人工智能的科学，该领域的主要研究对象是人工智能，特别是如何在经验学习中改善具体算法的性能[2]。Mitchell 将机器学习定义为：机器学习是对能通过经验自动改进的计算机算法的研究[3]。Alpaydin 给出的定义是：机器学习是用数据或以往的经验，来优化计算机程序的性能标准[4]。近些年来，更为严格的提法是：机器学习是指计算机如何通过模拟或实现人类的学习行为，学习数据中的内在规律性信息，获取新的知识或技能，以提高计算机的智能性，使计算机能够像人一样进行决策。

本章其余小节的组织结构如下：3.2 节从研究途径和目标的角度，阐述机器学习的发展过程；3.3 节指出机器学习的分类和常用的几种方法，包括线性回归、逻辑回归、隐马尔可夫模型等；3.4 节~3.6 节分别介绍课题组前期利用机器学习算法在推荐系统、自动文摘和欺诈检测方面开展的工作；3.7 节是本章小结。

3.2　机器学习的发展

从 20 世纪 50 年代以来，机器学习经历了几个不同的发展时期。根据研究途径和目标，可以将机器学习的发展过程划分为四个阶段。

第一阶段从 20 世纪 50 年代中叶～60 年代中叶，这一阶段的研究属于"没有知识"的学习，其研究方法是调整系统的控制参数和改进系统的执行能力。具体地，通过改变机器的环境及其相应的性能参数来检测系统所反馈的数据。例如，给系统设定一个程序，当程序发生变化时，系统将会受到程序的影响而改变自身的组织，最后这个系统将会选择一个最优的环境生存[5]。该阶段具有代表性的研究是 Samuel 的下棋程序[1]。然而这种脱离知识的感知型学习系统具有很大的局限性，远不能满足人类对机器学习系统的期望。

第二阶段从 20 世纪 60 年代中叶～70 年代中叶，该阶段的研究目标是将各个领域的知识植入到系统里，通过机器模拟人类的概念学习过程，并采用逻辑结构或图结构进行系统描述。机器能够采用符号来描述概念，并提出关于学习概念的各种假设。研究人员在进行实验时意识到学习是一个长期的过程，从这种系统环境中无法学到更加深入的知识，因此研究人员将各专家学者的知识加入系统里，经过实践证明这种方法取得了一定的成效[5]。该阶段具有代表性的工作 Hayes 等的基本逻辑归纳学习系统和 Winston 的结构学习系统方法。虽然这类学习系统取得较大的成功，但只能学习单一概念，而且未能投入实际应用。

第三阶段从 20 世纪 70 年代中叶～80 年代中叶，这一阶段人们从学习单个概念扩展到学习多个概念，探索不同的学习策略和学习方法，且在该阶段已开始把学习系统与各种应用结合起来，并取得很大的成功。同时，专家系统在知识获取方面的需求也极大地刺激了机器学习的研究和发展。在出现第一个专家学习系统之后，示例归纳学习系统成为研究的主流，自动知识获取成为机器学习应用的研究目标[5]。1980 年，美国卡内基梅隆大学举办了首届机器学习国际研讨会，标志着机器学习在世界范围内的复兴。1986 年，机器学习领域的专业期刊 *Machine Learning* 面世，意味着机器学习再次成为理论及业界关注的焦点，并呈现出突飞猛进的发展趋势。

第四阶段从 20 世纪 80 年代中叶至今，是机器学习的最新阶段。机器学习的研究在全世界范围内出现新的高潮，机器学习的基本理论和综合系统的研究也得到加强和发展。这一时期的机器学习具有如下特点[5]。

(1)机器学习已成为新的学科，它综合应用了心理学、生物学、神经生理学、数学、自动化和计算机科学等形成了机器学习理论基础。

(2)融合了各种学习方法，且形式多样的集成学习系统研究正在兴起。

(3)机器学习与人工智能各种基础问题的统一性观点正在形成。

(4)各种学习方法的应用范围不断扩大，部分应用研究成果已转化为产品。

(5)数据挖掘和知识发现的研究已形成热潮，并在生物医学、金融管理、商业销售等领域得到成功应用，给机器学习注入新的活力。

3.3 机器学习的模型

机器学习的核心是使用算法解析数据，从中学习，并对某件事情做出决定或预测。这意味着，与其显式地编写程序来执行某些任务，不如教计算机如何开发一个算法来完成任务。以学习样本是否有标签为分类依据，机器学习主要分为监督学习和无监督学习两类。

监督学习(Supervised Learning，SL)是从标记好的数据集学习模型去推断未标记的数据。其数据集包括初始训练数据和人为标注的标签，训练数据作为输入表示特征，标签是训练的目标。训练的过程是从给定的训练数据集中学习出一个映射函数(模型参数)，使得所有样本误差的平均达到最小。监督学习的目的是当新的数据到来时，可以根据这个函数预测结果。也就是说，学习的过程是寻找一个不仅在训练集，而且在新样本集上具有高精度的函数。

监督学习任务最常见的是分类问题，通过已有的训练样本，即已知数据及其对应的类别输出，通过训练得到一个最优分类模型(该模型属于某个函数的集合，最优表示某个评价准则下是最佳的)，再利用这个模型将所有的输入映射为相应的输出，对输出进行简单的判断从而实现分类的目的，也就具有了对未知数据分类的能力。监督学习的目标是让计算机去学习已经创建好的分类模型。

无监督学习(Unsupervised Learning，UL)是从未标注的数据中学习预测模型的问题[6]。其输入数据没有被标记，也没有确定的结果。由于样本数据类别未知，需要根据样本间的相似性对样本集进行分类，试图使类内差距最小化，类间差距最大化。通俗点讲就是在实际应用中，不少情况下无法预先知道样本的标签，也就是说没有训练样本对应的类别，因而只能从原先没有样本标签的样本集开始学习分类器设计。无监督学习不告诉计算机怎么做，而是让它(计算机)自己去学习怎样做事情。因此，无监督学习的目标是通过学习寻求数据之间的统计规律和内在模式，从而获得样本数据的结构特征，在学习过程中根据相似性原理进行区分。无监督学习更近似于人类的学习方式，被誉为"人工智能最有价值的地方"。

无监督学习任务最常见的是聚类问题，聚类是针对给定的样本，依据它们的特征的相似度或距离，将其归纳到若干个"类"或"簇"的数据分析问题[6]。聚类的目的是发现数据的特点并对数据进行处理，利用聚类结果，可以提取数据集中的隐藏信息，对未来数据进行分类和预测。

监督学习用有标签的数据作为最终学习目标，通常学习效果好，但获取有标签数据的代价是昂贵的。无监督学习相当于自学习或自助式学习，便于利用更多的数据，同时可能会发现数据中存在的更多模式的先验知识(有时会超过手工标注的模式信息)，但学习效率较低。二者的共性是通过建立数学模型为最优化问题进行求解，通常没有完美的解法。总之，机器学习就是计算机在算法的指导下，能够自动学习大量输入数据样本的数据结构和内在规律，给机器赋予一定的智慧，从而对新样本进行智能识别，甚至实现对未来的预测。

接下来将介绍几种常见的机器学习方法。

1. 线性回归

线性回归是机器学习中最简单的回归算法，它利用数理统计中的回归分析，来确定两种或两种以上变量间相互依赖的定量关系。在回归问题中，只包含一个自变量和一个因变量，且二者的关系可用一条直线近似表示，这种回归称为一元线性回归；如果回归中包括两个或两个以上的自变量，且因变量和自变量之间是线性关系，则称为多元线性回归。总之，线性回归的表示是一个方程，它描述了一条线，通过寻找输入变量系数的特定权重，拟合输入变量和输出变量之间的关系。在线性回归中，数据使用线性预测函数来建模，并且未知的模型参数也是通过数据来估计，这些模型被称为线性模型。线性模型常用于房价的预测、判断信用评价、电影票房预估、股票市场指数预测等。

本节参照文献[7]，简述线性回归的原理。给定数据集 $D=\{(x_1, y_1),(x_2, y_2),\cdots,(x_m, y_m)\}$，其中，$x_i=(x_i^1, x_i^2,\cdots, x_i^n)\in \mathbf{R}^n$，$y_i\in \mathbf{R}$。线性回归旨在学习一个线性模型以尽可能准确地预测实值输出标记。先考虑最简单的情形：输入特征的数目只有一个，此时的线性回归试图学得

$$f(x_i)=b+wx_i，使得 f(x_i)\approx y_i \tag{3.1}$$

其中，w 是斜率，b 是直线的截距。在线性回归中，求解 w 和 b 使 $E(w,b)=\sum_{i=1}^m (y_i-wx_i-b)^2$ 最小化的过程，称为线性回归模型的最小二乘参数估计。根据 $E(w,b)$ 分别对 w 和 b 求导，并令导数为零，即可得到 w 和 b 的最优解

$$w=\frac{\sum_{i=1}^m y_i(x_i-\overline{x})}{\sum_{i=1}^m x_i^2-\frac{1}{m}\left(\sum_{i=1}^m x_i\right)^2} \tag{3.2}$$

$$b=\frac{1}{m}\sum_{i=1}^m (y_i-wx_i) \tag{3.3}$$

其中，$\bar{x} = \dfrac{1}{m}\sum_{i=1}^{m} x_i$ 为 x 的均值。

更一般的情形是本节开头的数据集 D，对于一个有 n 个特征的样本 i 而言，线性回归试图学得

$$f(x_i) = b + w_1 x_i^1 + w_2 x_i^2 + \cdots + w_n x_i^n, \quad \text{使得 } f(x_i) \approx y_i \tag{3.4}$$

其中，$w_1 \sim w_n$ 是回归系数，b 是截距。类似地，可利用最小二乘法对 $w_1 \sim w_n$ 和 b 进行估计，此处不再赘述。

2. 逻辑回归

逻辑回归(Logistic Regression，LR)是一种广义的线性回归分析模型，也是机器学习中的经典分类方法。逻辑回归由线性回归变换而来，二者同属于广义线性模型，其本质上都是得到一条直线，不同的是，线性回归的直线是尽可能去拟合输入变量的分布，使得训练集中所有样本点到直线的距离最短；而逻辑回归的直线是尽可能去拟合决策边界，使得训练样本中的样本点尽可能分离开。因此，两者的目的是不同的。逻辑回归分类器适用于各项广义上的分类任务，例如，评论信息的用户违约信息预测、正负情感分析、用户点击率、疾病预测、垃圾邮件检测、用户等级分类等场景。

线性回归可以预测连续值，但不能解决分类问题。考虑二分类任务，需要根据预测的结果判定其属于正类还是负类，本节用 1 表示正类，0 表示负类。所以逻辑回归就是将线性回归的 $(-\infty, +\infty)$ 结果，通过 Sigmoid 函数映射到 $(0, 1)$ 之间。本节参照文献[6]简述逻辑回归的原理。首先，Sigmoid 函数的公式如下

$$y = \dfrac{1}{1 + e^{-x}} \tag{3.5}$$

通过将线性模型和 Sigmoid 函数结合，可以得到逻辑回归的公式

$$y = \dfrac{1}{1 + e^{-(wx+b)}} \tag{3.6}$$

其中，y 的取值是 $(0, 1)$。

由此，二项逻辑回归模型是如下的条件概率分布

$$P(Y = 1 \mid x) = \dfrac{e^{wx+b}}{1 + e^{wx+b}} \tag{3.7}$$

$$P(Y = 0 \mid x) = \dfrac{1}{1 + e^{wx+b}} \tag{3.8}$$

其中，$x \in \mathbf{R}^n$ 是输入，$Y \in \{0, 1\}$ 是输出，$w \in \mathbf{R}^n$ 和 $b \in \mathbf{R}^n$ 是参数。对于给定的输入

实例 x，按照公式(3.7)和公式(3.8)可以求得 $P(Y=1|x)$ 和 $P(Y=0|x)$。逻辑回归比较这两个条件概率值的大小，将实例 x 分到概率值较大的那一类。

上面介绍的逻辑回归模型是二项分类模型，可以将其推广为多项逻辑回归模型，用于多分类任务。具体地，令离散型随机变量 Y 的取值合集是 $\{1, 2, \cdots, K\}$，则多项逻辑回归模型如下

$$P(Y = k \mid x) = \frac{e^{w_k x+b}}{1+\sum_{k=1}^{K-1} e^{w_k x+b}}, \quad k = 1, 2, \cdots, K-1 \tag{3.9}$$

$$P(Y = K \mid x) = \frac{1}{1+\sum_{k=1}^{K-1} e^{w_k x+b}} \tag{3.10}$$

3. 隐马尔可夫模型

隐马尔可夫模型(Hidden Markov Model，HMM)是一种利用具有隐藏状态的马尔可夫过程设计的统计模型。Markov 在 20 世纪初引入了 HMM。后来，Baum 等[8]在 1960 年代末和 1970 年代初发表了一系列论文来介绍马尔可夫信源和马尔可夫建模的统计方法。状态转移是指马尔可夫过程在离散时间内状态的随机变化。马尔可夫模型遵循无记忆特性的概念，即从一种状态到另一种状态的转移仅取决于当前状态[9]。在 HMM 中，从一种状态到另一种状态的随机转换是不可观测的。HMM 易于实现，能处理顺序数据和可变长度输入，因而适用于许多实际问题。在过去的 50 年里，众多专家在不同的应用领域探索了 HMM 及其变体。自 1980 年以来，HMM 已广泛应用于生物信息学领域[10]。HMM 进一步分为一阶 HMM、高阶 HMM、半 HMM、阶乘 HMM、二阶 HMM、多层 HMM、自回归 HMM、非平稳 HMM 和分层 HMM。

HMM 是关于时序的概率模型，描述由一个隐藏的马尔可夫链随机生成不可观测的状态随机序列，再由各个状态生成一个观测从而产生观测随机序列的过程。隐藏的马尔可夫链随机生成的状态的序列，称为状态序列；每个状态生成一个观测，而由此产生的观测的随机序列，称为观测序列；序列的每一个位置又可以看成一个时刻[6]。

隐马尔可夫模型定义为一个五元组 (S, O, A, B, π)：

$S=S_1, S_2, \cdots, S_n$ 是所有可能的状态的集合，n 是可能的状态数；

$O(t)=o_1, o_2, \cdots, o_m$ 是每个时间间隔中所有可能的观测的集合，m 是可能的观测数；

$A=[a_{ij}]_{n\times n}$ 是状态转移概率矩阵，其中，$a_{ij}=P(X_{t+1}=S_j \mid X_t=S_i)$ $(1\leqslant i,j\leqslant n)$ 是在时刻 t 处于状态 S_i 的条件下转移到时刻 $t+1$ 状态 S_j 的概率；

$B=[b_j(t)]_{n×m}$ 是观测概率矩阵，其中，$b_j(t)=P(O(t)|X_t=S_j)$ $(1≤j≤n)$ 表示在时刻 t 处于状态 S_j 的条件下生成观测 $O(t)$ 的概率；

$π=(π_i)$ 是初始状态概率向量，$π_i = P(X_1=S_i)$ $(1≤i≤n)$ 表示时刻 $t=1$ 处于状态 S_i 的概率。

4.　Adaboost

Adaboost（Adaptive Boosting）由 Freund 等[11]提出，是一种基于提升方法的传统机器学习方法。Adaboost 的主要思路是通过迭代过程训练一组弱分类器，在每一次迭代过程中，当前弱分类器都会根据前一轮迭代过程中弱分类器的分类结果进行调整，如果数据中的某一实例在前一轮迭代过程中被误分类，则增加这个实例在当前迭代步骤的权重，如果没有被误分类，则降低其权重。所以在每一轮迭代中都会产生一个弱分类器，这些弱分类器也会根据它们的分类精确度赋予一个相应的权重，最终通过对每个弱分类器加权求和的方式得到最终的分类器，下面给出 Adaboost 具体的算法过程。

假设当前训练数据集 $T=\{(x_1, y_1), (x_1, y_2), \cdots, (x_n, y_n)\}$ 由 n 个样本组成，首先初始化训练数据的权值分布

$$D_1 = (w_1^1, \cdots, w_i^1, \cdots, w_n^1), \ w_i^1 = \frac{1}{n}, \ i=1,2,\cdots,n \tag{3.11}$$

令 N 为总迭代次数，则对第 t 轮迭代 $t=1, 2, \cdots, N$，使用当前具有权值分布 D_t 的训练数据进行训练，得到一个弱分类器 $h_t(x)$，然后计算 $h_t(x)$ 在数据集 T 上的分类误差 $θ_t$

$$θ_t = P(h_t(x_i) \neq y_i) = \sum_{i=1}^{n} w_i^t × I(h_t(x_i) \neq y_i), \ i=1,2,\cdots,n \tag{3.12}$$

根据 $h_t(x)$ 在 T 上的训练误差 $θ_t$，计算 $h_t(x)$ 的系数 $α_t$

$$α_t = \frac{1}{2} \log \frac{1-θ_t}{θ_t} \tag{3.13}$$

然后根据第 t 轮迭代的结果，更新训练数据 T 的权重 $D_{t+1} = (w_1^{t+1}, \cdots, w_i^{t+1}, \cdots, w_n^{t+1})$，其中

$$w_i^{t+1} = \frac{w_i^t × \exp(-α_t y_i h_t(x_i))}{\sum_{i=1}^{n} w_i^t × \exp(-α_t y_i h_t(x_i))}, \ i=1,2,\cdots,n \tag{3.14}$$

最后根据每一轮训练好的弱分类器以及它们的系数，构建最终的强分类器

$$H(x) = \text{sign}\left(\sum_{i=1}^{n} \alpha_t h_t(x)\right) \tag{3.15}$$

5. PageRank

实际应用中许多数据以图(graph)的形式存在,例如,社交网络和互联网都可以看成一个图。在图上进行机器学习,具有重要的理论和应用意义,PageRank 算法是图数据上的无监督学习方法。PageRank 算法由 Page 和 Brin 于 1996 年提出,最初用于谷歌搜索引擎的网页排序。指向一个网页的超链接越多,则随机跳转到该网页的概率也越高,该网页的 PageRank 值就越高,这个网页也就越重要[6]。实际上,PageRank 可定义在任意有向图上,后来被应用到社会影响力分析、文本摘要等多个问题。

本节参照文献[6],简述 PageRank 算法的原理。给定一个含有 m 个节点的任意有向图,在有向图上定义一个一般的随机游走模型,即一阶马尔可夫链。一般的随机游走模型的转移矩阵由两部分的线性组合组成,一部分是有向图的基本转移矩阵 M,表示从一个节点到其连出的所有节点的转移概率相等;另一部分是完全随机的转移矩阵,表示从任意一个节点到任意一个节点的转移概率都是 $1/m$,线性组合系数为阻尼因子 $d(0 \leqslant d \leqslant 1)$。这个一般的随机游走马尔可夫链存在平稳分布,记为 R,定义 R 为这个有向图的一般 PageRank,R 的计算公式如下

$$R = dMR + \frac{1-d}{m}\mathbf{1} \tag{3.16}$$

其中,$\mathbf{1}$ 是所有分量为 1 的 m 维向量。

由公式(3.16)可以得到每个节点的 PageRank 值

$$\text{PR}(v_i) = d\left(\sum_{v_j \in M(v_i)} \frac{\text{PR}(v_j)}{L(v_j)}\right) + \frac{1-d}{m}, \quad i = 1, 2, \cdots, m \tag{3.17}$$

其中,$M(v_i)$ 是指向节点 v_i 的节点集合,$L(v_j)$ 是节点 v_j 连出的边的个数。$\frac{1-d}{m}$ 称为平滑项,所有节点的 PageRank 值都不会为 0,具有以下性质

$$\text{PR}(v_i) > 0, \quad i = 1, 2, \cdots, m \tag{3.18}$$

$$\sum_{i=1}^{m} \text{PR}(v_i) = 1 \tag{3.19}$$

由此,R 可以表示为 m 维向量

$$R = \begin{bmatrix} PR(v_1) \\ PR(v_2) \\ \vdots \\ PR(v_m) \end{bmatrix} \tag{3.20}$$

其中，$PR(v_i), i = 1, 2, \cdots, m$，表示节点 v_i 的 PageRank 值。

3.4　概率模型与推荐算法的组合研究

在推荐系统领域，矩阵分解是最有效且应用最广泛的方法[12]。矩阵分解是一种经典的潜在因子模型，其将用户和商品转换为低维空间的向量表示，即算法假设仅有相对较少数量的潜在因素影响了用户的购买行为，这与文本挖掘算法中的主题模型引入隐含主题变量的思想不谋而合。实际上，矩阵分解可被认为是最原始的主题模型[13]，即潜在语义检索的特殊变种，二者仅在建模对象与推断方法上存在显著区别。本节基于概率模型思想，在矩阵分解算法中引入主题建模的一些思路，从而进一步提升推荐系统的预测准确度[14]。

3.4.1　主要思想

在矩阵分解中，用户与商品的交互矩阵产生自用户偏好向量 U 与商品特征向量 V 的线性叠加。从贝叶斯模型的角度来看，矩阵分解存在一种等价的概率生成模型，即概率矩阵分解（Probabilistic Matrix Factorization，PMF）。在 PMF 的生成过程中，向量 U 和向量 V 生成自两个均值为 0、协方差为固定对角阵的高斯先验分布，即先验分布的超参数中并没有包含任何有价值信息。同时向量 U 和向量 V 被认为是条件独立的，这与数据的潜在特征并不符合。由于向量 U 表征用户的潜在偏好，而向量 V 代表产品的属性，商品的生产通常是为了最大化迎合用户的满意度，所以 U 和 V 在统计学上应具有非常强的关联性。模型在考虑对训练数据拟合的同时，也应将这种先验知识考虑进去。现有矩阵分解的方法通常使用 L_2 正则项来避免过拟合，然而 U 和 V 之间的统计学相关性很难直接通过正则项引入目标函数中。本节基于概率图模型，提出将 U 和 V 的关联信息引入先验分布中，该方法等价于改变传统矩阵分解的正则项。同时，由于 U 和 V 的内积被看作用户评价的期望，即隐变量之间是一对一的映射关系，所以隐含变量之间的相互关联性也被忽略。为了克服传统矩阵分解的上述缺点，本节提出一种纯粹的生成模型，即关联矩阵分解（Correlated Matrix Factorization，CMF），使用典型关联分析（Canonical Correlation Analysis，CCA）来建模向量 U 和 V 的先验分布之间的语义关联性。CCA[15]是一种经典的机器学习算法，其通过引入一个隐含关联因子来最大化两个随机变量集合之间的相关性。在 CCA 的概率解释中，这两个随机变量集合均产生自高斯分布。巧合的是，矩阵分解模型中，U 和 V 也产生自两个高斯先验，那么通过共享这两个高斯分布，可以很自然地将 CCA 与 CMF 融合起来。换言之，U 和 V 在 CMF 中不再独立，二者由两个相互关联的高斯分布产生，在模型拟合数据的同时，U 和 V 之间的相关性也在 CCA 模型中被最大化。同时 CCA 也不要求 U 和 V 的维度相同。在现实生活中，用户偏好的数量可能远小于商品的属性数量，为二者设定不同的维度可能更加合理。上述的改进在提升模型表达能力的同时，也将带来更好的推荐准确度。

3.4.2　系统模型

本节给出 CMF 的具体实现细节，其本质上也是一种概率图模型。贝叶斯网络与常用的统计推断方法二者均是机器学习与主题建模领域最常用的算法。

定义 $R \in \mathbf{R}^{M \times N}$ 为用户对商品的评价矩阵，其中，M 和 N 分别表示用户和商品的数量。使用 $i \in \{1, \cdots, M\}$ 作为用户的下标，使用 $j \in \{1, \cdots, N\}$ 作为商品的下标。用户 i 对商品 j 的评价定义为 r_{ij}。经典矩阵分解算法将用户和商品都转换到维度为 K 的隐空间中，用户 i 使用隐含特征向量 $U_i \in \mathbf{R}^K$ 表示，商品 j 使用向量 $V_j \in \mathbf{R}^K$ 表示。基于矩阵分解，用户 i 对商品 j 的偏好预测值被定义为

$$\hat{r}_{ij} = U_i^{\mathrm{T}} V_j \tag{3.21}$$

矩阵分解旨在找出与原始评价矩阵 R 最接近的预测矩阵 $\hat{R}$，通常采用最小二乘法来得到对 R 的奇异值分解，即

$$\operatorname{argmin}_{U,V} \sum_{i,j} (r_{ij} - U_i^{\mathrm{T}} V_j)^2 + \lambda_u \|U_i^2\| + \lambda_v \|V_j^2\| \tag{3.22}$$

其中，模型通过加入 L_2 正则项来避免模型过拟合。从贝叶斯模型角度来看，矩阵分解等价于如下生成过程，即 PMF

(1) 对于每个用户 $i \in \{1, \cdots, M\}$，生成用户偏好向量 $U_i \sim \mathcal{N}(0, \sigma_u^2 I_K)$；

(2) 对于每个商品 $j \in \{1, \cdots, N\}$，生成商品属性向量 $V_j \sim \mathcal{N}(0, \sigma_v^2 I_K)$；

(3) 对于评价矩阵 R 中的元素 (i, j)，生成用户的评价 $r_{ij} \sim \mathcal{N}(U_i^T V_j, \sigma_r)$。

PMF 的概率图模型如图 3.1(a) 所示，可以发现向量 U 和 V 生成自两个独立的高斯分布，这忽略了二者之间潜在的关联性。通过 CCA 引入一个新的潜在关联因子 y 将 U 和 V 的先验分布耦合起来。由于 y 存在于一个新的隐含空间，所以其本质上建模了 U 和 V 之间的语义关联性。通过线性变换，可以将 U 和 V 转换到该关联语义空间中，进而得到 r_{ij}。通过变量 y 作为桥梁，U 和 V 被紧密地联系起来。为了更好地建模稀疏矩阵 R 中缺失的数据，与文献[16]类似，引入了权重参数 c_{ij}，c_{ij} 表示对于观察值 r_{ij} 的置

信度。矩阵 R 中任何非零的 r_{ij} 所对应的权重都大于缺失的元素。这么处理的原因是用户 i 未评价商品 j 的原因除了不喜欢外，也可能是没有意识到该商品的存在。

CMF 的概率图模型如图 3.1(b)所示，这里仍然沿用上述矩阵分解中的符号系统，但同时添加一些新的符号来适应模型表示。令 K 为用户特征向量 U 的维度，T 为商品属性向量 V 的维度，L 为 CCA 模型中潜在关联因子 y 的维度，则 CMF 模型的生成过程可以表示如下

(1)生成 L 维的高斯关联因子 $y \sim \mathcal{N}(0, I_L)$；

(2)对于每个用户 $i \in \{1, \cdots, M\}$，生成用户偏好向量 $U_i \sim \mathcal{N}(T_u y + \mu_u, \Psi_u)$，$T_u \in \mathbf{R}^{K \times L}, \Psi_u \geq 0$；

(3)对于每个商品 $j \in \{1, \cdots, N\}$，生成商品属性向量 $V_j \sim \mathcal{N}(T_v y + \mu_v, \Psi_v)$，$T_v \in \mathbf{R}^{T \times L}, \Psi_v \geq 0$；

(4)对于评价矩阵 R 中的元素 (i, j)，生成用户的评价 $r_{ij} \sim \mathcal{N}^{c_{ij}}(U_i^{\mathrm{T}} T_u T_v^{\mathrm{T}} V_j, \sigma^2)$；

(5)权重变量 c_{ij} 被定义为 $c_{ij} = 1 + \alpha r_{ij}$，其中，$\alpha$ 为常量。

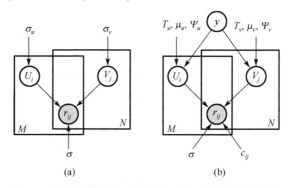

图 3.1 概率矩阵分解和关联矩阵分解的概率图模型

在生成过程中，步骤(1)、步骤(2)和步骤(3)组成了 CCA 模型的主体。模型的最大后验分布使得向量 U 和 V 在隐含关联空间获得最大的相关性。同时，步骤(2)、步骤(3)和步骤(4)构成矩阵分解的框架，那么评价矩阵 R 的隐含特征将被编码进向量 U 和 V 中。通过将 U 和 V 作为共享部分，CMF 将典型关联分析与矩阵分解完美地结合起来。

CMF 包含如下模型参数 $\Theta = \{T_u, T_v, \mu_u, \mu_v, \Psi_u, \Psi_v, U, V\}$，其中，$T_u$ 和 T_v 分别表示维度为 $K \times L$ 和 $T \times L$ 的矩阵。在步骤(2)和步骤(3)中，T_u 和 T_v 分别将 U 和 V 从用户和商品对应的隐变量空间转换到对应的关联语义空间。CMF 模型中仅包含一个隐含随机变量 $\Phi = \{y\}$，同时模型输入的观察值为整个评价矩阵 R。权重 c_{ij} 可以被看成观察到数据 r_{ij} 的权重，换言之，缺失数据(即 $r_{ij}=0$)通常比观察到的数据具有更低的置信度。在实验中发现设定 $\alpha=30$ 通常可以得到很好的结果。

基于本节提出的模型，可以得到在给定模型参数 Θ 的情况下，生成用户评价矩阵的概率公式为

$$p(R \mid \Theta) = \int_y p(y) \prod_{i=1}^M p(U_i \mid y) \prod_{j=1}^M p(V_j \mid y) \prod_{i,j} p(r_{ij} \mid U, V) \mathrm{d}y \qquad (3.23)$$

现在的任务变为在给定用户评价数据的情况下，求得最优的参数 θ 使得模型的后验概率最大，即

$$\theta = \underset{\Theta}{\mathrm{argmax}} \log p(R \mid \Theta) \qquad (3.24)$$

由于隐变量 y 是连续的，且与 U 和 V 具有紧密的耦合关系，基于期望最大化（Expectation Maximization Algorithm，EM）算法，无法在 E 步中得到其期望值，所以应用变分 EM 算法来求解原似然函数的下界，通过优化下界的方法来推断模型参数。

3.4.3　实验与分析

本节采用留一法（Leave-One-Out，LOO）方法[17]衡量模型的预测准确率。该方法将每个用户的最近一次评价数据抽取出来作为测试集，模型基于剩余的所有数据进行训练。由于 3.4.2 节提出的模型旨在建模用户的隐性反馈行为，数据集中的具体评分值被重新标记为 0/1 来表示用户是否消费过该商品。对于隐性反馈数据来说，判断一个用户对哪个商品感兴趣往往比得到对商品的具体评分更有价值，因而本节中引入两个基于排序的指标，即命中率（Hit Ratio，HR）和归一化折损累计增益（Normalized Discounted Cumulative Gain，NDCG），预测结果的前 100 个商品被截取出来用以计算这两个指标的具体数值。HR 负责度量测试集中的商品是否出现在前 100 个预测结果中，而 NDCG 负责度量该商品在预测结果中的具体位置。通常来说，测试集中的商品排序越靠前，说明模型的预测精度越好，所有测试商品的预测精度平均值作为模型的最终结果。$\mathrm{rank}(i, j)$ 表示商品在用户的预测结果中的排序位置，y^{test} 表示测试集中所有商品集合。

本节采用了四个公开的数据集 Yelp、Flixster、Movielens 和 Ciao，它们被广泛用于推荐系统的评估实验中，这四个数据集的统计信息如表 3.1 所示。

表 3.1　四个数据集的统计信息

数据集	评价数	商品数	用户数	稀疏度/%
Yelp	731671	25677	25915	99.89
Flixster	1838118	11730	31606	99.50
Movielens	1000209	6040	3706	95.53
Ciao	40189	1141	13226	99.73

　　Yelp 数据集由用户对现实商品的评价组成，其他三个数据集主要包括对电影和电视的评分。为了让推荐结果更具现实意义，本节按照常规的预处理方法[17]，将少于 10 条评价的用户从数据集中移除。

　　本节将提出的 CMF 方法与 WMF（Weighted Matrix Factorization）、LDA（Latent Dirichlet Allocation）、BPR（Bayesian Personalized Ranking）等方法进行了对比，旨在衡量这些模型在四个不同数据集上的收敛速度和预测精度。图 3.2 给出了不同模型的 HR 和 NDCG 随着迭代次数的变化情况。可以发现，HR 和 NDCG 有非常相似的变化模式，更高的 HR 通常意味着更优的 NDCG 值。当模型收敛后，CMF 在所有数据集上均获得了最优的推荐结果，在多次重复实验中，模型的标准差为 10^{-4}。同时，CMF 相较于 LDA 和 BPR 要收敛更快。

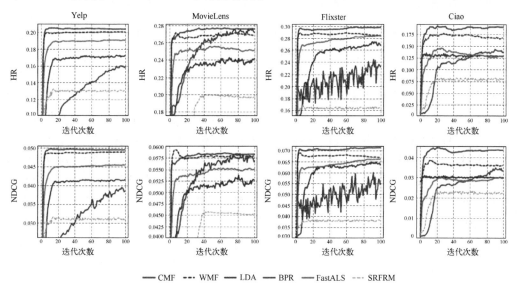

图 3.2　模型的预测精度 vs 迭代次数（K=20）（见彩图）

3.5　基于图排序算法的自动文摘方法研究

　　互联网技术的快速发展使得信息的采集、传播速度达到了空前的水平，海量的数据使得人们获取有价值的信息变得越发困难。自动文摘技术可以从海量的信息中提取出能代表原文重要内容且简洁精练的一段文字，高度压缩文档，是解决信息超载问题的有效方法，因此自动文摘技术的研究引起人们越来越多的关注。目前，诸如统计分析、机器学习技术以及语言学知识等在已有的自动文摘系统中都有所应用。已有的基于图排序的自动文摘方法虽然已经取得较好的效果，但是仍有许多改进空间。对于当前文摘系统的不足，本节的主要工作为：针对单词层面的度量方法难以准确衡量句子间的语义相关性这一问题，提出了一种基于 LDA 主题模型[18]的句子间相关性的度量方法，首先计算得到句子的主题概率分布然后用 JS（Jensen-Shannon）距离衡量概率分布之间的相关性，从而在语义的层面度量句子间的相关性。并进一步将该语义相关性与余弦相关性结合，从而实现了在语义和单词两个层面度量句子间的相关性，互相结合补充，取得了更好的效果[19,20]。

针对图排序算法忽略节点自身属性这一问题，本节提出了句子的主题相关度和位置敏感度的概念，并在文本图排序中将主题相关度和位置敏感度作为初始静态权重赋予句子节点，利用 Biased-Pagerank[21]算法替代传统的 PageRank 算法对句子进行迭代排序，提升了文本摘要效果。

3.5.1 双层相关性度量模型

一般来说，量化句子间的语义相关性比较困难，因为即使是人工也难以使用数值衡量句子间的语义相关性，但主题模型和潜在语义分析为句子语义相关性的量化提供了理论基础。LDA 主题模型是一个概率基础完备的生成模型，对于一个语料库，它抽象出单词的概率分布用来表示不同主题，然后使用主题的概率分布代表各个文档。本节定义了句子的主题分布的概念，通过使用 LDA 主题模型求出每个句子的主题分布，将句子间的语义相关性度量转换成句子主题分布的相关性度量问题。对于句子排序，从理论上来说，得到句子间的语义相关性就已经足够，但 LDA 主题模型实际的训练结果会受到诸多条件的影响，例如，文档集的大小、主题数的选择等。因此在实际训练中得到的文档-主题分布、主题-单词分布虽然有一定的代表性但也会存在误差，这就弱化了使用句子主题分布度量语义相似度的效果。余弦相似度是一种经典的度量方法，其有效性已经在各个研究中被证明。因此本节选择使用句子间的余弦相似度作为补充，从语义和单词两个层面度量句子间的相似度，以弥补仅使用句子主题分布的不足。

1. 语义层

LDA 主题模型使用文档的主题概率分布代表文档，在本节的方法中，以 LDA 主题模型为基础，计算得到每个句子的主题分布，将计算句子间的语义相似度转化为了计算概率分布之间的相似度问题。两个句子的主题分布越相似，则代表句子的语义相似度越高。

LDA 主题模型经训练可以得到主题-单词分布和文档-主题分布。为了方便公式推导，将代表主题-单词分布的 θ 表示为条件概率的形式 $P(W|T)$，$P(W_i|T_j)$ 表示单词 W_i 代表主题 T_j 的概率。将代表文档-主题分布的 ϕ 表示为 $P(T|D)$，$P(T_i|D_k)$ 表示文档 D_k 属于主题 T_i 的概率。其中，W 的维度为语料库中的单词数，T 的维度为 LDA 主题模型设定的主题数，D 的维度为语料库中的文档数。

对于任意一篇文档，所要求的句子的主题分布表示为 $P(T|S)$，对于文档 D_k 中

的句子 S_r ，其属于主题 T_j 的概率由贝叶斯公式得

$$P(T_j \mid S_r) = \frac{P(S_r \mid T_j)P(T_j)}{P(S_r)} \tag{3.25}$$

其中， $P(S_r \mid T_j)$ 为句子 S_r 代表主题 T_j 的概率， $P(T_j)$ 为语料库属于主题 T_j 的概率， $P(S_r)$ 为句子 S_r 出现的先验概率。

进一步地，句子由词组合而成，因此主题-句子分布 $P(S|T)$ 可以根据主题-单词分布 $P(W|T)$ 计算，并且句子的主题分布也应受到文档主题分布的影响。对于 $P(S_r \mid T_j)$ 的求解，本节提出了以下公式

$$P(S_r \mid T_j) = \sum_{W_i \in S_r} P(W_i \mid T_j) \times P(T_j \mid D_k) \times P(D_k) \tag{3.26}$$

其中，句子 S_r 代表主题 T_j 的概率，等于 S_r 中所有单词代表主题 T_j 的概率积、文档 D_k 的先验概率和文档 D_k 属于主题 T_j 的概率这三者的积。

此时 $P(T_j)$ 为语料库属于主题 T_j 的概率，计算公式如下

$$P(T_j) = \sum_{k=1}^{M} P(T_j \mid D_k) \times P(D_k) \tag{3.27}$$

其中， $P(T_j \mid D_k)$ 即文档 D_k 属于主题 T_j 的概率，由 LDA 主题模型训练得到。因此语料库属于主题 T_j 的概率就等于每个文档属于 T_j 的概率与该文档先验概率乘积的和。

对于句子与文档的先验概率，即 $P(S_r)$ 与 $P(D_k)$ ，假设所有句子与文档的生成都是等概率的，所以 $P(S_r)$ 与 $P(D_k)$ 在计算中是没有影响的，可以忽略。于是句子-主题分布 $P(T_j \mid S_r)$ 的最终计算公式如下

$$P(T_j \mid S_r) = \frac{\sum\limits_{W_i \in S_r} P(W_i \mid T_j) \times P(T_j \mid D_k) \times \sum\limits_{k=1}^{M} P(T_j \mid D_k)}{P(S_r)} \tag{3.28}$$

需要注意的是，因为公式(3.28)更多地基于物理推论而不是严格的概率推理，所以 $P(T_j \mid S_r)$ 对于 $j \in \text{Topic\_Nums}$ 其概率和不等于 1，所以根据公式(3.28)计算得到的 $P(T \mid S_r)$ 不能直接作为句子 S_r 的主题概率分布，还需要进行归一化处理

$$P(T_j \mid S_r) = \frac{P(T_j \mid S_r)}{\sum\limits_{j \in \text{Topic\_Nums}} P(T_j \mid S_r)} \tag{3.29}$$

归一化后，对于任意文档 D_k 中的任意句子 S_r ，根据公式(3.29)就可以计算得到其主题分布 $P(T_j \mid S_r)$ 。

得到了句子的主题分布，需要选择合适的方法度量概率分布之间的相似度。KL(Kullback-Leibler)距离衡量的是相同事件空间里的两个概率分布的差异情况。其

物理意义是：在相同事件空间里，概率分布 P 的事件空间，若用概率分布 M 编码时，平均每个基本事件(符号)编码长度增加了多少比特。KL 距离在信息论中有广泛应用，但是因其可以度量概率分布之间的相关性，所以在其他领域也有广泛应用。

KL$(P\|M)$ 表示分布 P 和 M 的 KL 距离，计算公式如下

$$KL(P\|M)=\sum_x P(x)\ln\frac{P(x)}{M(x)} \tag{3.30}$$

当两个概率分布完全相同时，即 $P(x)=M(x)$ ，其相对熵为 0。因此，概率分布 $P(X)$ 的信息熵为

$$H(P)=-\sum_{x\in N}P(x)\log P(x) \tag{3.31}$$

其表示，概率分布 $P(x)$ 编码时，平均每个基本事件(符号)至少需要多少比特编码。因此，可以发现按照本身概率分布编码是最好的编码方式， KL$(P\|M)$ 始终大于等于 0。

虽然 KL 被称为距离，但其不满足距离定义的三个条件：①非负性；②对称性(不满足)；③三角不等式(不满足)，且数值不只局限于[0,1]。如果直接利用 KL 距离度量句子间的语义的相似度，其数值会不方便使用，更难以与余弦相似度结合。因此本节选择使用 KL 距离的平滑且对称的扩展版本——JS 距离，JS 距离的物理意义是代表遵循 P 和 Q 混合分布的随机变量 X 与分布 P 和 Q 的混合互信息。与 KL 距离相比，JS 距离不仅满足对称性，而且数值在[0,1]。对于句子 P、Q 的主题分布 P 和 Q ，其 JS 距离计算公式如下

$$JS_{PQ}=\frac{1}{2}KL(P\|M)+\frac{1}{2}KL(Q\|M) \tag{3.32}$$

其中， $M=\frac{1}{2}(P+Q)$ ，为 P 和 Q 的混合概率分布。

与 KL 距离类似，JS 距离越小，则代表两个分布越相似，为了使语义相似度是正相关的关系，本节使用句子主题分布的 JS 距离与 1 的差作为句子相关性的量化值。对于句子 P、Q ，语义相关性计算的最终公式如下

$$SemSim_{PQ}=1-JS_{PQ} \tag{3.33}$$

2. 单词层

对于多个不同的文本或者短文本对话消息要在单词层面来计算它们之间的相似度，余弦相似度是最广泛使用的度量方法。

首先将每个句子都转换为一个 N 维向量，N 为文档单词总数。对于句子中出现的每个单词，其在句子向量中对应维度的数值为该单词的 TF-IDF (Term Frequency-

Inverse Document Frequency)。TF-IDF 是信息检索和文本处理中常用的方法，对于句子 P、Q 余弦相似性计算公式如下

$$\text{CosSim}_{PQ} = \frac{\sum_{w \in P,Q} \text{TF}_{w,P} \times \text{TF}_{w,Q} \times (\text{IDF}_w)^2}{\sqrt{\sum_{w \in P}(\text{TF}_{w,p} \times \text{IDF}_w)^2} \times \sqrt{\sum_{w \in Q}(\text{TF}_{w,p} \times \text{IDF}_w)^2}} \tag{3.34}$$

其中，$\text{TF}_{w,P}$ 为单词 w 在句子 P 中的词频，计算公式如下

$$\text{TF}_{w,P} = \frac{N_{w,P}}{N_P} \tag{3.35}$$

$N_{w,P}$ 为单词 w 在句子 P 中出现的次数，N_P 为句子 P 的单词总数。

IDF_w 为单词 w 的逆文档频率，计算公式如下

$$\text{IDF}_w = \log \frac{N}{N_w} \tag{3.36}$$

其中，N 为语料库中文档总数，N_w 为单词 w 的次数。

3. 双层度量

根据 LDA 主题模型可以获得每个句子的主题分布，并可利用 JS 距离进行分布的相似度度量。尽管在概率理论上句子的主题分布可以代表句子的语义，在实际中主题分布的代表性会受到诸多因素的削弱，例如语料库的大小，训练中参数的选择等。而基于 TF-IDF 的余弦相似度是一个被广泛使用并得到验证的相似度度量方法，因此本节将两种度量方法结合使用，从语义和单词两方面度量句子间的相关性，理论上会有更好的互补效果。通过参数来调整语义相似度和余弦相似度的比重，对于句子 P、Q，最终的相似度度量公式如下

$$\text{Sim}_{PQ} = (1 - \lambda) \times \text{SemSim}_{PQ} + \lambda \times \text{CosSim}_{PQ} \tag{3.37}$$

λ 取值为 0~1，用来调节 SemSim 和 CosSim 所占的比重。

3.5.2　基于图模型的自动文摘

受图排序算法在各领域成功应用的启发，文献[22]~文献[24]首次提出了基于图排序算法的自动文摘方法，其主要思想是将文本单元(句子、词汇等)作为图的节点，文本单元之间的关联(余弦相似度、同义性等)作为边，将文档表示成一个文本图；然后基于图排序算法计算节点的权值；再根据图排序结果采用某种策略选择文摘句子从而生成摘要。其本质是图的拓扑结构隐含着每个文本单元的重要性。图排序是整个自动文摘算法中最为关键的部分。在这一步中，根据迭代公式对文本图进行迭代计算直到收敛，就得到每个节点的最终权重。PageRank 是最广泛使用的图排序算

法，基于图模型的自动文摘大多也是基于或改进 PageRank 算法进行句子排序。本节提出了句子主题相关度和位置敏感度的概念，并将二者作为静态权重赋予句子节点，利用偏置 PageRank 算法对句子进行排序，提升了排序效果。

1. 句子排序

图排序算法最初是为了分析网页权重而提出，以网页作为节点，根据网页之间的链接关系构建图的边，而超链接又分为反向链接和常规链接，所以生成的是一个无加权的有向图。但是在自动文摘领域，图是根据自然语言文本来构建，节点为文档的文本单元，而边则是根据节点之间的相关性来构建，这种文本单元的相关性一般是相互的，而且其强度通常也是有意义的，所以基于图排序算法的自动文摘一般构建的是加权或无加权的无向图。

对于无向图和加权图，图排序算法的同样适用。在无向图中节点的入度和出度相等，而且在稀疏图中，无向图通常收敛得更快。随着图连通性的增强，图排序算法通常会在较少次数的迭代之后收敛，而且在连通性较强的图中，无向图和有向图的收敛曲线几乎重叠。

对于加权图，可以将节点之间的权重 ω_{ij} 或 ω_{ji} 引入图排序算法中。PageRank 算法引入权重后的公式如下

$$PR(p_i) = \frac{1-d}{N} + d \sum_{p_j \in M(p_i)} \omega_{ji} \frac{PR(p_j)}{L(p_j)} \qquad (3.38)$$

使用句子作为图节点，根据 3.5.1 节中的双层相关性度量模型可以计算得到任意句子 P、Q 之间的相似度，并根据相似度生成节点之间的加权边，将文档表示成一个无向加权图。对于此图，使用加权 PageRank 算法对句子进行排序，迭代公式如下

$$R(P) = \frac{1-d}{N} + d \sum_{Q \in adj(P)} \frac{Sim_{PQ}}{\sum_{Z \in adj(Q)} Sim_{ZQ}} R(Q) \qquad (3.39)$$

其中，$R(P)$ 代表节点 P 的权重，d 为阻尼系数，一般取值 0.85，N 为图中节点总数，$Q \in adj(P)$ 表示所有与 P 相连的节点 Q。在对 PageRank 做了加权改进之后，节点在传播权重过程中对关联度高的贡献更高。

句子排序之后，根据排序结果选出总字数满足一定限制的权重的句子，按原文顺序组合就得到了文章摘要。

2. 句子排序的改进

使用图排序算法是根据文档的全局信息对句子权重进行排序，但这种方法仅考虑句子之间的相关性却忽略了句子与主题之间的相关性，这样可能导致句子排序出

现局部最优的情况。另外，图排序算法还忽略了句子自身的一些特征，这样可能导致句子排序结果不够准确。因此本节提出句子的主题相关度和位置敏感度的概念，利用句子的这两个特征提升排序的效果。

要度量句子的主题相关度，首先要挖掘文章主题，找到表示文章主题的方法。在先前的研究中，使用主题词代表文章主题最为常见。例如，在文献[25]中，文档中单词的 TF-IDF 值越高被认为越能代表主题，因此句子的主题相关度就定义为句子中的单词 TF-IDF 值的和与句子长度的商。文献[26]对上述方法做了改进，单词的主题代表性根据设定的 TF-IDF 阈值被定义为 1 或 0。使用单词代表文章主题虽然理论简单但效果有限，因此本节选择使用文档的主题分布代表文档主题，使用句子的主题分布表示句子，通过度量句子主题分布与文档主题分布的相关度，在语义层计算句子的主题相关度。

通过对 LDA 主题模型进行训练，可以得到文档和句子的主题分布，通过计算句子主题分布与文档主题分布的相关性，作为句子的主题相关度。假设文档的主题分布为 D，句子 P 的主题分布为 P，则句子 P 的归一化的主题相关度 TR_P 计算公式如下

$$\text{TR}_P = \frac{\text{SemSim}_{PD}}{\sum_{Q \in D} \text{SemSim}_{QD}} \tag{3.40}$$

在 PageRank 中节点的初始权重是无意义的，但 Biased-PageRank 的算法允许利用节点的初始静态权重获得更合理的排序结果。将句子的主题相关度作为初始权重赋予节点，结合公式(3.40)，就得到了基于 Biased-PageRank 的迭代公式

$$R(P) = d \times \text{TR}_P + (1-d) \times \sum_{Q \in \text{adj}(P)} \frac{\text{Sim}_{PQ}}{\sum_{Z \in \text{adj}(Q)} \text{Sim}_{ZQ}} \times R(Q) \tag{3.41}$$

对于此公式可理解为：在概率 d 下，随机游动根据主题相关度移向某个句子节点；在概率 $1-d$ 下，随机游动根据边权值选择一个当前句子节点的邻居进行移动。

一般来说，文章的首段内容通常是概括性的话语，用来介绍文章内容，尤其是在新闻类文章中这种现象更加明显。因此本节提出句子的位置敏感度的概念，利用位置敏感度提升句子排序的效果。对于文档 D 中的句子 P，P 的位置越靠前，其权重就应越高，因此定义了如下的位置敏感度计算公式

$$\text{PS}_p = \frac{\dfrac{1}{p}}{\displaystyle\sum_{i=1}^{\text{len}(D)} \frac{1}{i}} \tag{3.42}$$

其中, p 为句子 P 在文档 D 中的位置顺序, 例如, P 为文档的第 2 句话, 那么 $p=2$, len(D) 表示文档 D 所包含的句子数量。

将公式(3.42)结合位置敏感度, 就得到了最终的迭代公式

$$R(P) = d \times \frac{\text{TR}_P + \text{PS}_P}{2} + (1-d) \times \sum_{Q \in \text{adj}(P)} \frac{\text{Sim}_{PQ}}{\sum_{Z \in \text{adj}(Q)} \text{Sim}_{ZQ}} \times R(Q) \tag{3.43}$$

3.5.3　实验与分析

1. 实验数据

DUC(Document Understanding Conference)会议是自动文摘领域的顶级会议, DUC 提供的文档集是评估自动文摘系统的常用数据集。历届 DUC 会议关注的主题不同, 其中, DUC01 和 DUC02 主题是单文档文摘, 由于本节关注的是固定长度的单文档文摘(100 单词), 本节选择 DUC02 数据集作为语料库对提出的文摘系统进行实验评估。DUC02 数据集包含 59 个主题的文档, 平均每个主题 10 个文档左右, 并且提供了参加会议的其他系统的实验结果供参考比较, 是较理想的数据集。

2. 评测方法

最初的自动文摘系统评价方法是根据主题覆盖率、语法连贯性、可读性等性能因素, 由专家对自动文摘进行各项指标的评价。但是, 对于海量的文档文摘, 人工评测的方法存在着工程量巨大、实现困难、人为因素干扰等问题, 所以文摘自动评测的方法应运而生。

ROUGE(Recall-Oriented Understudy for Gisting Evaluation)系统是 DUC 会议提供的官方评测系统, 该方法是依据系统文摘与专家文摘之间的相似程度评价系统文摘性能。通过二者文摘中共现的文本单元的数目来评测文摘的相似度, 共现词汇、短语数目程度越高, 表明系统摘要的覆盖主题内容的能力越高。ROUGE 系统有七种不同的指标: ROUGE-1、ROUGE-2、ROUGE-3、ROUGE-4、ROUGE-W、ROUGE-S 和 ROUGE-SU。其中, 常用的 ROUGE-n($n = 1, 2, 3, 4$)表示 n-gram 的长度, n-gram 是系统文摘与专家文摘之间共现的 n 元语法单元, n 代表 n-gram 的长度。$n=1$ 时代表单个词语, 词语之间相互独立; $n=2$ 时表示连续两个词汇组合的短语。因此, ROUGE-1 是专家文摘与系统文摘中共现单个语义单元的数目在专家文摘中所占的比率, 它用于反映二者主题内容相似程度。ROUGE-2、ROUGE-3 和 ROUGE-4 评测专家文摘与系统文摘共现的组合短语的次数, 它们用于评测系统文摘句子的可读性与连贯性。对于每个指标又有召回率、查全率和查准率得分。由于对于定长的文摘, 召回率是最合适的评价指标, 所以选择 ROUGE 得分的召回率得分对系统进行评估。

3. 实验对比

本节将不同特征组合下的 ROUGE-2 得分与其他系统结果进行比较：DUC02 参会得分最高的三个文摘系统，系统编号为 21、27、28。此外，设置了三组对照试验作为文摘系统的基准：随机选取句子(Random)；选择前 N 句字数满足 100 单词的句子(First Sentences)；仅使用余弦相似度度量句子间的相似度(CosSim)，结果如表 3.2 所示。

表 3.2 不同特征组合下的最好得分与基线模型以及 DUC02 TOP3 进行对比

系统	ROUGE-2 得分
LDA+CosSim+Topic+Position	0.22776
27	0.22674
28	0.22550
21	0.22113
LDA+CosSim+Topic	0.20143
First Sentences	0.19753
CosSim+Topic	0.19605
LDA+Topic	0.19338
CosSim	0.19326
LDA+CosSim	0.18814
LDA Feature	0.17870
Random	0.12731

对比 Random 的方法可以证明基于 LDA 的语义相似性度量方法是切实有效的。但仅使用 LDA 的方法或 LDA+CosSim 的方法并没有比 CosSim 更优，这可能是由于文档集的限制弱化了 LDA 主题模型训练结果的代表性。但在结合主题相关度之后，LDA+CosSim+Topic 表现出了符合预期的良好效果。LDA+CosSim+Topic+Pos 的结果优于 DUC02 的最优的参会系统，因为语义相似度、余弦相似度、主题相关度、位置敏感度这四个特征已经涵盖了衡量句子重要性的所有因素。此外，可以看到在结合位置敏感度之后，系统的得分获得相当大的提升，这是因为 DUC02 的文档全部属于新闻类别，在新闻中，位置是衡量句子权重的重要指标。

3.6 基于数据权重调整的欺诈辨识方法研究

长久以来，欺诈和反欺诈一直在动态博弈。在当今互联网时代，网络交易已经成为最便捷的交易方式之一，但同时也为不法分子利用新技术实施欺诈提供了条件，每年都会造成巨额的经济损失，影响金融秩序。机器学习模型在辨识欺诈交易方面已经取得了巨大的成功,但网络交易欺诈辨识系统需要持续不断地改进,每一点进步都能够挽回巨大的经济损失。针对非周期性与突发性的外界环境对用户行为的影响以及数据冗余与过时问题,本节通过对原始迁移学习方法 TrAdaboost(Transfer Adaboost)进行改进,提出了一种新的迁移学习方法 ITrAdaboost(Improved Transfer Adaboost),它是一种基于数据权重自适应调整模型的欺诈辨识方法[27]。ITrAdaboost 可以在不需要提前预知概念漂移的类型的情况下,自动地根据具体的外界环境对数据分布进行调整。在训练过程中,自适应地选择与当前数据分布相同的历史数据并提高它们在训练中的权重,降低与当前数据分布不同的历史数据的权重,提升用户近期行为对用户交易行为的影响度。通过在真实的交易数据上进行实验,结果表明改进后的迁移学习方法可以很好地处理交易数据中发生的概念漂移问题。此外,相比于改进前的迁移学习方法,改进后的迁移学习方法在不同的数据集上有更好的鲁棒性。

3.6.1　分布距离计算

1. 再生核希尔伯特空间与最大均值差异

在 ITrAdaboost 算法中,用到了数据概率分布距离计算的相关知识,主要是通过再生核希尔伯特空间(Reproducing Kernel Hilbert Space,RKHS)计算两个分布的最大均值差异(Maximum Mean Discrepancy,MMD)。下面对 RKHS 和 MMD 的相关知识进行简单介绍。

MMD 是通过一个特定的函数空间计算两个分布的距离[28]。令 $X=\{x_1, x_2, \cdots, x_m\}$ 和 $Z=\{z_1, z_2, \cdots, z_n\}$ 是两个定义在实例空间中的两个独立数据分布 p 和 q 上的数据集合。令 $E_X[f(x)]$ 是所有 $x \in X$ 在函数 $f(x)$ 作用下的均值,同样令 $E_Z[f(z)]$ 是所有 $z \in Z$ 在函数 $f(z)$ 作用下的均值。$x \sim p$ 表示数据 x 服从 p 数据分布,$z \sim q$ 表示数据 z 服从 q 数据分布,令函数集合 F 满足 $\forall f \in F$ 在输入空间中都是连续的。根据以上约束与定义,分布 p 和分布 q 的 MMD 可以计算为

$$\text{MMD}[F, p, q] = \sup(E_X[f(x)] - E_Z[f(z)]) \tag{3.44}$$

其中,MMD 在数据集 X(服从分布 p)与数据集 Z(服从分布 q)上的无偏经验估计可以计算为

$$\text{MMD}_u[F, X, Z] = \sup_{f \in F} \left(\frac{1}{m} \sum_{i=1}^{m} f(x_i) - \frac{1}{n} \sum_{j=1}^{m} f(z_j) \right) \tag{3.45}$$

很显然,MMD 的精确度依赖于函数集合 F 的质量。一般而言,函数集合 F 需要满足两个条件[28]:①函数集合 F 需要尽可能大,涵盖所有可能会出现的情况;②函数集合 F 需要尽可能小,以便可以通过有限的计算来确定 MMD 值。研究表明,

当 F 是特有的 RKHS 上的单位球时满足上面两个条件[29]。接下来简单介绍 RKHS 的相关理论和知识[30-37]。

将概率分布嵌入到 RKHS 的过程如下：令 H 是一个作用在数据集合 X 上的函数集的 RKHS，核函数为 k，则 $\langle f(\cdot), k(x, \cdot)\rangle = k(x, x')$ 且 $\langle k(x, \cdot), k(x', \cdot)\rangle = k(x, x')$，其中，$k(x, \cdot)$ 是通过函数 f 在 x 上的内积表示的特征映射。在本节中，用 $\Phi(x) = k(x, \cdot)$ 来表示 $k(x, \cdot)$，所以 $k(x, y) = \langle \Phi(x), \Phi(y)\rangle$[38]。Smola 等[39]推导出：若 $E_X[k(x, x)] < \infty$ 则 $u[p_x] \in H$ 并且 $u[X] \in H$，其中，$u[p_x] = E_x[\Phi(x)]$，$u[X] = \dfrac{1}{m}\displaystyle\sum_{i=1}^{m} \Phi(x_i)$。接下来介绍如何在 RKHS 中计算两个分布或者两个集合的 MMD。

Gretton 等[40]证明当函数 f 是单位 RKHS 上的一个单位球时，MMD$[f, p, q] = 0$ 的充分必要条件是 $p = q$。在接下来的内容中，函数 f 都代表的是单位 RKHS 上的一个单位球。因此，数据分布 p 和数据分布 q 的 MMD 可以计算为

$$
\begin{aligned}
\text{MMD}[F, p, q] &= \sqrt{\text{MMD}^2[F, p, q]} \\
&= \sqrt{[\sup_{\|f\|_H \leqslant 1} \langle E_X[f(x)] - E_z[f(x)]\rangle]^2} \\
&= \sqrt{[\sup_{\|f\|_H \leqslant 1} (\langle u[p_x], f\rangle - \langle u[p_z], f\rangle)_H]^2} \\
&= \sqrt{[\sup_{\|f\|_H \leqslant 1} \langle u[p_x] - u[p_z], f\rangle_H]^2} \\
&= \sqrt{\|u[p_x] - u[p_z]\|_H^2}
\end{aligned}
\tag{3.46}
$$

同样，MMD 在数据集 X（服从分布 p）与数据集 Z（服从分布 q）上的无偏经验估计可以计算为

$$
\begin{aligned}
\text{MMD}_u[F, X, Z] &= \sqrt{\text{MMD}_u^2[F, X, Z]} \\
&= \sqrt{\left[\sup_{\|f\|_H \leqslant 1} \left(\frac{1}{n}\sum_{i=1}^{n} f(x_i) \frac{1}{m}\sum_{i=1}^{m} f(z_i)\right)^2\right]} \\
&= \left[\sup_{\|f\|_H \leqslant 1} \left(\frac{1}{n(n-1)}\sum_{i=1}^{n}\sum_{j=2}^{n} f(x_i) \times f(x_j) + \frac{1}{m(m-1)}\sum_{i=1}^{m}\sum_{j=2}^{m} f(z_i) \times f(z_j)\right.\right. \\
&\quad \left.\left. + \frac{1}{mn}\sum_{i=1}^{n}\sum_{j=1}^{m} f(x_i) \times f(z_j)\right)\right]^{\frac{1}{2}} \\
&= \left[\sup_{\|f\|_H \leqslant 1} \left(\frac{1}{n(n-1)}\sum_{i=1}^{n}\sum_{j=2}^{n} k(x_i, x_j) + \frac{1}{m(m-1)}\sum_{i=1}^{m}\sum_{j=2}^{m} k(z_i, z_j)\right.\right.
\end{aligned}
$$

$$\left. + \frac{1}{mn} \sum_{i=1}^{n} \sum_{j=1}^{m} k(x_i, z_j) \right) \right]^{\frac{1}{2}} \tag{3.47}$$

2. 线性计算时间和最优核选择

在介绍 ITrAdaboost 方法之前，本节先对分布距离计算时间和核选择问题进行讨论。正如公式 (3.47) 所示，MMD 的计算复杂度为 $O(n^2)$，然而当数据量很大时，这种方法计算的速度就会很慢，所以降低 MMD 的算法复杂度是非常重要的。本节介绍一种线性的 MMD 计算方法，通过此方法 MMD 的计算复杂度可以降低到 $O(n)$。

Gretton 等[40]提出对两个样本集进行抽样后计算 MMD 可以将 MMD 的计算复杂度减小到线性的时间，同时不影响 MMD 的计算精度，下面进行相关理论推导。为简单起见，令 $m=n$，同时定义 $\aleph = \lfloor n/2 \rfloor$。当 $0 \leqslant k(x_i, x_j) \leqslant R$ 时，有

$$P_{X,Z}\{\mathrm{MMD}_l^2(F, X, Z) - \mathrm{MMD}^2(F, X, Z) > t\} \leqslant \exp\left(-\frac{t^2 \aleph}{8R^2}\right) \tag{3.48}$$

其中，$\mathrm{MMD}_l^2(F, X, Z)$ 可以计算为

$$\mathrm{MMD}_l^2(F, X, Z) = \frac{1}{\aleph} \sum_{i=1}^{N} h_k(v_i) \tag{3.49}$$

它为 MMD 的一个无偏估计，且 MMD_l 可以在线性时间内被计算

$$h_k(v_i) = k(x_{2i-1}, x_{2i}) + k(z_{2i-1}, z_{2i}) - k(x_{2i-1}, z_{2i}) - k(x_{2i}, z_{2i-1}) \tag{3.50}$$

随着样本量的增加，MMD^2 的计算时间呈指数增长，而 MMD_l^2 的计算复杂度只与样本量的呈线性关系。所以从计算复杂度来说，MMD_l^2 要明显优于 MMD^2，尤其是对于大样本而言。

由于 MMD 的计算严重依赖于核函数的选择，所以核函数的好坏直接影响到了 MMD 的计算精度。所以本节接下来介绍 Gretton 等[40]提出的一种在双样本检测中的最优核选择方法。本节的目的是选择一个或者一组核函数可以使得 MMD 有最优的计算性能。

令 $\{k_u\}_{u=1}^d$ 为一组核函数的集合。对这组核函数的一组线性组合可以表示如下

$$K = \left[k \mid k = \sum_{n=1}^{d} \beta_u k_u, \sum_{n=1}^{d} \beta_u = D, \beta_u \geqslant 0 \right] \tag{3.51}$$

其中，$\forall u \in \{1, \cdots, d\}$，$\beta = \{\beta_1, \cdots, \beta_d\}$ 是 k_u 的一组系数，$D > 0$ 是对这组系数和的一个约束。因此，现在的目标是计算最优 $\beta = \{\beta_1, \cdots, \beta_d\}$ 使得在这组系数下生成的核函数能让 MMD 具有最优计算性能。对每一个 $k \in K$ 都对应一个 RKHS。这样，MMD^2 可表示为

$$\eta_k(p,q) = \left\| \mu[p] - \mu[q] \right\|_{H_k}^2 = \sum_{n=1}^{d} \beta_n \eta_n(p,q) \tag{3.52}$$

其中，$\eta_n(p,q) = \left\| \mu[p] - \mu[q] \right\|_{H}^2$，所以 MMD 的无偏估计可以被计算为

$$\tilde{\eta}_k(p,q) = \sum_{n=1}^{d} \beta_n \tilde{\eta}_n(p,q) \tag{3.53}$$

其中，$\tilde{\eta}_n(p,q) = \dfrac{1}{\aleph} \displaystyle\sum_{i=1}^{d} h_u(v_i)$。

基于中心极限定理[41]，如果 $0 < E(h_k^2) < \infty$，则 $\dfrac{1}{\aleph}(\tilde{\eta}_k(p,q) - \eta_k(p,q)) \to N(0, 2\sigma_k^2)$，其中，$\sigma_l^2 = Eh_k^2(v) - [E(h_k(v))]^2$，接下来可以得到

$$\sigma_k^2 = \beta^{\mathrm{T}} Q_k \beta \tag{3.54}$$

其中，$Q_k = \mathrm{cov}(h_k)$ 是 h_k 的协方差矩阵。Gretton 等[40]证明若给定 Type I 错误 α 的上限，则 Type Ⅱ 错误将趋近于

$$P(\eta_k < t_{k,\alpha}) = \Phi\left(\Phi^{-1}(1-\alpha) - \frac{\eta_k(p,q)\sqrt{n}}{\sigma_k \sqrt{2}} \right) \tag{3.55}$$

其中，$t_{k,\alpha} = 1/\sqrt{n}\sigma_k\sqrt{2}\Phi^{-1}(1-\alpha)$，Type I 错误是指当假设分布 $p=q$ 成立时拒绝假设的概率，Type Ⅱ 错误是指当假设 $p=q$ 不成立时接收假设的概率。由于 Φ 是单调函数，所以 Type Ⅱ 错误是反比于 $\eta_k(p,q)\sigma_k^{-1}$。在实际应用场景中，很难直接计算 $\eta_k(p,q)$ 和 σ_k。由于 $\sup_{k \in K} \tilde{\eta}_k(\tilde{\sigma}_k, \lambda)^{-1}$ 收敛于 $\sup_{k \in K} \eta_k(\sigma_k, \lambda)^{-1}$，一般是计算 $\eta_k(p,q)$ 和 σ_k 对应的无偏估计 $\tilde{\eta}_k(p,q)$ 和 $\tilde{\sigma}_k$。所以最小化 Type Ⅱ 错误的核函数可以被定义为

$$\tilde{k} = \arg\sup \tilde{\eta}_{\tilde{k}}(\tilde{\sigma}_k, \lambda)^{-1} \tag{3.56}$$

其中，$\tilde{\sigma}_{k,\lambda} = \sqrt{\tilde{\sigma}_k^2 + \lambda_n \|\beta\|_2^2}$（$\lambda_n$ 在后续实验中被设定为 10^{-4}）。由于本节目标是选择一个最优核函数 $k = \displaystyle\sum_{u=1}^{d} \beta_u k_u \in K$ 从而最小化 $\tilde{\eta}_{\tilde{k}}(\tilde{\sigma}_k, \lambda)^{-1}$，所以目标问题可以转换为下述公式的具有特殊解的二次规划问题

$$\min\{\tilde{\sigma}_k^2 + \lambda_n \|\beta\|_2^2 : \beta^{\mathrm{T}} \tilde{\eta}_k = 1, \beta \geqslant 0\} \tag{3.57}$$

在计算得到 β 之后可以得出一个唯一的核函数 k。这样就可以计算任意两个数据样本集的分布距离。

3.6.2　ITrAdaboost 主要思想

Dai 等[42]提出了一种基于 Adaboost 的迁移学习方法 TrAdaboost。这是一种基于

实例的迁移学习方法，即在训练过程中不断改变源域中数据的权重或者对源域的数据进行筛选，不断地将源域的数据分布向目标域靠拢，完成迁移学习的目标。经分析发现，这种方法可以很好地处理在交易数据中发生的概念漂移问题。可以通过不断地改变用户历史交易数据的数据分布并向当前数据分布逼近，从而消除概念漂移对传统的机器学习方法的影响。

ITrAdaboost 是基于 TrAdaboost 的改进算法。与传统的分类算法相似，ITrAdaboost 是通过计算一个分类器 $H(x):x{\to}y$ 使其在测试集上具有高的分类性能。当与测试或者预测数据具有相同分布的训练数据不足时，可以借用其他领域或者旧数据集中的数据来扩充训练集，这些借用的数据集被称为源域。所以，ITrAdaboost 训练数据也由两部分组成：源域和目标域。一般而言，源域中的数据分布与目标域中的数据分布是不同的。

下面给出一些形式化的表达。令 $X^T=\{x_1^T, x_2^T, \cdots, x_m^T\}$ 和 $X^S=\{x_1^S, x_2^S, \cdots, x_m^S\}$ 分别表示来自目标域和源域的训练集（不包括数据标签），Y 表示数据标签的集合。所以，对每一个数据实例 $x{\in}X^T{\cup}X^S$ 都有一个相应的标签 $c(x)$，那么训练集（含有标签的数据集）可以表示为 $\{(x, c(x))\mid x{\in}X^T{\cup}X^S\}$。

接下来给出源域中的样本实例与目标域的分布距离的计算原理。首先，将 X^S 细粒度的划分成 k 个部分：$S_1, S_2, \cdots, S_k$，其中，$1{\leq}k{\leq}n$。这里的划分方法可以根据不同的实际情况进行不同的划分，例如，可以对数据按时间划分，也可以对数据按不同季节划分等。然后，选择一个特定的分类器 $h(x)$ 对第一份数据集进行训练，训练后用来测试其他数据集，若此数据集在某个数据集上的测试误差小于给定的阈值，则将这两份数据集合并为一个数据块；若在所有剩下的数据集中的误差都大于给定的阈值，则将这个数据集单独划分为一个数据块。最后，重复上述步骤，直到所有的数据集 $S_1, S_2, \cdots, S_k$ 都合并到相应的数据块。算法 3.1 出了具体的合并过程。

对每一个数据块 $X_i^S{\subseteq}X^S(i{\in}\{1, 2, \cdots, D\})$，其中，$D$ 表示数据块的个数，令 $n_i=|X_i^S|$，则数据集 X_i^S 与数据集 X^T 之间的数据分布距离可以通过如下公式进行计算

$$
\begin{aligned}
D^2(X_i^S, X^T) &= \mathrm{MMD}_l^2[F, X_i^S, X^T] \\
&= \frac{2}{n_i}\sum_{l=1}^{\frac{n_i}{2}}k(x_{2l-1}^S, x_{2l}^S) + \frac{2}{m}\sum_{j=1}^{\frac{m}{2}}k(x_{2j-1}^T, x_{2j}^T) \\
&\quad - \frac{2}{n_i}\sum_{l=1}^{\frac{n_i}{2}}k(x_{2l-1}^S, x_{2l}^T) - \frac{2}{m}\sum_{j=1}^{\frac{m}{2}}k(x_{2j-1}^T, x_{2j}^S)
\end{aligned}
\tag{3.58}
$$

对 $\forall x{\in}X_i^S$，用 $D(X_i^S, X^T)$ 来表示 x 和 X^T 之间的分布距离，即 $D(x, X^T)=D(X_i^S, X^T)$。

算法 3.1 $S_1, S_2, \cdots, S_k$ 合并算法

输入：$\{S_1, S_2, \cdots, S_k\}$、分类器 $h(x)$ 和阈值 threshold

输出：合并后的一组样本实例集合的数据块

1. $Q=\{S_1, S_2, \cdots, S_k\}$

2. **while** $(Q \neq \varnothing)$ do

3.   从 Q 中选择一个样本实例集合 S

4.   在 S 上训练分类器 $h(x)$

5. $Q=Q-\{S\}$

6. $Q'=Q$

7.   **while** $(Q' \neq \varnothing)$ do

8.   从 Q' 中选择一个样本实例集合 S'

9. $Q'=Q'-\{S\}$

10.   计算 $h(x)$ 在 S' 上的误差率 θ

11.   if $\theta <$ 阈值 threshold then

12. $S'=S \cup S'$

13. $Q=Q-\{S'\}$

14.   **end**

15.   **end**

16.   输出合并后的样本实例集合数据块 S

17. **end**

当源域中的样本实例与目标域之间的分布距离计算完成之后，基于这个分布距离对 ITrAdaboost 迭代过程中的样本权重进行更新，具体操作如下：在第 t 轮迭代之后，对于源域训练集中每一个数据块中的每一个样本实例 $x \in X_i^S \subseteq X^S$ 的权重可以被计算如下

$$w_i^{t+1} = \begin{cases} w_i^t \times \beta^{h(x)-c(x)}, & D(X_i^S, X^T) > d \\ w_i^t \times [\beta \times (1+e^{D(x,X^T)})]^{-\frac{1}{h(x)}-c(x)}, & D(X_i^S, X^T) \leq d \end{cases} \tag{3.59}$$

其中，$\beta=\theta_t/(1-\theta_t)$，$\theta_t$ 是弱分类器在第 t 轮迭代时在目标域的所有样本实例上的误差

$$\theta_t = \sum_{i=1}^m k \frac{w_i^t \times \left| h_t(x_i^T) - c(x_i^T) \right|}{\sum_{i=1}^m w_i^t} \tag{3.60}$$

针对目标域中的样本实例 $x \in X^T$ 的权重更新过程如下

$$w_i^{t+1} = w_i^t \times \beta^{-|h_t(x)-c(x)|} \tag{3.61}$$

每次迭代会产生一个弱分类器，则第 t 个弱分类器的系数的计算过程如下

$$a_t = \frac{1}{2}\log\frac{1-\theta_t}{\theta_t} \tag{3.62}$$

算法 3.2 描述了 ITrAdaboost 的具体计算过程。

算法 3.2   ITrAdaboost 算法

输入：X^T、X^S、弱分类算法 $h(x)$ 和最大迭代数 N

输出：强分类器 $H(x)$

1.　　初始化权重向量：$w^1 = (w_1^1, w_2^1, \cdots, w_{m+n}^1)$，$w^1$ 可以被初始化为
　　　　$w_i^1 = 1/(m+n)$，$i=1, 2, \cdots, m+n$

2.　　**for** $(t=1, t<N, t++)$ **do**

3.　　　令 $p^t = w^t / \sum\limits_{i=1}^{m+n} w_i^t$

4.　　　在训练集 X^T 和 X^S 训练弱分类器 $h_t(x) \to \{0, 1\}$

5.　　　根据公式 (3.60) 计算 $h_t(x)$ 在目标域 X^T 上的错误率 θ_t

6.　　　根据公式 (3.62) 计算 $h_t(x)$ 的系数

7.　　　令 $\beta=\theta_t/(1-\theta_t)$，然后根据如下过程更新训练数据的权重

8.　　　**if** $(x \in X)$ **then**

9.　　　　　根据公式 (3.61) 更新 x 的权重

10.　　　**else**

11.　　　　　根据公式 (3.59) 更新 x 的权重

12.　　　**end**

13. **end**

14. 输出最终强分类器：$H(x) = \text{sign}\left[\sum\limits_{t=1}^{N} \alpha_t \times h_t(x)\right]$

　　在某一轮迭代中当源域与目标域中都有实例被误分类，那么目标域中的误分类样本实例在下一轮迭代中权重增加的幅度要比源域中的误分类样本实例在下一轮迭代中权重增加的幅度大。同样，在源域中，如果有两个样本实例在某一轮迭代中同时被误分类，则与目标域数据分布越相似的样本实例在下一轮迭代中权重增加的幅度越大。所以在 ITrAdaboost 中，每一轮迭代样本权重的更新不仅要考虑样本的分类结果和样本来源，还需要考虑源域中样本实例与目标域中的数据分布距离。

3.6.3　基于 ITrAdaboost 的交易欺诈辨识

传统的数据挖掘和机器学习方法都是通过在训练集上训练模型然后对未来数据进行预测，虽然目前也有很多研究关于在一个不完美的数据集上如何进行监督和无监督模型训练，然而这些方法或模型都有一个基本的假设，即训练数据和测试数据必须满足独立同分布，而现实的应用场景中很多数据很难满足这种假设。用户交易行为随时间不断改变导致数据分布也随之改变，传统机器学习方法无法处理这种数据分布不断变化的情况。基于增量学习的方法可以挖掘数据分布产生的新的变化，然而这种方法缺乏遗忘机制，即模型训练过程中应该淘汰那些旧的与当前数据分布完全不同的数据。交易数据的概念漂移[43-46]是一种数据分布会随着用户交易行为的改变而变化的现象，而用户行为一般会受到外界环境的影响而发生改变，如用户的收入提升、工作地点转移等，这些因素最终都会导致用户交易数据的分布改变。一种处理这种概念漂移的方法是对用户交易数据通过时间窗口的方式进行训练[47]，然而这种处理方式只能处理交易数据的信息值会随着时间的推移逐渐减少的情形，很显然交易数据不一定满足这种概念漂移方式。用户的交易行为可能会受到季节的影响，交易数据会呈现出一种循环概念漂移的现象，而这种概念漂移无法基于时间窗口进行处理，最理想的处理方式是通过对历史的交易数据进行自动筛选。

针对数据分布随时间不断变化的交易数据(概念漂移)，本节提出了一种基于ITrAdaboost 的交易欺诈辨识方法。首先用户的历史交易数被划分为两部分：源域与目标域。目标域中的交易数据被认为是与用户新的交易数据同分布的，例如，可以将用户最近一段时间的交易数据作为目标数据，原因是用户在某一个短时间内的交易行为或者交易习惯是相对稳定的；或者可以将与用户当前所处的外界环境相似的情况下交易的历史数据用做目标数据，例如，如果当前是周末时间段，可将用户所有周末交易过的数据用来当做目标域，而非周末的交易数据用来当做源域。源域中的数据同样可以通过不同的应用背景进行划分。本节基于 ITrAdaboost 的交易欺诈辨识方法将源域的交易数据知识迁移到目标域。

图 3.3 展示了基于 ITrAdaboost 的交易欺诈辨识方法的基本框架。

类型 1～类型 n 表示 n 种不同的概念漂移类型。例如，若数据分布满足渐进漂移，则可以将最近的历史数据划分为目标域，而将之前的历史数据划分为源域；若数据分布满足循环概念漂移，例如，满足周末与非周末的分布差异，则如果是预测周末用户的交易行为就将历史周末交易数据当成目标域,而非周末的数据当做源域。然后根据不同的概念漂移类型将源域中的数据划分为 k 个部分，通过算法 3.1 合并这些数据得到一些具有相同分布的数据块，计算每一个数据块与目标域之间的分布距离。最后根据算法 3.2 对训练数据进行训练。

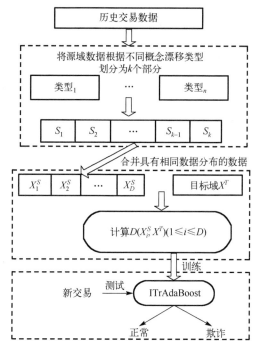

图 3.3 基于 ITrAdaboost 交易欺诈辨识方法的模型框架

3.6.4 实验与分析

本节通过两组数据对 ITrAdaboost 进行评估与测试。第一组数据是一个公开的文本数据,第二组数据是来自国内一个银行机构的真实交易数据。在本节的实验中,算法中的弱分类器被确定为决策树桩[48],决策树桩是一种由单层决策数据构成的分类算法。Steinwart 等[49]证明高斯 RKHS 或拉普拉斯 RKHS 是一种通用的 RKHS,在接下来的实验中,核函数集合 k 由高斯核函数与拉普拉斯核函数组成。

1. 实验一

为了更好地与 TrAdaboost 方法做比较,首先选择文献[42]中使用的数据集 Newsgroups。Newsgroups 是一组层次结构的文本数据集,包括七个大类别,每个大类别包含一些子类别,每个子类别又包含 1000 个文本,本节借用文献[42]中的数据划分方法来构造源域与目标域。样本标签是定义在大类别上,选择两个大类别的文本数据作为两类样本,对每一个大类样本再选择两个子类一个作为源域数据,另一是目标域数据。值得注意的是,测试集数据是从目标域中选择出来的。例如,rec 和 talk 是 Newsgroups 上的两个大类别文本数据,从 rec 中选择一个子类别文本数据 rec.politics.guns,从 talk 中选择一个子类别文本数据 talk.politics.guns,这两组数据构成目标域。同样源域中的数据也由两部分构成：rec 中的子类别文本数据 rec.sport.hockey 和 talk 中的子类别文本数据 talk.politics.misc。当源域和目标域构造完成之后(源域与目标域的数据分布是不同的)，就可以进行训练和测试，接下来设置 ITrAdaboost 的参数并测试其性能。

源域中数据集被划分为 D 个部分(实验中考虑了在算法 3.1 中不同错误率阈值下的划分)。表 3.3 显示了算法在不同阈值下的分类性能。通过表 3.3 可以发现，阈值 T 越小，ITrAdaboost 的算法精度越高。测试集是从目标域中划分出来的，所以目标域中的数据将被分为两部分：一部分是训练集，一部分是测试集。在目标域中测试集和训练集的比例不同也会有不同的算法结果。本实验中给出了五种不同的比例划分：Rate1 表示目标域中的训练集占比为 5%；Rate2 表示目标域中的训练集占比为 10%；Rate3 表示目标域中的训练集占比为 20%；Rate4 表示目标域中的训练集占比为 30%；Rate5 表示目标域中的训练集占比为 40%。从表 3.3 中可以发现，目标域中训练集占比越高，算法的精度越高。另外还有一个参数需要通过实验确定，即公式(3.59)中的 d，不同的 d 也会导致不同的结果，在本实验中也分别对 d 取不同值的情况下做了实验。如表 3.3 所示，d 的取值分别为 0.04、0.05、0.06、0.07 和 0.08。综合表 3.3 的结果可以得出当 $d=0.06$ 时算法的精度最高。所以在接下来的对比实验中，ITrAdaboost 中的两个参数分别取值如下：$d=0.06$，$T=0.15$。

图 3.4 给出了在目标域中五种不同的训练数据划分比例下，Adaboost、TrAdaboost 和 ITrAdaboost 三种方法的精度对比。三种方法的结果都随着目标域中训练集的划分比例增加而增加，传统 Adaboost 的性能要低于其他两种算法。因为 Adaboost 无法将源域中的数据迁移到目标域中，所以会导致一些误判。本节提出的 ITrAdaboost 算法要优于 TrAdaboost，原因是在每一轮迭代过程中 ITrAdaboost 考虑了源域样本实例被分错是由弱分类器导致的。

表 3.3　不同参数和 Rate 比例下的 ITrAdaboost 的精度

		Rate1	Rate2	Rate3	Rate4	Rate5
$T=0.15$	$d=0.08$	0.785	0.823	0.857	0.871	0.916
	$d=0.07$	0.783	0.836	0.861	0.892	0.926
	$d=0.06$	0.781	0.844	0.863	0.905	0.937
	$d=0.05$	0.761	0.829	0.845	0.874	0.923
	$d=0.04$	0.742	0.832	0.841	0.886	0.911
$T=0.20$	$d=0.08$	0.783	0.824	0.856	0.881	0.926
	$d=0.07$	0.783	0.832	0.857	0.882	0.924
	$d=0.06$	0.783	0.840	0.859	0.884	0.924

续表

		Rate1	Rate2	Rate3	Rate4	Rate5
T=0.20	d=0.05	0.754	0.814	0.846	0.874	0.927
	d=0.04	0.742	0.812	0.841	0.880	0.913
T=0.25	d=0.08	0.783	0.824	0.856	0.881	0.903
	d=0.07	0.779	0.816	0.842	0.881	0.916
	d=0.06	0.780	0.836	0.861	0.882	0.926
	d=0.05	0.765	0.831	0.845	0.872	0.917
	d=0.04	0.734	0.814	0.831	0.870	0.906

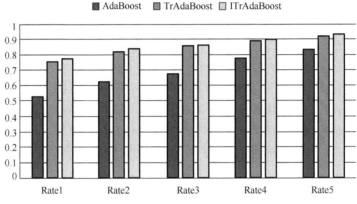

图 3.4 在五种不同的迁移场景下三种方法的对比结果

2. 实验二

本小节利用一个真实的银行交易数据对 ITrAdaboost 算法进行评估,该交易数据是由一个国内银行提供,总共含有连续六个月的交易数据。交易数据可能会有不同类型的概念漂移,本实验中分别考虑两种概念漂移:渐进概念漂移和循环概念漂移。渐进概念漂移意味着用户的交易行为随着时间的推移而逐渐改变,在这种情况下可以对交易数据进行如下的处理:六个月的数据中最早的三个月当做是源域,最近的一个月的交易数据构成测试集,而剩下的中间两个月的数据当做目标域。循环概念漂移意味着用户交易行为可能会因为外界环境的周期性变化而循环变化,所以在本实验中在这种情况下可以对交易数据进行如下划分:将用户前三个月的周末交易数据当做目标域,后三个月的周末交易数据构成测试集,剩下的非周末的交易数据当做源域。表 3.4 给出了在不同的划分下数据集中欺诈样本与正常交易样本的分布情况。

表 3.4 两种划分下正常交易和欺诈交易的数据分布情况

概念漂移类型	训练集				测试集	
	源域		目标域		正常交易	欺诈交易
	正常交易	欺诈交易	正常交易	欺诈交易		
渐进概念漂移	90680	1037	23320	283	27500	350
循环概念漂移	98750	1053	20950	317	21800	300

接下来，分别在两种不同的概念漂移类型下衡量 ITrAdaboost 的性能。首先根据算法 3.1 将源域中的样本数据划分为 D 个数据块，然后考虑三种不同的阈值如表 3.5 所示，其中，T 表示基于指标 F1 的错误率的阈值。从表 3.5 中的结果可以发现 T 的值越小，ITrAdaboost 的算法性能越高。由于测试数据中正常样本与欺诈样本的比例极度不均衡，所以在本实验中依然通过四种测试指标对结果进行统计：Recall、Precision、F1 和 AUC（Area Under Curve）。Recall 是衡量算法在欺诈交易检测的准确度，Precision 衡量算法所有预测为欺诈交易中真正的欺诈交易的比例。显然，Recall 与 Precision 是一种权衡关系，一个提升，另一个必然会下降，而 F1 值就是用来调和 Recall 与 Precision 的指标，AUC 是计算 Recall 与 Specificity 组合成的 ROC（Receiver Operating characteristic Curve）曲线下的面积。

表 3.5 渐进概念漂移下 ITrAdaboost 在不同参数下的结果分布

		d=0.14	d=0.18	d=0.22	d=0.26	d=0.30
T=0.60	F1	0.329	0.482	0.428	0.347	0.322
	Recall	0.32	0.66	0.58	0.52	0.52
	Precision	0.34	0.38	0.34	0.26	0.20
	AUC	0.76	0.82	0.78	0.74	0.72
T=0.65	F1	0.31	0.466	0.423	0.369	0.332
	Recall	0.30	0.66	0.56	0.48	0.46
	Precision	0.32	0.36	0.34	0.30	0.26
	AUC	0.74	0.81	0.77	0.72	0.71
T=0.68	F1	0.34	0.498	0.453	0.396	0.354
	Recall	0.34	0.66	0.56	0.52	0.48
	Precision	0.34	0.40	0.38	0.32	0.28
	AUC	0.75	0.81	0.78	0.72	0.70

ITrAdaboost 算法在渐进概念漂移的情况下的测试结果如表 3.5 所示，通过分析可以发现当 d=0.18 时，ITrAdaboost 在这种情况下效果最佳。同样，ITrAdaboost 算法在循环概念漂移的情况下的测试结果如表 3.6 所示，通过分析可以发现当 d=0.21

时，ITrAdaboost 在这种情况下效果最佳。所以在接下来的对比实验中，在两种不同的概念漂移情况下参数 d 分别设置为 0.18 和 0.21。

表 3.6　循环概念漂移下 ITrAdaboost 在不同参数下的结果分布

		d=0.13	d=0.17	d=0.21	d=0.25	d=0.29
T=0.60	F1	0.32	0.416	0.50	0.398	0.336
	Recall	0.32	0.46	0.62	0.48	0.42
	Precision	0.32	0.38	0.42	0.34	0.28
	AUC	0.73	0.79	0.81	0.74	0.71
T=0.65	F1	0.309	0.388	0.459	0.384	0.343
	Recall	0.30	0.42	0.58	0.44	0.40
	Precision	0.32	0.36	0.38	0.34	0.30
	AUC	0.71	0.77	0.80	0.73	0.71
T=0.68	F1	0.289	0.396	0.494	0.404	0.35
	Recall	0.30	0.44	0.60	0.46	0.42
	Precision	0.28	0.36	0.42	0.36	0.30
	AUC	0.71	0.78	0.80	0.75	0.74

图3.5和图3.6分别给出了在两种概念漂移情况下三种方法在不同指标下的对比结果。可以发现，TrAdaboost 在交易数据上的效果并不如其他两种算法，主要是因为在每一轮迭代中，源域中的数据只要被误分类，TrAdaboost 算法都会将在一轮迭代中降低这些数据的权重，而很多时候这些数据被误分类是由于弱分类器的弱分类性能导致的，而 TrAdaboost 忽略了这一种情况，这也导致 TrAdaboost 算法在这种数据上的效果并不理想。ITrAdaboost 算法的效果优于 Adaboost 算法，这也说明 Adaboost 算法无法处理或者解决数据中存在概念漂移的情况。

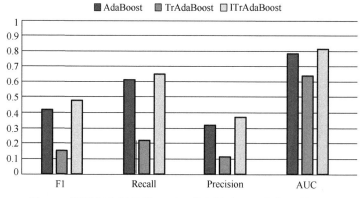

图 3.5　渐进概念漂移情况下三种方法在不同指标下的对比

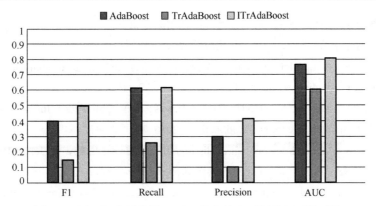

图 3.6 循环概念漂移情况下三种方法在不同指标下的对比

3.7 小 结

　　本章对机器学习的概念、发展历程和分类进行了概述，并介绍了几种经典的机器学习算法，以及我们基于机器学习方法在推荐系统、自动文摘和欺诈检测方面开展的研究成果。

　　机器学习作为人工智能的一个重要分支，目前在诸多领域取得了巨大进展，并且展示出强大的发展潜力，但更应该看到，人工智能仍然处于初级阶段，机器学习主要依赖监督学习，还没有跨越弱人工智能，并且作为机器学习模型基础的人脑认知研究还有诸多空白需要填补，机器学习理论本身亟需新的突破，计算机科学技术及相关学科领域的发展与支撑与有待于进一步加强。另外，机器学习模型的算法、参数和网络结构越发庞大、复杂，通常只有在大计算量、大数据量的支持下才能训练出精准的模型，对运行环境要求越来越高、占用的资源也越来越多，这也抬高了其应用门槛。总之，机器学习方兴未艾，并且拥有广阔的研究与应用前景，但是面临的挑战也不容忽视，二者互相促进才能够把机器学习推向更高的境界。

参 考 文 献

[1] Samuel A L. Some studies in machine learning using the game of checkers. IBM Journal of Research and Development, 1959, 3(3): 210-229.

[2] Langley P. Elements of Machine Learning. San Francisco: Morgan Kaufmann, 1996.

[3] Mitchell T M. Does machine learning really work? AI Magazine, 1997, 18(3): 11.

[4] Alpaydın E. Introduction to Machine Learning. Cambridge: MIT Press, 2004.

[5] 陈海虹, 黄彪, 刘峰, 等. 机器学习原理及应用. 成都: 电子科技大学出版社, 2017.

[6] 李航. 统计学习方法. 2 版. 北京: 清华大学出版社, 2019.

[7] 周志华. 机器学习. 北京: 清华大学出版社, 2016.

[8] Rabiner L R. A tutorial on hidden Markov models and selected applications in speech recognition. Proceedings of the IEEE, 1989, 77(2): 257-286.

[9] Alghamdi R. Hidden Markov models(HMMs) and security applications. International Journal of Advanced Computer Science and Applications, 2016, 7(2): 39-47.

[10] Hidden Markov Model. https://en.wikipedia.org/wiki/Hidde n_Markov_model, 2019.

[11] Freund Y, Schapire R E. A decision-theoretic generalization of nn-line learning and an application to boosting. European Conference on Computational Learning Theory, 1995, 55(1): 119-139.

[12] He Y, Wang C, Jiang C J. Correlated matrix factorization for recommendation with implicit feedback. IEEE Transactions on Knowledge and Data Engineering, 2019, 31(3): 451-464.

[13] 蒋昌俊, 闫春钢, 刘关俊, 等. 基于矩阵计算的系统检测方法、系统、介质及设备: CN2019 10293059.7. 2019.

[14] 何源. 基于概率图模型的主题建模方法研究. 上海: 同济大学, 2017.

[15] He Y, Wang C, Jiang C J. Discovering canonical correlations between topical and topological information in document networks. IEEE Transactions on Knowledge and Data Engineering, 2018, 30(3): 460-473.

[16] Hu Y, Koren Y, Volinsky C. Collaborative filtering for implicit feedback datasets// Proceedings of the 8th IEEE International Conference on Data Mining, Pisa, 2008.

[17] He X, Zhang H, Kan M Y, et al. Fast matrix factorization for online recommendation with implicit feedback//Proceedings of the 39th International ACM SIGIR Conference on Research and Development in Information Retrieval, Pisa, 2016.

[18] Blei D M, Ng A Y, Jordan M I. Latent dirichlet allocation. Journal of Machine Learning Research, 2003, 3(33): 993-1022.

[19] 魏绍臣. 基于图排序算法的自动文摘方法研究. 上海: 同济大学, 2016.

[20] 王俊丽, 魏绍臣, 管敏. 一种基于图模型的自动文摘方法: CN201510703353.2.2016.

[21] Brin S, Motwani R, Page L, et al. What can you do with a web in your pocket? IEEE Data Engineering Bulletin, 1998, 21(2): 37-47.

[22] Erkan G, Radev D. Lexpagerank: prestige in multi-document text summarization//Proceedings of the 2004 Conference on Empirical Methods in Natural Language Processing, Barcelona, 2004.

[23] Erkan G, Radev D R. Lexrank: graph-based lexical centrality as salience in text summarization. Journal of Artificial Intelligence Research, 2004, 22(1): 457-479.

[24] Mihalcea R, Tarau P. Textrank: bringing order into text//Proceedings of the 2004 Conference on Empirical Methods in Natural Language Processing, Barcelona, 2004.

[25] Vanderwende L, Suzuki H, Brockett C, et al. Beyond sumbasic: task-focused summarization with sentence simplification and lexical expansion. Information Processing and Management, 2007, 43(6): 1606-1618.

[26] Gupta S, Nenkova A, Jurafsky D. Measuring importance and query relevance in topic-focused multi-document summarization//Proceedings of the 45th Annual Meeting of the Association for Computational Linguistics, Prague, 2007.

[27] 郑禄涛. 电子交易行为的自适应模型与欺诈辨识方法. 上海: 同济大学, 2020.

[28] Gretton A, Borgwardt K M, Rasch M J, et al. A kernel two-sample test. The Journal of Machine Learning Research, 2012, 13(1): 723-773.

[29] Fukumizu K. Kernel measures of conditional dependence. Advances in Neural Information Processing Systems, 2009, 20(1): 167-204.

[30] Aronszajn N. Theory of reproducing kernels. Transactions of the American Mathematical Society, 2003, 68(3): 337-404.

[31] Berlinet A, Christine T. Reproducing Kernel Hilbert Spaces in Probability and Statistics. New York: Springer, 2004.

[32] Paulsen V I, Raghupathi M. An Introduction to the Theory of Reproducing Kernel Hilbert Spaces. Cambridge: Cambridge University Press, 2016.

[33] Li Z, Huang M, Liu G, et al. A hybrid method with dynamic weighted entropy for handling the problem of class imbalance with overlap in credit card fraud detection. Expert Systems with Applications, 2021, 175(1):114750.

[34] 蒋昌俊, 丁志军, 章昭辉, 等. 基于教唆型欺诈的预警方法、系统、介质及设备: CN2020 10388360. 9. 2020.

[35] Yang C, Liu G, Yan C, et al. A clustering-based flexible weighting method in adaboost and its application to transaction fraud detection. Science China Information Sciences, 2021, 64(12): 1-11.

[36] 蒋昌俊, 闫春钢, 王成, 等. 基于统计序列特征的实时欺诈交易检测方法、系统、存储介质及电子终端: CN201810867646.8. 2019.

[37] Wegman E J. Reproducing Kernel Hilbert Spaces. New York: Encyclopedia of Statistical Sciences Press, 2004.

[38] Hearst M A, Dumais S T, Osuna E, et al. Support vector machines. IEEE Intelligent Systems and Their Applications, 1998, 13(4): 18-28.

[39] Smola A, Gretton A, Song L, et al. A hilbert space embedding for distributions// Proceedings of the International Conference on Algorithmic Learning Theory, Berlin, 2007.

[40] Gretton A, Sejdinovic D, Strathmann H, et al. Optimal kernel choice for large-scale two-sample tests//Advances in Neural Information Processing Systems, Lake Tahoe, 2012.

[41] Serfling R J. Approximation Theorems of Mathematical Statistics. New York: John Wiley and Sons, 2009.

[42] Dai W Y, Yang Q, Gui R X, et al. Boosting for transfer learning//Proceedings of the International Conference on Machine Learning, Corvallis, 2007.

[43] Abdallah A, Maarof M A, Zainal A. Fraud detection system: a survey. Journal of Network and Computer Applications, 2016, 68: 90-113.

[44] Zheng L T, Liu G J, Yan C G, et al. Improved tradaboost and its application to transaction fraud detection. IEEE Transactions on Computational Social Systems, 2020, 7(5): 1304-1316.

[45] Zheng L, Liu G, Luan W, et al. A new credit card fraud detecting method based on behavior certificate//Proceedings of the 15th IEEE International Conference on Networking, Sensing and Control, Zhuhai, 2018.

[46] Zheng L T, Liu G J, Yan C G, et al. Transaction fraud detection based on total order relation and behavior diversity. IEEE Transactions on Computational Social Systems, 2018, 5(3): 796-806.

[47] Klinkenberg R, Renz I. Adaptive information filtering: learning in the presence of concept drifts// Proceedings of the Workshop of the AAAI-98/ICML-98 on Learning for Text Categorization, 1998.

[48] Wayne I, Langley P. Induction of one-level decision trees//Proceedings of the International Workshop on Machine Learning, Madison, 1992.

[49] Steinwart I. On the influence of the kernel on the consistency of support vector machines. Journal of Machine Learning Research, 2002, 2(1): 67-93.

第4章 深度学习

4.1 引　言

2016 年 3 月，一场围棋人机大战引发众人热议。在这场博弈中，由 DeepMind 团队开发的 AlphaGo[1]以 4:1 的总成绩成功击败围棋世界冠军李世石，成为历史上第一个战胜职业棋手的人工智能机器人。一时之间，人工智能[2]成为科技领域中的热点话题，并在学术界和工业界上掀起了一场深度学习(Deep Learning，DL)的研究热潮。

本章其余小节的组织结构如下：4.2 节结合深度学习的分层架构机制，指出深度学习的表达能力；4.3 节介绍几种经典的深度学习模型，包括卷积神经网络、循环神经网络、生成对抗网络以及自注意力机制；4.4 节～4.6 节分别介绍课题组前期在深度学习方面进行的相关研究，包括基于全中心损失函数的交易数据重叠去噪方法、基于高斯函数的对比损失研究、真值引导下的自注意力 SeqGAN 模型；4.7 节是本章小结。

4.2　深度学习的表示能力

传统的机器学习处理原始数据的能力有限，主要包含特征工程和分类器(回归器)两个部分。前者通常依赖手工提取特征，需要依据细致的分析和专业的知识设计一个特征提取器，将原始的数据转换成合理的特征表示。然而，在现实生活中，我们难以判断需要提取哪些重要的特征，同时，如何用数学形式描述这些特征也是个巨大的挑战。

深度学习，又称为深度神经网络，是基于表示学习的方法，可以解决机器学习的不足[3]。与传统机器学习相比，它允许计算机直接接收原始数据，并能自动学习用于检测或分类的特征表示，而无需特征工程。一个一层的神经网络就是通过并列放置多个感知器而得到的。而深度神经网络是由多个一层神经网络相互堆叠而成，包含输入层、隐藏层(一个或多个)和输出层，MLP(Multi Layer Perceptron)就是其中的范例。

深度神经网络具有一个显著的性质，被广泛称为万能近似定理[4]。该定理表示：①只含有一个隐藏层的 MLP 就可以精确地表示任何布尔函数；②只含有一个隐藏层的MLP可以以任意精度逼近任意一个有界的连续函数;③具有两个隐藏层的MLP可以以任意精度逼近任意函数。

换句话而言,深度神经网络可以表示任何函数。同时,深度神经网络(如卷积神经网络)都具有分层结构,而这种分层架构的灵感来自对视觉皮层的研究,即著名的Hubel-Wiesel 实验[5]。当我们看到一幅动物的图像时,视网膜首先将物体反射产生的视觉信息,经过一系列的大脑结构传送到视觉皮层,再通过视觉皮层腹侧系统加工处理后,我们可以推断出图像上的动物是猫还是狗,或者是其他动物。视觉皮层腹侧系统具有一种分层结构(即 V1-V2-V4-IT),且不同的模块具有如下不同的功能。

(1)V1 即初级视觉皮层,主要完成基础的边缘检测任务。

(2)V2 被称为次级视觉皮层,主要接收来自 V1 的视觉信号,并提取其中的简单属性,如方向、颜色以及其他更复杂的属性。

(3)V4 不仅可接收 V2 的视觉信号,还可接收来自 V1 的直接输入。其主要负责检测稍微复杂点的对象属性,如几何形状等。

(4)IT 指颞下皮质,主要根据物体的颜色和形状识别物体。

为了模拟人脑视觉神经的分层结构,深度神经网络引入线性模块和非线性激活模块,构建一种多层网络结构。该网络对输入数据逐层抽取特征,从而实现了数据的分级表示。例如,在图像分类任务中,图像以像素矩阵的形式输入,第一层往往学习某些特定方向或位置的边缘特征;第二层往往是根据边缘的走向来检测图案;第三层可能是将图案整合成更大的组件,从而与相似的目标部分对应,并且剩下的网络层级会将这些部分再整合从而构成检测的目标。

事实上,现实中许多自然信号都具有分层组合的特性,即较高层次的特征由较低层次的特征组成。除图像外,在语音和文本中,从音素、音节、单词、短语到句子,都存在类似的分层结构。这种分层结构也促进了深度神经网络的表达能力,这也是为什么近几年深度学习在处理图像、文本[6]等诸多领域中具有优势。

4.3　深度学习模型

4.3.1　卷积神经网络

卷积神经网络(Convolutional Neural Network,CNN)是深度学习领域中最具代表性的神经网络之一,可利用卷积运算处理具有网格结构的数据。例如,图像就是最具有代表性的网格数据。目前,该网络已成功应用于各种研究领域中,尤其是图像中的目标和区域检测、分割和识别。那么,卷积神经网络具体是如何工作的呢?它通常需要三个模块,分别是卷积层、池化层和全连接层。不同的模块具有不同的作用,其中卷积和池化起到关键作用。

1. 卷积层

卷积层，顾名思义，由一组卷积核构成，主要负责卷积运算。它是特征表示的关键步骤，输入和输出都是一个或多个二维数组，可称为特征图。特征图上的每个位置对应着一个神经元，连接着上一层特征图上某一区域的所有神经元，而这一区域被称为"感受野"。卷积运算的对象就是感受野和卷积核，其本质就是两者之间的线性求和过程(即矩阵的点乘)，这也是多层感知器的核心思想。

以图 4.1 为例，输入的特征图是一个大小为 3×3 的二维数组，而卷积核的数组大小为 2×2。卷积窗口的形状由卷积核的大小给定(这里是 2×2)。在卷积的过程中，卷积窗口从输入的特征图上的左上角开始，按从左到右、从上到下的顺序，依次在该特征图上滑动。当卷积窗口滑动到某一区域 s 时，将该区域中的子数组与卷积核数组按元素相乘并求和，得到输出特征图中对应位置 P_s 的元素。而这一区域 s 记为输出位置 P_s 的感受野。以图中阴影部分为例，其卷积运算为 0×0+1×1+3×2+4×3=19。

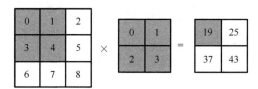

图 4.1　二维卷积运算

然而，上述的卷积操作使得输入输出的特征图大小不一致，并且会丢失一些边界信息。为解决这个问题，通常会在卷积运算时采用填充策略，即在感受野高宽两侧填充 0 元素或者任意值，间接调整输入的大小。此外在上述例子中，每次滑动的行数和列数均为 1，即在高和宽两个方向上的步幅均为 1。步幅越大，卷积密度就越低。为了控制卷积密度，也可采用步幅策略。如图 4.2 所示，输入特征图的高和宽两侧分别填充了 0 元素，同时高和宽的方向上步幅分别为 3 和 2。与之前的操作不同，卷积窗口从填充后的左上角开始滑动，从左往右每次滑动 2 列，从上往下每次滑动 3 列。以图中阴影部分为例，其卷积运算为 0×0+0×1+1×2+2×3=8，0×0+6×1+0×2+0×3=6。

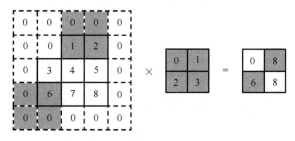

图 4.2　增加了填充和步幅策略的二维卷积运算

根据实验观察，选用不同的卷积核可以完成不同的任务，包括身份识别、边缘检测、模糊、锐化等。甚至随机设置内核，也可以将图像转换成一些有趣的结果。

2. 池化层

池化层，又称为下采样层。该模块利用图像局部平移不变性，对图像的特征进行压缩。这种做法不仅可以提取出重要的特征信息，还可以减少参数数量，从而防止过拟合问题。池化操作包括最大池化和平均池化。同卷积层类似，池化窗口也需要在输入的特征图上从左往右、从上往下依次滑动。当滑动到某一区域时，对该区域中的元素进行求最大或平均的操作，并将结果输出到下一层特征图上对应的位置。以图 4.3 最大池化为例，输入特征图大小为 3×3，池化窗口大小为 2×2。当池化窗口滑动到阴影部分时，计算出该区域内的最大值即 $\max(0,1,3,4)=4$，并作为输出特征图对应位置上的元素。

图 4.3　最大池化层

3. 全连接层

与卷积和池化不同，全连接层是一个全局操作。它位于卷积神经网络的末端，扮演着"分类器"的角色。全连接层一般可理解成一个简单的多分类神经网络，将二维特征图转化成一个一维向量，通过 Softmax 非线性激活函数，实现分布式特征表示与样本标记的映射关系。

卷积神经网络具有许多优点：①局部连接，每个神经元不再与前一层的所有神经元相连，而只与局部感受野中的少数神经元相连；②参数共享，所有局部感受野共享同一组卷积核，即一组神经元的连接可以共享相同的权值。而卷积神经网络成功的原因也正在此，一方面减少了参数量使网络易于优化；另一方面降低了模型的复杂度，减小了过拟合的风险。21 世纪开始，卷积神经网络就被成功地大量用于图像检测、分割、识别以及文本[7]等其他各个领域。图 4.4 是一些经典的卷积神经网络模型的发展脉络。

LeNet-5		AlexNet	ZFNet	GoogLeNet (Inception) v1 NiN VGGNets	ResNet	SqueezeNet Inception v2 v3 DCGAN	Inception v4 SENet ShuffleNet v1 DenseNet ResNeXt Xception MobileNet v1	ShuffleNet v2 MobileNet v2	MobileNet v3	GhostNet
1998		2012	2013	2014	2015	2016	2017	2018	2019	2020

图 4.4　经典的卷积神经网络模型的发展时间线

4.3.2 循环神经网络

循环神经网络(Recurrent Neural Network,RNN),是一组用于处理时间序列数据的神经网络。该网络的设计模式与全连接神经网络[8]具有很大的不同。在全连接神经网络中,每层的神经元仅与上一层的神经元相互连接,而同一层之间并不连接,即上一层神经元的输出信号只能传递给下一层神经元。而循环神经网络引入了循环连接的记忆单元。该记忆单元又为记忆细胞,具有一定的记忆功能。在该网络中,其上一层输出信号在下一时刻不仅可以传递给下一层神经元,还可以传递给自身。基于这种体系结构,循环神经网络可以保留长时间内的信息,因此常用于处理语音、视频和文本[9]等顺序数据。

事实上,循环神经网络的萌芽开始于 Hopfield 网络[8]。但 1986 年,Jordan[10]才正式引入循环的概念,并提出一种序列模型,后来被称为 Jordan 网络。该网络是一个浅层神经网络,仅包含一层输入层、隐藏层和输出层。对于该神经网络而言,当前时间步神经元的隐层输入包括输入层的当前输入和上一时间步信息,而该信息由上一时间步的输出层提供。具体公式如下

$$\begin{cases} h^t = \sigma(Ux^t + Wy^{t-1}) \\ y^t = \sigma(Vh^t) \end{cases} \tag{4.1}$$

其中,$\sigma(\cdot)$ 表示非线性激活函数,x^t 表示当前时刻 t 的输入值,y^t 表示当前时刻 t 的输出值,h^t 表示当前时刻 t 的隐藏状态,而 U、W、V 为可训练的参数。1990 年,Elman[11]引入另一种循环结构。与 Jordan 网络不同的是,该网络上一时间步的信息是由上一时间步的隐藏层输出端 h^{t-1} 提供,而非输出层 y^{t-1}。其公式如下

$$\begin{cases} h^t = \sigma(Ux^t + Wh^{t-1}) \\ y^t = \sigma(Vh^t) \end{cases} \tag{4.2}$$

图 4.5 为一个标准的循环神经网络结构图(Elman 网络),图中的箭头表示信息的流向。在图 4.5(a)中,该循环神经网络由一层输入层、隐藏层和输出层组成,与全连接神经网络相比,其隐藏层增加了自环连接。展开其结构,可以观察到:在该隐藏层中,神经元在层间和层内均有连接。这意味着当前神经元的状态不仅与输入层的输入信号有关,同时还与上一时刻的隐藏层输出有关。同时,该隐藏层中所有神经元均共享参数(U,W,V),经过一系列线性变换和非线性组合,当前时刻 t 的神经元可输出 $o^{(t)}$,并与其真值 $y^{(t)}$ 进行比较,从而计算损失值 $L^{(t)}$。

在上述这种循环神经网络中,当前状态只受当前输入和历史数据的影响。然而对于时间序列数据而言,未来数据的趋势对当前状态也同样重要。基于这种考虑,Schuster 等[12]发明了一种双向循环神经网络结构(Bidirectional Recurrent Neural

Network，BRNN）。当它用于时间序列数据时，不仅可以按照自然的时间顺序传递信息 h_1，同时还可以通过未来反向传递信息 h_2。其具体公式如下

$$\begin{cases} h_1^t = \sigma(U_1 x^t + W_1 h_1^{t-1}) \\ h_2^t = \sigma(U_2 x^t + W_2 h_2^{t+1}) \\ y^t = \sigma(V_1 h_1^t + V_2 h_2^t) \end{cases} \tag{4.3}$$

上述这些循环结构为现代循环神经网络奠定了基础。后期很多模型都是基于上述模型做出进一步的改进和优化，其中，长短时记忆网络（Long Short Time Memory，LSTM）[13-15]和门控循环单元模型（Gate Recurrent Unit，GRU）[16,17]是现代循环神经网络中最典型也是最常用的模型。

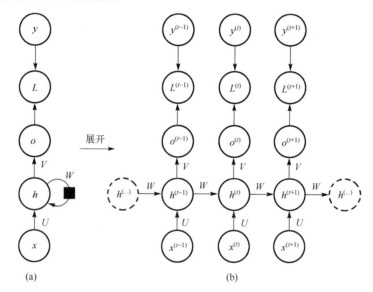

图 4.5　循环神经网络结构图

4.3.3　生成对抗网络

生成对抗网络（Generative Adversarial Networks，GAN），顾名思义，是一种生成式的对抗网络，最初由 Goodfellow 等[18]提出。其原理是以对抗的方式，学习数据的分布，从而可以从隐空间中生成真实的样本数据。因此，该神经网络常被应用于生成图像、视频、文本和音乐等各种数据。

生成器（Generator，G）和判别器（Discriminator，D）是生成对抗网络中必不可少的组成部分。如图 4.6 所示，生成器 G 主要负责从隐变量 z 中生成仿真样本 X_{fake}，使它尽可能地逼近真实样本 X_{real}，从而能成功欺骗判别器 D；而判别器 D 主要负责

区分输入数据 X_{fake} 是来自真实数据还是生成数据，并对生成器进行指导。当判别器已经无法正确判别时，模型达到最优状态。

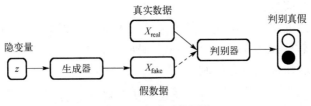

图 4.6　生成对抗网络

生成器与判别器之间的博弈形成了一种对抗关系，而这种对抗学习的目标可以描述为

$$\min_{G} \max_{D} V(G,D) = \min_{G} \max_{D} E_{x \sim P_{\text{data}}} [\log D(x)] + E_{z \sim P_z} [\log(1 - D(G(z)))] \qquad (4.4)$$

其中，$P_{\text{data}}(x)$ 表示真实数据的概率分布，P_z 表示隐变量 z 的概率分布。判别器 D 主要判断输入数据是否来自真实样本，且输出表示一种概率值。因此，这种学习过程可看成一个二分类问题，$V(G,D)$ 为二分类问题中常见的交叉熵损失函数。若输入来自真实数据，则判别器 D 将极大化输出 $D(x)$；若输入为生成数据，则判别器 D 将极小化输出 $D(G(z))$。这意味着从判别器 D 的角度，它希望 $V(G,D)$ 极大化。但从生成器 G 的角度，它试图利用生成的虚假样本骗过判别器 D，即 $D(G(z))$ 极大化，从而极小化 $V(G,D)$。这样一来，便形成了公式(4.4)中的极小极大关系。

生成对抗网络的成功得益于生成器和判别器的相互制约，但它也存在一些局限性。例如，它无法处理离散形式的数据，类似于文本、语音这种序列数据，并且存在梯度消失和模式崩溃等问题。基于 GAN 的基准架构，很多变体[19-22]被提出用于提升和泛化模型的性能。

4.3.4　注意力机制

由于受到时间、理解能力等诸多因素的限制，人类的视觉感知往往会选择性地专注于某一部分信息，而忽略不相关的信息。而注意力机制也启发于视觉机制。在深度学习任务中，输入信息的各部分可能会对输出的结果产生不同的影响，因此注意力机制可以让模型只关注输入信息中最重要的部分。

注意力机制最初用于解决序列到序列(sequence-to-sequence，seq2seq)的建模任务。seq2seq 模型通常由一组编码器-解码器构成，传统的编码器-解码器的工作流程分为两步：①编码器以一段序列作为输入，将其编码成固定长度的上下文向量表示，并传递给解码器；②解码器接收到信号后，对信息进行解码，输出一段新序列。然而，对于长序列而言，来自编码器的压缩可能会造成信息损失[23]。同时在 seq2seq

的任务中，输出序列可能只受输入序列中某些特定信息的影响。因此，Bahdanau
等[24]首次将注意力机制应用于编码器-解码器结构，使解码器可以选择有用的信息进
行解码，而非所有信息。

　　目前，注意力机制被广泛使用并出现了很多变种。根据不同的侧重点，注意力
机制可分为：① 软注意力与硬注意力；② 局部注意力与全局注意力；③ 自注意力。
下面将具体介绍这几种注意力机制。

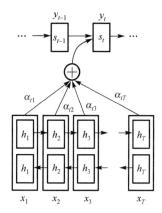

图 4.7　基于软注意力的编码
　　　　器-解码器

1. 软注意力与硬注意力

　　Bahdanau 等[24]首次提出基于软注意力的编码器-
解码器。在该模型中，编码器以一段序列作为输入，利
用双向 RNN 模型生成输入序列的隐藏状态。但不同于
传统模型使用固定大小的上下文向量，该解码器根据所
有的隐藏状态（来自编码器）通过加权求和的方式动态
构建上下文向量。而这一操作即为软注意力机制。如
图 4.7 所示，给定输入序列 $(x_1, x_2, \cdots, x_T)$，该模型利用
软注意力机制和编码器-解码器结构生成第 t 个输出 y_t。
该注意力机制的公式如下

$$c_t = \sum_{j=1}^{T} \alpha_{tj} h_j \tag{4.5}$$

其中，c_t 为解码器中输出 y_t 所对应的上下文向量，h_j 表示编码器中输入 x_j 对应的隐
藏状态。T 为输入序列的长度，α_{tj} 是软注意力分数。α_{tj} 的计算公式如下

$$\alpha_{tj} = \frac{\exp(\mathrm{FNN}(s_{t-1}, h_j))}{\sum_{k=1}^{T} \exp(\mathrm{FNN}(s_{t-1}, h_k))} \tag{4.6}$$

其中，s_{t-1} 为解码器中生成的隐藏状态，$\mathrm{FNN}(\cdot)$ 表示一个前馈神经网络。由上述可知，
该注意力分数 α_{tj} 取决于基于编码器中的隐藏状态 h_j 和基于解码器中的隐藏状态 s_{t-1}。

　　然而，硬注意力模型主要根据随机抽样的隐藏状态（来自编码器）计算出上下文
向量。也就是说基于公式(4.6)，硬注意力分数 α_{tj} 只能取值为 0 或者 1。Xu 等[25]利
用结合硬注意力机制和编码器-解码器，实现了图像描述的自动生成。同时，他们采
用一种变分学习方法和基于强化学习规则的梯度策略，对该模型加以训练。

2. 局部注意力与全局注意力

　　受到上述工作的启发，Luong 等[26]提出两种简单有效的注意力机制：全局注意
力和局部注意力。前者与软注意力类似，但相对而言更为简单。而后者介于软注意

力和硬注意力之间，且更容易训练。而两者的区别在于"注意力"是放在源序列中所有的位置上还是仅仅放在少数位置上。

全局注意力旨在利用编码器中的所有隐藏状态获取上下文向量，其动机与软注意力相同。但它提供了三种不同的策略计算注意力分数 α_{ts}，公式如下

$$a_{ts} = \mathrm{align}(h_t, \bar{h}_s) = \frac{\exp(\mathrm{score}(h_t, \bar{h}_s))}{\sum_{S'} \exp(\mathrm{score}(h_t, \bar{h}_{s'}))} \tag{4.7}$$

$$\mathrm{score}(h_t, \bar{h}_s) = \begin{cases} h_t^{\mathrm{T}} \bar{h}_s \\ h_t^{\mathrm{T}} W \bar{h}_s \\ v_a^T \tanh(W[h_t^{\mathrm{T}}; \bar{h}_s]) \end{cases} \tag{4.8}$$

其中，$\bar{h}_s$ 为编码器中的隐藏状态，又称源隐藏状态，h_t 为解码器中的隐藏状态，W 为可训练的参数矩阵。$\mathrm{align}(\cdot)$ 表示对齐函数，T 表示矩阵转置，[;]表示拼接操作。然而，全局注意力由于关注源序列中的所有信息，训练成本较大，很难处理类似于段落或文档的长序列。因此，局部注意力机制每次只关注源序列中的一小部分信息。如图 4.8 所示，该模型首先针对每个目标输出 y_t 生成一个源序列的对齐位置 p_t，再以 p_t 为中心创建大小为 D 的窗口$[p_t–D; p_t+D]$，并分别计算出窗口内子序列的局部注意力分数 α_{ts}，从而求得对应窗口的上下文表示。局部注意力分数的计算公式为

$$a_{ts} = \mathrm{align}(h_t, \bar{h}_s) \exp\left(-\frac{(s - p_t)^2}{2\sigma^2}\right) \tag{4.9}$$

其中，$\mathrm{align}(\cdot)$ 与公式(4.7)相同，$\sigma = \dfrac{D}{2}$。

3. 自注意力

在 seq2seq 任务中，上述注意力机制一般作用于编码器与解码器之间，利用对应的隐藏状态计算出输出位置与输入位置的依赖关系。自注意力机制又称内部注意力，仅作用于编码器或解码器的内部。而对于分类任务而言，输入通常为一段序列，但输出则为一个实值。这时，自注意力机制只作用于编码器，考虑各个输入位置上的依赖关系。例如，文本分类任务[27]的输入为一段词序列，而输出则为文本的对应标签。该任务只需要考虑输入序列中每个单词之间的相关性，而这一相关性即为自注意力。

自注意力机制的模型代表是 Transformer 模型[28]。由于循环神经网络是按照时间步顺序计算结果，即 $t–1$ 时刻或者 $t+1$ 时刻的输出影响着 t 时刻的计算，这种顺序属性限制了模型并行计算的能力。为缓解这一问题，Transformer 抛弃了传统的卷积

组件或循环组件，只依赖自注意力机制，就可提取序列内部的长距离依赖关系。在该模型中，自注意力机制采用查询-键值对(Query-Key-Value，QKV)的形式，具体公式如下

$$\text{Attention}(Q,K,V) = \text{Softmax}\left(\frac{QK^{\text{T}}}{\sqrt{d_k}}\right)V \tag{4.10}$$

其中，$Q = W^Q X$ 为查询矩阵(Query)，$K = W^K X$ 为键矩阵(Key)，$V = W^V X$ 为值矩阵(Value)。W^Q、W^K、W^V 为三种不同的权重矩阵，X 为输入的嵌入矩阵，d_k 表示 Query 和 Key 的维度大小。该模型利用三种权重矩阵 $W^i (i = Q, K, V)$ 将输入的嵌入矩阵 X 分别投影成 Query 矩阵、Key 矩阵和 Value 矩阵，并通过自注意力机制进行更新。

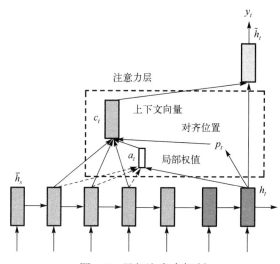

图 4.8　局部注意力机制

如图 4.9(a)所示，该模型利用 Query 矩阵和 Key 矩阵相乘，计算出每个输入之间的相似性作为相应的注意力分数，并通过一系列缩放、归一化等操作加以处理；再利用处理后的注意力分数乘以 Value 矩阵更新每个输入的向量表示。如图 4.9(b)所示，该模型还提出多头注意力机制(Multi-Head Attention)，从不同的角度提取输入嵌入 X 的重要信息。

具体公式如下

$$\begin{aligned} \text{MultiHead}(Q,K,V) &= \text{Concat}(\text{head}_1, \cdots, \text{head}_h) \\ \text{head}_i &= \text{Attention}(Q_i, K_i, V_i) \\ Q_i &= W_i^Q X, K_i = W_i^K X, V_i = W_i^V X \end{aligned} \tag{4.11}$$

目前，Transformer 以它强大的表达能力成功激发了学术界对该模型做进一步的研究和改进。其中，语言模型 BERT(Bidirectional Encoder Representations from

Transformers)[29]就是在 Transformer 的思想上，构建了基于随机掩码的语言模型。该模型以无监督的方式预训练单词的特征表示，并用于下游任务，成为自然语言处理领域中的一项新技术。

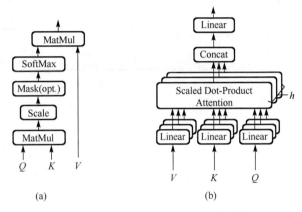

图 4.9　Transformer 的自注意力机制

4.4　基于全中心损失函数的交易数据去噪方法

网络交易欺诈辨识系统对于银行和金融机构对交易进行实时监测至关重要。该系统是从海量的交易数据中挖掘欺诈交易模式，以便判定每条输入的交易数据是否为欺诈交易[30-32]。由于网络交易数据具有一些难以处理的数据噪声，主要包括两个方面：数据不均衡[33]以及用户和欺诈分子的交易行为动态多变。

为了学习到有效区分正常和欺诈交易数据的特征，本节提出基于全中心损失函数的深度表示学习模型，来进行网络交易欺诈辨识[34]。该模型利用深度神经网络将交易数据从原始特征空间映射到新的深度特征空间中，使得正常和欺诈交易数能够在深度特征空间中能被准确辨识。同时，全中心损失(Full Center Loss，FCL)函数作为本节提出的深度表示学习模型的损失函数[35]，从两个方面对学习到的深度特征表示进行优化，一方面从同类数据的深度特征表示之间的距离上进行优化，让同类数据之间的距离尽可能小，称为距离中心损失(Distance Center Loss，DCL)；另一方面从不同类数据的深度特征表示之间的角度上进行优化，使得不同类数据之间的夹角尽可能大，称为角度中心损失(Angle Center Loss，ACL)。大量实验表明，本节提出方法能够获得比其他同类方法更好的性能，而且性能的稳定性更好。

4.4.1　重叠去噪方法框架结构

本节提出的基于全中心损失函数的欺诈辨识方法的框架结构如图 4.10 所示，其中主要包括三个关键步骤,分别是特征工程、数据均衡化和欺诈交易辨识模型训练。

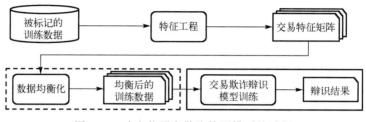

图 4.10　建立信用卡欺诈检测模型的过程

1. 特征工程

特征工程的目的是通过对数据的原始特征进行加工转化得到新的更能有效区分不同类别数据的特征。网络交易数据中,交易时间、交易日期、交易金额等原始特征无法很好地区分用户和欺诈分子的交易行为,需要对它们进行加工处理。一种常用的方法是通过历史交易聚合来生成一些新的特征,该方法通过对设定的时间间隔内用户所发生交易的交易类型、交易金额、交易方式等原始特征进行聚合计算,如统计均值、最大值、最小值等。经过历史交易聚合方法的处理,将具有原始特征的单个事务被转换为具有更多信息聚合特征的特征矩阵,能够更加充分且显式地体现用户在这段时间内的交易行为特征。这种历史交易聚合方法已经在很多研究[36]中应用。本节也同样使用这种特征处理的方法。

2. 数据均衡化

在完成特征工程后,需要考虑数据不均衡问题。因为网络交易数据中欺诈交易样本数量很少,具有很严重的数据不均衡噪声,如果不考虑数据不均衡问题,使用不均衡数据集训练得到的机器学习模型将倾向于把交易判定为正常交易,无法准确识别欺诈交易。因此,在训练欺诈交易辨识模型之前,处理数据不均衡问题是必不可少的步骤。

采样方法是处理数据不平衡问题的最常用方法之一,特别是下采样方法通过对数量较多的正常交易数据进行采样,可以降低正常交易样本的冗余,有利于提升欺诈交易辨识模型的训练速度。随机下采样简单而且高效,成为最著名且最常用的下采样方法之一。如果与正常交易样本相比,欺诈交易样本的数量非常少,还可以采用上采样方法,例如,SMOTE(Synthetic Minority Over-Sampling Technique)[37],利用现有的欺诈交易样本来衍生更多相近的欺诈交易样本,来提升欺诈交易样本的数量。

尽管这些数据不均衡的处理方法能够使得数据集中正常和欺诈交易数据的样本数量达到相对均衡,但是这只是获得了数量上的均衡,没有考虑到欺诈和正常交易样本的分布问题。Zhang 等[38]提出高斯混合下采样方法，在进行数据下采样的时候将正常和欺诈交易数据的空间分布考虑进去，使得采样的数据更合理，有利于欺诈交易辨识模型的训练。本节也采用高斯混合下采样方法来使数据均衡化。

　　3．欺诈交易辨识模型训练

　　获得相对均衡的数据集之后，可以开始对欺诈交易辨识模型进行训练。网络交易的欺诈辨识可看成一个二分类任务，许多机器学习方法，如支持向量机模型、随机森林模型、卷积神经网络模型、递归神经网络模型等，都已经成功用于网络交易欺诈辨识。它们都属于表示学习，这些模型能够进行参数化学习，能够将输入的数据变换为一种更有利于辨识欺诈交易的特征表示。特别是近年来一些先进的神经网络模型被先后提出，使得复杂的特征能够更高效地被提取；此外，一些更高效的损失函数，如大间隔余弦损失函数（Large Margin Cosine Loss，LMCL）、可叠加角度间隔损失函数（Additive Angular Margin Loss，AAML）、中心损失函数（Center Loss，CL）和三元组损失函数（Triple Loss，TL）等，也使得模型的优化更加准确和高效。

　　如图 4.11 所示，本节提出的网络交易欺诈辨识模型由两部分组成：用于获得区分度高的深度特征表示的深度神经网络层（如卷积神经网络层）和用于监督模型学习的全中心损失层。

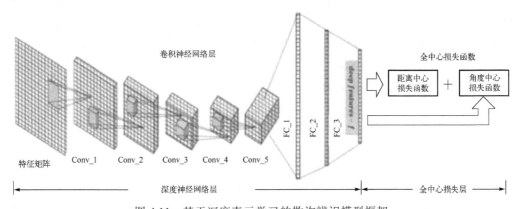

图 4.11　基于深度表示学习的欺诈辨识模型框架

　　本节的重点是对损失函数进行优化，来提升深度神经网络层所得到的深度特征表示的区分度，并且提高欺诈辨识模型的性能。本节提出的损失函数用来监督深度卷积神经网络层的训练，使得深度卷积神经网络层能够将输入数据的原始特征映射到新的深度特征空间中得到深度特征表示，新的深度特征表示相比于输入数据的原始特征具有更好的区分度，即在深度特征空间中同类样本分布更加紧凑而不同类样本分布更加远离。

　　为了实现这一目的，本节提出的全中心损失函数从角度和距离两个方面对原始的 Softmax 损失函数进行优化，其中，角度中心损失函数用于提升不同类别交易的分离性，距离中心损失函数用于提升同一类别交易的聚集性。

4.4.2　全中心损失函数

本节提出的全中心损失函数从距离和角度两个方面对深度表示学习模型进行监督训练，目的是保证深度表示学习模型得到的深度特征具有更优的类内聚合度和类间的分离度。因此全中心损失函数 L_{full} 由两部分构成，分别是角度中心损失 L_A 和距离中心损失 L_D，其中角度中心损失函数用于量化不同类样本之间的分离情况，距离中心损失函数用于量化同类样本之间的聚合情况。全中心损失函数可以形式化地表示为

$$L_{\text{full}} = \sum_{i=1}^{m} L_{A_i} + \alpha L_{D_i} \tag{4.12}$$

其中，α 是用来平衡两部分损失的超参数，m 表示训练深度表示学习模型的样本数据量，L_{A_i} 和 L_{D_i} 分别表示第 i 个样本的角度中心损失和距离中心损失。

1. 角度中心损失函数

角度中心损失函数的优化目标是让不同类的样本在深度表示学习模型的深度特征空间中尽可能地分离，有利于提升欺诈交易辨识模型的性能。角度中心损失函数是对 Softmax 损失函数的优化，使得不同类数据在角度上最大限度地分离。对于二分类问题，当使用原始的 Softmax 损失函数作为优化目标时，不同类别样本的深度特征表示对应的后验概率可以形式化地表示为

$$p_0 = \frac{e^{W_0^{\mathrm{T}} f_i + b_0}}{e^{W_0^{\mathrm{T}} f_i + b_0} + e^{W_1^{\mathrm{T}} f_i + b_1}} \tag{4.13}$$

$$p_1 = \frac{e^{W_1^{\mathrm{T}} f_i + b_1}}{e^{W_0^{\mathrm{T}} f_i + b_0} + e^{W_1^{\mathrm{T}} f_i + b_1}} \tag{4.14}$$

其中，(W_0, b_0)、(W_1, b_1) 分别对应类别 0 和 1 在 Softmax 损失函数中的权重和偏置变量；f_i 表示深度神经网络最后一层全连接层的输出数据，即深度特征表示；p_0 和 p_1 分别表示具有深度特征 f_i 的样本经 Softmax 函数判定属于类别 0 和 1 的后验概率值。

原始的 Softmax 损失函数本质上是从角度分布对深度特征进行约束优化。假设 Softmax 损失函数输入的深度特征 f_i 的标签为 y_i，那么它对应是 Softmax 损失可以形式化地表示为

$$L_{\text{Softmax}_i} = -\log\left(\frac{e^{W_{y_i}^{\mathrm{T}} f_i + b_{y_i}}}{e^{W_{y_i}^{\mathrm{T}} f_i + b_{y_i}} + e^{W_{\bar{y}_i}^{\mathrm{T}} f_i + b_{\bar{y}_i}}} \right)$$

$$= -\log\left(\frac{1}{1+e^{(W_{\tilde{y}_i}^{\mathrm{T}}-W_{y_i}^{\mathrm{T}})f_i+(b_{\tilde{y}_i}-b_{y_i})}}\right) \tag{4.15}$$

其中，$\tilde{y}_i$ 表示二分类中与 y_i 不同的那个类别。本节在原始 Softmax 损失函数的基础上增加两个约束来对其进行优化，以提升 Softmax 损失函数不同类别样本在深度特征空间中的角度可分离性。

首先，借鉴修正 Softmax 损失函数中对 Softmax 损失函数的处理，本节将 Softmax 损失函数的各个类别的权重向量进行归一化，即 $\|W_{y_i}\|=\|W_{\tilde{y}_i}\|=1$，同时将 Softmax 损失函数的偏置项置零，即 $\|b_{y_i}\|=\|b_{\tilde{y}_i}\|=0$。这样处理之后，Softmax 损失的取值仅与样本的深度特征表示 f_i 的范数以及 f_i 与 Softmax 损失函数权重向量 W_{y_i}、$W_{\tilde{y}_i}$ 之间的夹角有关。那么在第一个约束条件下，原始 Softmax 损失函数可以形式化地表示为

$$\begin{aligned}L'_{\mathrm{Softmax}_i} &= -\log\left(\frac{1}{1+e^{(W_{\tilde{y}_i}^{\mathrm{T}}-W_{y_i}^{\mathrm{T}})f_i+(b_{\tilde{y}_i}-b_{y_i})}}\right)\\ &= -\log\left(\frac{1}{1+e^{-\|f_i\|(\|W_{y_i}\|\cos\theta_{y_i}-\|W_{\tilde{y}_i}\|\cos\theta_{\tilde{y}_i})+(b_{\tilde{y}_i}-b_{y_i})}}\right)\\ &= -\log\left(\frac{1}{1+e^{-\|f_i\|(\cos\theta_{y_i}-\cos\theta_{\tilde{y}_i})}}\right)\end{aligned} \tag{4.16}$$

其中，θ_{y_i} 和 $\theta_{\tilde{y}_i}$ 分别表示样本的深度特征表示 f_i 与 Softmax 损失函数的权重向量 W_{y_i} 和 $W_{\tilde{y}_i}$ 之间的夹角，且 $0 \leq \theta_{y_i}, \theta_{\tilde{y}_i} \leq 2\pi$。

为了使得 L'_{Softmax_i} 的取值尽可能小，应该从两个方面进行优化。一方面，为了减小 L'_{Softmax_i} 的取值，需要减小样本的深度特征表示 f_i 与 Softmax 损失函数的权重向量 W_{y_i} 之间的夹角 θ_{y_i}，同时增大样本的深度特征表示 f_i 与 Softmax 损失函数的权重向量 $W_{\tilde{y}_i}$ 之间的夹角 $\theta_{\tilde{y}_i}$。另一方面，也可以通过增大样本的深度特征表示 f_i 的范数值 $\|f_i\|$ 来使得 L'_{Softmax_i} 的取值减小。由于 $\|f_i\|$ 表示深度特征向量的长度，会受到距离中心损失函数的影响，所以针对 Softmax 损失函数本节仅从角度方法对其进行优化改进，即尽可能减小 θ_{y_i} 且增大 $\theta_{\tilde{y}_i}$。

在理想情况下，同类样本在深度特征空间中与其对应类别的 Softmax 权重向量 W 之间的夹角应该都非常小，即从角度分布上来说，同类样本应该以权重向量 W 为中心分布在它的两侧。现有对 Softmax 损失函数的改进，仅对权重向量的大小进行约束，而没有考虑到它的方向对 Softmax 损失函数的影响。如果随机初始化时，权重向量 W_{y_i} 和 $W_{\tilde{y}_i}$ 之间夹角很小，使用网络交易数据优化参数后，由于权重向量 W_{y_i} 和 $W_{\tilde{y}_i}$ 的变化方向难以预测，很难保证 W_{y_i} 和 $W_{\tilde{y}_i}$ 之间会有较大的夹角，那么即使 θ_{y_i} 的

取值很小，也难以保证 $\theta_{\tilde{y}_i}$ 有较大的值，即不同类型的样本之间的角度分离性难以保证。因此，本节从角度方面对 Softmax 损失函数中的权重向量提出新的约束来保证 W_{y_i} 和 $W_{\tilde{y}_i}$ 之间有最大的夹角，即令 $W_{y_i} = -W_{\tilde{y}_i} = W$，本节称加入新约束的 Softmax 损失函数为角度中心损失函数，可以形式化地表示为

$$
\begin{aligned}
L_{A_i} &= -\log\left(\frac{1}{1+\mathrm{e}^{(W_{\tilde{y}_i}^{\mathrm{T}} - W_{y_i}^{\mathrm{T}})f_i}}\right) \\
&= -\log\left(\frac{1}{1+\mathrm{e}^{-2W^{\mathrm{T}}f_i}}\right) \\
&= \log(1+\mathrm{e}^{-2W^{\mathrm{T}}f_i}) \\
&= \log(1+\mathrm{e}^{-2\|f_i\|\cos\theta_{y_i}})
\end{aligned}
\tag{4.17}
$$

从公式(4.17)可以很容易看出，随着中心损失函数取值的减少，样本的深度特征向量 f_i 可能会更加靠近其对应的权重向量 W_{y_i}，也更加远离另一类别的权重向量 $W_{\tilde{y}_i}$。那么由于权重向量 W_{y_i} 和 $W_{\tilde{y}_i}$ 方向相反，不同类型的样本在深度特征空间中被逐渐分离，使得不同类的样本更加容易区分，不仅能够提升欺诈交易辨识模型的性能，还能提升模型性能的稳定性。

尽管本节提出的角度中心损失函数给原始的 Softmax 损失函数增加了多个约束条件，即 $\|W_{\tilde{y}_i}\| = \|W_{y_i}\| = 1, \|b_{y_i}\| = \|b_{\tilde{y}_i}\| = 0, W_{y_i} = -W_{\tilde{y}_i} = W$，但是原始 Softmax 损失函数的简单高效的优秀特点仍然保留下来。由于角度中心损失函数使用的参数量比原始的 Softmax 损失函数还要少，角度中心损失函数的计算效率会更高。

2. 距离中心损失函数

距离中心损失函数能够从距离方面对样本的深度特征进行优化，使得同类样本更加聚合。距离中心损失函数与中心损失函数[39]相同，对样本与其对应类别中心之间的欧氏距离进行优化，可以形式化地表示为

$$
L_{D_i} = \frac{1}{2}\|f_i - c_{y_i}\|_2^2
\tag{4.18}
$$

其中，c_{y_i} 表示在深度特征空间中样本的深度特征向量 f_i 的对应类别中心。

由于中心损失函数已经被证明能够使用标准的随机梯度下降方法进行优化，距离中心损失函数同样可以使用随机梯度下降方法进行优化。每类样本数据的类别中心由这些样本的均值得到，在模型进行分批训练过程中，使用参数 γ 来调整类别中心更新的速度，防止类别中心由于少数离群样本的干扰造成较大的波动。那么类别中心 c_{y_i} 的更新可以表示为

$$\Delta c_j = \frac{\sum_{i=1}^{k} \delta(y_i = j) \times (c_j - f_i)}{1 + \sum_{i=1}^{k} \delta(y_i = j)} \tag{4.19}$$

$$c_j' = c_j - \gamma \Delta c_j \tag{4.20}$$

其中，$\delta(\text{condition}) = 1$如果 condition 成立，否则 $\delta(\text{condition}) = 0$；$c_j'$表示类别为 j 的更新后的类别中心；超参数 γ 的取值范围是 $0 < \gamma < 1$。

将角度中心损失函数与距离中心损失函数相结合即可得到全中心损失函数。全中心损失函数能同时从角度和距离两个方面对样本的深度特征表示进行优化，距离中心损失函数能够使得同类样本在深度特征空间中更加聚集，角度中心损失函数能够使得不同类样本在深度特征空间中更加分离。图 4.12 为全中心损失函数的直观示意图。其中，a_{center_0} 和 a_{center_1} 分别表示类别 0 和 1 的角度中心，即角度中心损失函数中的权重向量 W_{y_i} 和 $W_{\tilde{y}_i}$，它们一直保持方向相反；d_{center_0} 和 d_{center_1} 分别表示类别 0 和 1 的类别中心，即距离中心损失函数中的类别中心 c_{y_i} 和 $c_{\tilde{y}_i}$。模型训练时，不同类别的样本都会向其对应类中心（角度中心和类别中心）靠近，既能优化同类样本之间的聚集性，又能优化不同类样本之间的分离性。全中心损失函数的具体优化过程如算法 4.1 所示。

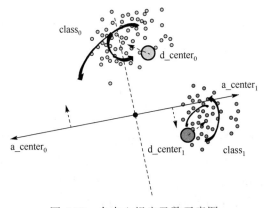

图 4.12　全中心损失函数示意图

算法 4.1　基于全中心损失函数的欺诈交易辨识模型

　　输入：标注好的网络交易数据 $X = \{x_1, x_2, \cdots, x_m\}$，深度表示学习模型的初始化参数 θ_c，全中心损失函数的初始化参数 W 和 $\{c_k\}(k=0,1)$，超参数 α 和深度表示学习模型的学习率 μ_t

　　输出：学习到的深度表示学习模型和全中心损失的参数：$\theta_c, W, \{c_k\}$

　　1.　$t = 0$

2. **repeat:**

3.　　　$t = t + 1$

4.　　　$L_{\text{full}}^t \leftarrow \sum_{i=1}^{m} L_{A_i}^t + \alpha L_{D_i}^t$

5.　　　计算用于反向传播的梯度：$\dfrac{\partial L_{\text{full}}^t}{\partial f_i^t} = \dfrac{\partial L_{A_i}^t}{\partial f_i^t} + \dfrac{\partial L_{D_i}^t}{\partial f_i^t}$

6.　　　更新权重向量 W：$W^{t+1} = W^t - \mu_t \dfrac{\partial L_{\text{full}}^t}{\partial f_i^t} = W^t - \mu_t \dfrac{\partial L_{A_i}^t}{\partial f_i^t}$

7.　　　更新类别中心 c_k：$c_k^{t+1} = c_k^t - \Delta c_k^t$

8.　　　更新表示学习模型参数 θ_c：$\theta_c^{t+1} = \theta_c^t - \mu_t \sum_{i=1}^{m} \dfrac{\partial L_{\text{full}}^t}{\partial f_i^t} \times \dfrac{\partial f_i^t}{\partial \theta_c^t}$

9. 直到 L_{full}^t 不再减小

10. **return** 参数 $\theta_c, W, \{c_k\}$，即欺诈交易识别模型

4.4.3　实验与分析

为了验证本节提出的基于全中心损失函数的欺诈交易辨识方法的有效性，下面将通过一系列实验来检验提出方法的性能。

1. 实验数据集

本节使用两个实验数据集，其中一个是 Kaggle 开放的信用卡欺诈识别数据集，另一个是课题组私有的中国某金融公司的交易数据集。

1) Kaggle 数据集

此数据集是欧洲用户于 2013 年 9 月产生的信用卡交易数据，只是连续两天的交易数据，共有 284807 条交易样本，其中欺诈交易样本有 492 条。显然，此数据集有非常严重的数据不均衡问题，欺诈交易仅占总交易数量的 0.172%。这些交易数据中，每一条都有 30 维特征。这 30 维特征中，除了交易时间和交易金额之外，其他 28 维特征都经过 PCA（Principal Component Analysis）模型处理，来避免用户隐私的泄露，因此无法知道这些特征的具体含义。而且，由于数据集的时间跨度仅为两天，历史交易聚合方法也无法适用，给欺诈交易辨识带来很大的困难。

2) 私有数据集

此数据集来自中国某金融公司，包含用户从 2017 年 4 月～6 月的全部交易记录，交易样本数量达到 350 万条，且都由公司的专业审核员进行标注。表 4.1 中展示了每个月份数据量、数据不均衡比等信息，可以看出数据不均衡问题在这个数据集中也很突出。此数据集中每条交易记录都包含 43 维特征，包括交易时间、交易金额、

交易类型、商户类型、交易类型、交易卡类型等。因此本节采用历史交易聚合方法对每一条交易样本进行特征扩展。每一条交易关联历史上不同时间跨度内的交易数据，时间跨度从 5 秒~2 个月，分为多个时间段。

表 4.1 私有数据集信息

月份	数据量	特征数量	不均衡比/%
2017 年 4 月	1243035	43	1.07
2017 年 5 月	1216299	43	2.22
2017 年 6 月	1042714	43	2.39

2. 实验设置

1）对比模型方法

为了充分证明本节提出方法在网络欺诈交易辨识中的优势，本节提出方法将与现有研究的方法进行对比实验。用于对比的实验的模型如表 4.2 所示。

表 4.2 对比模型

损失函数	关键部分 $F(-\log(1/(1+e^{F})))$
RF	--
SL	$(W_{\tilde{y}_i}^{\mathrm{T}} - W_{y_i}^{\mathrm{T}})f_i + (b_{\tilde{y}_i} - b_{y_i})$
LMSL	$\|f_i\|(\|W_{\tilde{y}_i}\|\cos\theta_{\tilde{y}_i} - \|W_{y_i}\|\cos m\theta_{y_i})$
ASL	$\|f_i\|(\cos\theta_{\tilde{y}_i} - \cos m\theta_{y_i})$
LMCL	$s(\cos\theta_{\tilde{y}_i} - (\cos(\theta_{y_i}) - m))$
AAML	$s(\cos\theta_{\tilde{y}_i} - (\cos(\theta_{y_i} + m)))$

（1）随机森林模型（Random Forest，RF）：网络交易欺诈辨识方法中最常用且性能最稳定的模型之一，它将作为欺诈交易辨识模型性能的参考基础。

（2）SL（Softmax Loss）：原始的 Softmax 损失函数作为改进效果的基准参考。

（3）LMSL（Large Margin Softmax Loss）：将样本的深度特征向量 f_i 与其对应类别的 Softmax 损失函数的权重向量 W_{y_i} 之间的夹角 θ_{y_i} 乘以常量 m，这样就能够在同样的 f_i 和 W_{y_i} 下获得比 SL 更强的惩罚，使得不同类样本之间的深度特征向量具有更好的角度分离。但是此方法没有考虑权重向量对 W 可能会抵消参数 m 的作用。

（4）ASL（Angular Softmax Loss）：此损失函数对 LMSL 的缺点进行了改进，将 Softmax 损失函数的权重向量进行了归一化，即 $\|W_{\tilde{y}_i}\| = \|W_{y_i}\| = 1$。但是此方法中夹角 θ_{y_i} 的计算代价较大，限制了模型的训练速度。

（5）LMCL（Large Margin Cosine Loss）：此损失函数直接对余弦值进行约束，降低了计算的复杂度。另外，此方法还将样本的深度特征向量的长度统一缩放到大小为 s，

即 $\|f_i\| = s$。但是这样的约束仅适用于各个类别数据的变化不大的应用，如人脸识别等。对于数据变化多样的网络交易数据，此方法收敛速度较慢，甚至难以收敛。

(6) AAML(Additive Angular Margin Loss)：和 LMCL 不同，此损失函数直接将惩罚项 m 与夹角 θ_{y_i} 相加，降低了损失函数计算的复杂度。但此方法同样由于对样本的深度特征向量的长度限制，其在网络交易欺诈辨识中会受到影响。本节提出的欺诈交易辨识模型的框架中，表示学习模型需要根据网络交易数据的特点采用对应的特征提取模型。由于 Kaggle 数据集中训练样本的特征维度仅为 30 维，且样本的数量不大，所以在实验中使用具有 4 个全连接层的人工神经网络(Artificial Neural Network，ANN)来进行特征学习。对于私有数据集，样本的数量很大，且经过历史交易聚合的特征处理方法，数据的特征维度得到扩展，需要容量更大的模型。因此本节使用深度卷积神经网络来学习区分私有数据集中正常和欺诈交易的特征，此卷积神经网络模型包含有 5 个卷积层和 3 个全连接层，每层的具体参数如表 4.3 所示。

表 4.3 特征学习模型的参数

模型	数据集	
	Kaggle 数据集	私有数据集
随机森林	树的棵数 p 树的最大深度 q （采用网格搜索）	树的棵数 p 树的最大深度 q （采用网格搜索）
神经网络	4 层人工神经网络模型 全连接层-1：32 个神经元 全连接层-2：64 个神经元 全连接层-3：16 个神经元 全连接层-4：8 个神经元	卷积神经网络模型 卷积层-1：卷积核 $[1\times 1, 32]$，步长 1 卷积层-2：卷积核 $\begin{bmatrix} 3\times 3, 32 \\ 3\times 3, 32 \end{bmatrix}$，步长 1 最大池化层-1：卷积核 $[3\times 3]$，步长 2 卷积层-3：卷积核 $\begin{bmatrix} 3\times 3, 32 \\ 3\times 3, 32 \end{bmatrix}$，步长 1 最大池化层-2：卷积核 $[3\times 3]$，步长 2 全连接层-1：256 个神经元 全连接层-2：128 个神经元 全连接层-3：64 个神经元

2) 性能评价指标

机器学习模型的各个性能指标的计算通常会使用混淆矩阵进行计算，如表 4.4 所示。

表 4.4 混淆矩阵

	实际为欺诈	实际为正常
预测为欺诈	TP	FP
预测为正常	FN	TN

机器学习模型的性能评价指标有多个，其中最常用的包括准确率(Accuracy)、精确率(Precision)和召回率(Recall)。但是这些常用的评价指标在数据不均衡的情况下无法对模型的性能给出准确合理的评价。评价指标 F1 值代表精确率与召回率之间的调和平均数，能够对模型的性能进行综合评价，且几乎不受数据不均衡问题的干扰，其计算方法如公式(4.24)所示。除此之外，精确率-召回率曲线下的面积(Area Under Precision-Recall curve，AUC_PR)也非常适合评价分类模型在数据不均衡问题下的性能。各评价指标的计算公式为

$$Accuracy = \frac{TP + TN}{TP + FN + FP + TN} \tag{4.21}$$

$$Precision = \frac{TP}{TP + FP} \tag{4.22}$$

$$Recall = \frac{TP}{TP + FN} \tag{4.23}$$

$$F1 = \frac{2 \times Recall \times Precision}{Recall + Precision} \tag{4.24}$$

3. 实验结果

1) 实验一：基于 Kaggle 数据集

本节首先在 Kaggle 数据集上进行实验。由于此数据集中仅有 492 条欺诈交易样本，数据不均衡比达到 0.172%，本实验采用上采样方法 SMOTE 来生成模拟的欺诈交易样本，使得欺诈和正常交易样本的数量相对均衡。然后从处理后的数据集中随机抽取 70%用于模型的训练，余下的交易样本用于模型测试。对比方法和本节提出的方法中涉及的超参数 m、s、α 和 γ，将采用网格搜索的方式来找到最佳的取值，并用最佳取值下的模型的结果进行性能的比较。表 4.5 为各个模型测试结果的 F1 值和 AUC_PR 的均值。

表 4.5 Kaggle 数据集下的各模型结果

模型方法	F1 值	AUC_PR
RF	0.378	0.564
SL	0.683	0.804
LMSL	0.631	0.828
ASL	0.729	0.808
LMCL	0.671	0.817
AAML	0.713	0.839
ACL	**0.736**	**0.848**
FCL (ACL+DCL)	**0.805**	**0.879**

首先，基于神经网络模型的所有方法的结果都要比随机森林模型的结果要好，说明基于神经网络模型的表示学习方法能够学习到数据的更有区分度的特征表示，结果会更好。其次，本节提出的角度中心损失函数(ACL)在 F1 值和 AUC_PR 两个性能评价指标上都要比同类其他损失函数的结果好，这说明本节提出的角度中心损失函数更加适用于网络交易欺诈辨识任务，能够获得更好的不同类型数据的分离性。而且，当角度中心损失函数与距离中心损失函数结合构成全中心损失函数来监督模型训练时，所得到的结果提升更加明显。这说明同类样本之间的聚合性对模型结果有非常重要的影响，而本节提出的全中心损失函数也能够同时优化样本深度特征表示的同类数据的聚合性以及不同类数据的分离性，使得样本在深度特征空间中更加容易辨识，有利于提升网络交易欺诈辨识模型的性能。

2)实验二：基于私有数据集

此实验使用课题组私有的来自中国某金融公司的真实数据。此数据集包含用户在连续三个月内产生的全部交易数据，数据量很大，而且数据不均衡问题也很突出。首先，由于每个用户都有很长时间的交易记录，历史交易聚合方法能够适用，实验将每条交易样本通过历史交易聚合方法扩展成可以更好表示用户交易行为的特征矩阵。然后，为了更加合理地进行数据下采样，实验采用高斯混合下采样方法来使正常和欺诈交易的样本数量相对均衡。此实验包括两个部分，第一部分主要用于检验本节提出的角度中心损失和全中心损失函数相比于其他损失函数的优势，另一部分主要用于证明本节提出的角度中心损失函数和全中心损失函数的性能相比于其他损失函数要更加稳定。本次实验中各个损失函数中的超参数设置同实验一一致，都采用网格搜索的方式来找到最佳值。

第一部分实验中，为了避免数据穿越问题，前两个月的交易数据用做模型的训练集，剩余 1 个月的交易数据用于模型的测试集。如图 4.13 所示，各个损失函数对应模型的准确率随着训练步数的增加都在增大，并最终稳定。其中，本节提出的全中心损失函数和角度中心损失函数对应的准确率收敛最快，且最终稳定收敛后的准确率取值最大，这证明了本节提出方法具有快速收敛的优势。各个模型测试结果的 F1 值和 AUC_PR 的均值展现在表 4.6 中，显然本节提出的角度中心损失函数和全中心损失函数的 F1 值和 AUC_PR 都比其他损失函数的要好，证明了本节提出方法在网络交易欺诈辨识应用中的优越性。

表 4.6　私有数据集下的各模型结果

模型方法	F1 值	AUC_PR
RF	0.787	0.773
SL	0.791	0.782
LMSL	0.796	0.803

续表

模型方法	F1 值	AUC_PR
ASL	0.804	0.788
LMCL	0.798	0.806
AAML	0.801	0.797
ACL	**0.807**	**0.811**
FCL（ACL+DCL）	**0.813**	**0.825**

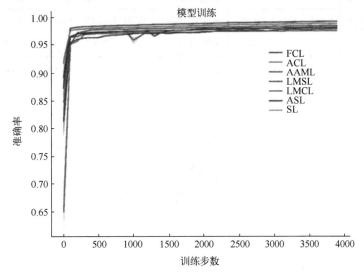

图 4.13 各模型准确率在训练过程中的变化图（见彩图）

第二部分实验中，仅将第一个月的交易样本作为模型的训练集 T，而剩下两个月的样本数据作为模型的测试集。该实验将这部分测试数据再划分成六个子测试数据组，每组测试数据由连续的 10 天交易数据组成，分别用 $T1,T2,\cdots,T6$ 表示。然后分别用这六个测试数据组分布测试训练好的模型，来观察模型性能的波动变化情况。如表 4.7 所示，显然本节提出的角度中心损失函数和全中心损失函数对应的模型相比于其他模型取得了最佳的欺诈交易辨识性能。图 4.14 为各模型 F1 值和 AUC_PR 的变化，从图 4.14 可以明显看出本节提出的方法的 F1 值和 AUC_PR 的波动最小，也就是说本节提出方法的性能更为稳定可靠。

表 4.7 不同测试数据组下各模型性能（训练数据集为 T）

模型方法	T1 (5.1~5.10)		T2 (5.11~5.20)		T3 (5.21~5.31)		T4 (6.1~6.10)		T5 (6.11~6.20)		T6 (6.21~6.30)	
	F1 值	AUC_PR	F1 值	AUC_PR	F1 值	AUC_PR	F1 值	AUC_PR	F1 值	AUC_PR	F1 值	AUC_PR
SL	0.756	0.764	0.794	0.790	0.644	0.524	0.676	0.588	0.748	0.714	0.706	0.642

续表

模型方法	T1 (5.1~5.10)		T2 (5.11~5.20)		T3 (5.21~5.31)		T4 (6.1~6.10)		T5 (6.11~6.20)		T6 (6.21~6.30)	
	F1 值	AUC_PR	F1 值	AUC_PR	F1 值	AUC_PR	F1 值	AUC_PR	F1 值	AUC_PR	F1 值	AUC_PR
LMSL	0.788	0.782	0.805	0.834	0.669	0.539	0.682	0.612	0.738	0.785	0.715	0.636
ASL	0.792	0.801	0.826	0.829	0.679	0.571	0.694	0.645	0.754	0.782	0.738	0.699
LMCL	0.799	0.820	0.819	0.863	0.696	0.627	0.705	0.690	0.776	0.810	0.727	0.691
AAML	0.816	0.817	0.825	0.834	0.722	0.675	0.755	0.701	0.799	0.814	0.736	0.725
ACL	**0.820**	**0.835**	**0.843**	**0.858**	**0.751**	**0.701**	**0.783**	**0.735**	**0.812**	**0.825**	**0.762**	**0.771**
FCL(ACL +DCL)	**0.831**	**0.859**	**0.848**	**0.886**	**0.781**	**0.729**	**0.797**	**0.767**	**0.823**	**0.854**	**0.788**	**0.814**

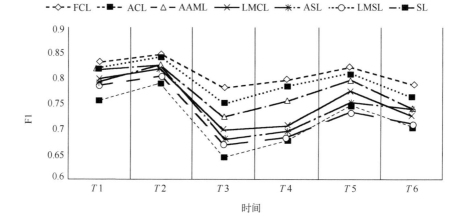

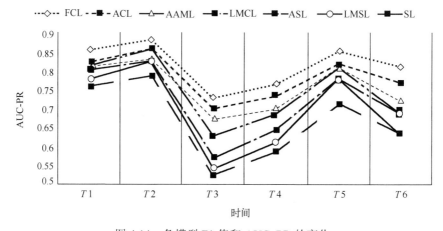

图 4.14　各模型 F1 值和 AUC_PR 的变化

为了更为充分地证明本节提出方法性能的稳定性，本节又构造两个数据集再次进行检验。这两个数据集在上一实验的基础上进行的调整，训练集调整为 $T + T1$ 和

$T+T1+T2$，测试数据集分别为 $T2\sim T6$ 和 $T3\sim T6$。和上一实验相似，将本节提出的方法与其他方法进行对比实验，实验结果如表 4.8 和表 4.9 所示。本节提出方法不仅取得最好的 F1 值和 AUC_PR，而且这两个性能指标的标准差也是最小的，再次证明本节提出的角度中心损失函数和全中心损失函数能够使得表示学习模型获得更好的特征映射能力，将在原始特征空间中难以区分的原始交易样本映射到深度特征空间中后，同类样本更加聚合而不同类样本更加分离，由此得到的欺诈交易辨识模型不仅性能好而且性能的稳定性也很好。

表 4.8 不同测试数据组下各模型性能(训练数据集为 $T+T1$)

模型方法	$T2$ (5.11~5.20)		$T3$ (5.21~5.31)		$T4$ (6.1~6.10)		$T5$ (6.11~6.20)		$T6$ (6.21~6.30)		标准差	
	F1 值	AUC_PR	F1 值	AUC_PR	F1 值	AUC_PR	F1 值	AUC_PR	F1 值	AUC_PR	F1 值	AUC_PR
SL	0.802	0.807	0.657	0.531	0.683	0.597	0.749	0.717	0.711	0.647	0.0509	0.0955
LMSL	0.811	0.839	0.678	0.545	0.697	0.619	0.744	0.779	0.719	0.651	0.0461	0.1073
ASL	0.831	0.838	0.682	0.577	0.707	0.653	0.758	0.788	0.747	0.701	0.0509	0.0932
LMCL	0.822	0.851	0.702	0.641	0.717	0.692	0.781	0.813	0.730	0.699	0.0445	0.0792
AAML	0.834	0.847	0.729	0.684	0.764	0.708	0.797	0.826	0.742	0.733	0.0381	0.0650
ACL	**0.851**	**0.864**	**0.759**	**0.721**	**0.791**	**0.742**	**0.815**	**0.827**	**0.771**	**0.768**	**0.0328**	**0.0533**
FCL(ACL+DCL)	**0.853**	**0.877**	**0.797**	**0.725**	**0.799**	**0.771**	**0.820**	**0.859**	**0.789**	**0.823**	**0.0230**	**0.0562**

表 4.9 不同测试数据组下各模型性能(训练数据集为 $T+T1+T2$)

模型方法	$T3$ (5.21~5.31)		$T4$ (6.1~6.10)		$T5$ (6.11~6.20)		$T6$ (6.21~6.30)		标准差	
	F1 值	AUC_PR	F1 值	AUC_PR	F1 值	AUC_PR	F1 值	AUC_PR	F1 值	AUC_PR
SL	0.682	0.547	0.691	0.614	0.755	0.723	0.720	0.653	0.0285	0.0637
LMSL	0.688	0.553	0.699	0.629	0.753	0.786	0.728	0.657	0.0254	0.0840
ASL	0.691	0.583	0.715	0.667	0.768	0.791	0.751	0.702	0.0301	0.0745
LMCL	0.722	0.668	0.722	0.707	0.787	0.819	0.733	0.697	0.0269	0.0573
AAML	0.741	0.695	0.767	0.714	0.803	0.830	0.746	0.738	0.0244	0.0517
ACL	**0.770**	**0.732**	**0.797**	**0.749**	**0.819**	**0.833**	**0.779**	**0.772**	**0.0187**	**0.0382**
FCL(ACL+DCL)	**0.807**	**0.751**	**0.802**	**0.779**	**0.822**	**0.858**	**0.805**	**0.832**	**0.0077**	**0.0422**

4.5 基于高斯函数的对比损失研究

在监督学习领域中需要样本带有已知标签，即模型需要明确样本的类别，才能使分类器学习到类别之间的区别，从而达到最终预测样本标签的目的。因此，研究分类任务对监督学习任务有着重要的意义。在度量深层特征与目标之间的差异时，设计更加有效的损失函数是极为重要的手段,通过分析样本在特征空间中的分布和样本所属类别之间的关系,可以弥补已有损失函数在计算当中存在的不足,从而在特征空间当中得到更加清晰的决策边界,并提升数据分类的准确率。本节主要介绍了一种基于高斯函数的对比损失方法[40,41],用于计算通过卷积神经网络得到的样本特征之间的距离损失,使模型能够达到更好的收敛状态,并进一步提升模型的分类准确率。

4.5.1 Softmax 损失函数的缺陷

在卷积神经网络模型当中,将原始数据通过多层的卷积计算,得到在低维度下更有利于分类的特征,损失函数可以通过深层特征与原始标签之间的计算,使样本的深层特征逐渐逼近目标,最小化特征与目标之间的差异,从而达到数据分类的目的,其中较为常见的方法为 Softmax 损失。

在 Softmax 损失针对分类任务进行误差计算时,往往只关注类别之间的可区分性,而没有关注到同类样本之间的相似度比较。因此,这并不能够保证在卷积神经网络训练的过程中,最后一个全连接层中提取出的特征在分类时有更好的区分能力。本节根据文献[42]中对 Softmax 损失函数的描述来说明其存在的不足。假设第 i 个训练样本的深度特征为 x_i,其对应的标签为 y_i。Softmax 损失可以被定义为公式(4.25),则最后一层全连接层的权重为 $W = [W_1, W_2, W_3, \cdots, W_K]$,通过公式(4.26)可以得到全连接层的输出结果,另一种方法可以得到内积表示的公式(4.27)。

$$L_{\text{Softmax}} = \frac{1}{N}\sum_i L_i = \frac{1}{N}\sum_i -\log\left(\frac{\mathrm{e}^{f_{y_i}}}{\sum_j \mathrm{e}^{f_j}}\right) \tag{4.25}$$

$$f_{y_i} = W_{y_i}^{\mathrm{T}} x_i \tag{4.26}$$

$$f_{y_i} = \|W_j\|\|x_i\|\cos(\theta_j) \tag{4.27}$$

设 K 表示模型分类的类别数量,θ_j($j \in [1, K]$)表示向量 W_j 与样本深度特征 x_i 在特征空间当中的角度,则可以记 Softmax 损失为

$$
\begin{aligned}
L_{\text{Softmax}} &= \frac{1}{N}\sum_i -\log\left(\frac{\mathrm{e}^{W_{y_i}^{\mathrm{T}} x_i}}{\sum_{j=1}^{K} \mathrm{e}^{W_j^{\mathrm{T}} x_i}}\right) \\
&= \frac{1}{N}\sum_i -\log\left(\frac{\mathrm{e}^{\|W_{y_i}^{\mathrm{T}}\|\|x_i\|\cos(\theta_{y_i})}}{\sum_{j=1}^{K} \mathrm{e}^{\|W_j^{\mathrm{T}}\|\|x_i\|\cos(\theta_j)}}\right)
\end{aligned}
\tag{4.28}
$$

为了更加直接地说明 Softmax 损失存在的缺点，以二分类为例，$K=2$，样本 x_i 的标签为 y_1，则 x_i 计算 Softmax 损失的公式可以被记为

$$
\begin{aligned}
L_{\text{Softmax}} &= -\log\left(\frac{\mathrm{e}^{\|W_1^{\mathrm{T}}\|\|x_i\|\cos(\theta_{y_1})}}{\mathrm{e}^{\|W_1^{\mathrm{T}}\|\|x_i\|\cos(\theta_{y_1})} + \mathrm{e}^{\|W_2^{\mathrm{T}}\|\|x_i\|\cos(\theta_{y_2})}} \right) \\
&= -\log\left(\frac{1}{1 + \mathrm{e}^{\|x_i\|(\|W_2^{\mathrm{T}}\|\cos(\theta_{y_2}) - \|W_1^{\mathrm{T}}\|\cos(\theta_{y_1}))}} \right)
\end{aligned}
\tag{4.29}
$$

由公式 (4.29) 可以得出，在标签为 y_1 的深度特征 x_i 与向量 W_1 和 W_2 计算损失的过程中，由于在训练阶段神经网络存在反向传播的过程，为了进一步减小损失 L_{Softmax}，x_i 将会越来越靠近向量 W_1，而逐渐远离向量 W_2，即对应特征空间当中 x_i 与所属类别的权重 W_1 的夹角会越来越近。同理可得，如果是标签为 y_2 的深度特征 x_2，将会靠近 W_2 而远离 W_1。如图 4.15 所示，从特征空间中进行几何分析，Softmax 损失无法明显将同类别的样本压缩在一起，只能够通过向量之间的角度来约束特征与目标之间的相似度，其缺少了样本与样本之间的对比，则样本在特征空间当中，部分位于决策边界上的数据无法得到准确的分类。可以得出，Softmax 损失在对卷积神经网络进行优化时，更多的是关注到了样本的深度特征与目标之间的对比。

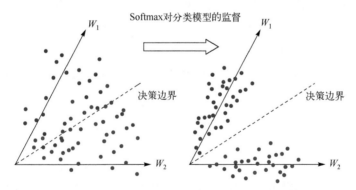

图 4.15 Softmax 损失的几何解析实例（见彩图）

因此本节提出通过广义的高斯函数用于对比损失中距离映射，记为成对的高斯函数 (Pairwise Gaussian Loss，PGL)，来增加模型在训练过程中样本与样本之间的对比，以此来提升模型的分类效果。为了更加直观地反映出 Softmax 损失与 PGL 的差别，本节通过对卷积神经网络所提取出的深层特征进行了可视化处理，如图 4.16 所示。图 4.16(a) 和图 4.16(b) 分别表示通过 Softmax 损失对卷积神经网络进行监督，在 MNIST 数据集的训练集和测试集上得到的样本分布结果；图 4.16(c) 和图 4.16(d) 分别表示通过 PGL 对卷积神经网络进行监督，在 MNIST 数据集的训练集和测试集上得到的样本分布结果。

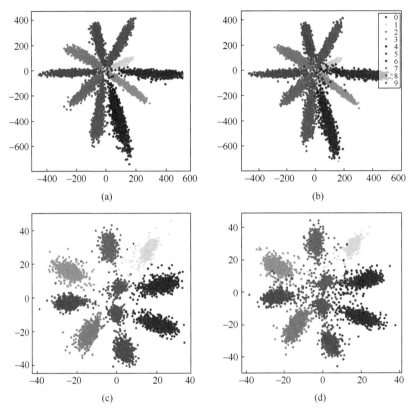

图 4.16 Softmax 损失与 PGL 在 MNIST 数据集上的可视化效果（见彩图）

可以清晰地看出，在 Softmax 损失的监督下，特征以角度为损失，只惩罚了深度特征与标签之间的损失，而位于样本较为集中的中心区域，并没有明显的决策边界，增加了模型分类的难度，使得不同类别的部分样本在分类时难以区分。同时还注意到，对比训练集上的分布结果，在测试集上数据分布决策边界变得更加模糊，在中心区域中，不同类别的样本特征重叠变得更加严重，因此在测试阶段模型的分类效果较训练阶段变得更差。其原因在于卷积神经网络存在一定的泛化限制，模型在训练集上训练，如果没有进行适当的数据增强和噪声引入，模型的泛化能力就会降低，使得模型在测试集上的效果变差。因此，Softmax 损失在测试阶段就会使得模型的分类效果大大降低，而对比已有的 Softmax 损失，本节提出的 PGL 能够解决不同类别数据大量重叠的现象，从图中可以看出 PGL 不仅做到了类别之间的区分，而且对于相同类别的数据也有了较好的聚集，从训练集中可以看出清晰的决策边界，说明 PGL 已经较好地达到了类内聚合、类间分离的目标。而在测试集上的效果虽然对比训练集上略有降低，但是对比原始的 Softmax 损失已经有了较大的提高，在多个类簇之间已经划分出了明显的边界。

4.5.2 基于高斯函数的对比损失算法

通过模型计算出的成对特征向量,利用特征来更好地计算出样本之间的对比损失是本节关注的重点。如表 4.10 所示,对比损失中最重要的部分是用于同类样本间距离映射的函数表达式,近年来在已有的对比损失基础上,学者们提出了使用不同函数来映射计算出的样本距离,Koch 等[43]提出使用 Sigmoid 函数,Sun 等[44]提出使用 Hinge-like 函数,Cao 等[45]提出使用 Cauchy 函数。在 Hinge-like 函数来计算对比损失时,使用了 L_2-norm 距离,即欧氏距离。但是 Hinge-like 函数计算得到的依然是两个样本之间的欧氏距离,此前 Softmax 损失利用的是样本所预测结果的概率值其区间为[0,1],因此没有理由直接将距离指标直接与分类概率相结合。Sigmoid 函数在此基础上将距离限制到[0,1]区间中,但是也存在距离约束上的缺点。如图 4.17 所示,由于 Sigmoid 函数存在中心对称性,传统的 Sigmoid 函数即使在样本的相对距离小于 20 的情况下也保持了 80%以上的概率,直到相对距离接近 30 时才开始有明显的减小,这就意味着在计算对比损失中样本之间的距离时,损失有明显变化的区间非常小,损失会长期维持在函数的两端,卷积神经网络无法得到变化较大的梯度,使得 Sigmoid 函数无法有效地监督卷积神经网络将同一类别特征的深层特征聚集在一起。为了避免在模型训练过程中样本间距离较小时 Sigmoid 函数没有较大梯度变化的缺点,Cauchy 函数弥补了 Sigmoid 函数的不足。需要注意的一点,如表 4.10 中展示的 Cauchy 表达式所指的并不是 Cauchy 函数,这是文献[45]中基于 Cauchy 分布提出的一种新的概率函数。为了简单起见,本节将其称为 Cauchy 函数。如图 4.17 所示,在 Cauchy 函数使用的多种超参数的情况下,相比较于 Sigmoid 函数在距离较小时都会有明显的梯度变化趋势,因此可以很好解决之前提到的 Sigmoid 函数的不足。但是在距离较大时,Cauchy 函数的梯度变化并不明显,这就表示模型需要经过更多次的迭代才能将距离优化到梯度变化较大的区间中,此外 Cauchy 函数还存在模型无法完全收敛的缺点,因为在样本之间通过多轮训练之后,之前的相对位置已经达到了较好的类内聚合的要求,但是 Cauchy 函数在距离较小时依然给予模型较大的梯度,使得模型在最终收敛阶段存在不稳定的现象,模型很难达到较好的收敛效果。

表 4.10 样本间距离映射函数

函数名称	函数表达式
Sigmoid 函数	$\sigma(x) = \dfrac{1}{1 + e^{-\alpha x}}$
Hinge-like 函数	$h(x) = \max(0, \text{margin} - (x_0 - x))$
Cauchy 函数	$c(x) = \dfrac{\gamma}{x + \gamma}$

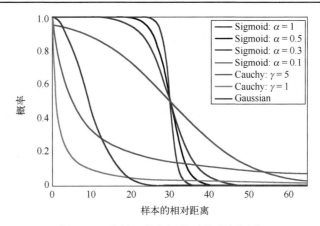

图 4.17　映射函数之间的对比（见彩图）

因此希望一个函数可以在距离约束的过程中，弥补之前在 Sigmoid 函数和 Cauchy 函数当中的缺点。本节提出通过广义的高斯函数用于对比损失中距离映射，记为成对的高斯函数 PGL。首先，广义的高斯函数作为 PGL 中最重要的参考依据，公式为

$$g(d_{ij}) = \frac{1}{\sigma\sqrt{2\pi}} e^{-\frac{(d_{ij}-\mu)^2}{2\sigma^2}} \tag{4.30}$$

为了更加容易地计算样本与样本之间的距离，本节对原始的公式进行了简化，得到的结果如下

$$g(d_{ij}) = e^{-\beta d_{ij}^2} \tag{4.31}$$

在公式 (4.31) 中可以看出，对比原始的公式 (4.30) 已经进行了简化。其中，(f_i, f_j) 表示成对的特征向量 (Pairwise Feature Vector) 中 x_i 和 x_j 的深度特征，则可以将 d_{ij} 表示为 $d_{ij} = \|f_i - f_j\|_2$，表示两个深度特征之间的欧氏距离，β 是简化得到的高斯函数中的原始参数，而原有的函数中的系数 $1/(\sigma\sqrt{2\pi})$ 被简化为 1，以便于函数将距离映射到 0～1。简化后的高斯函数的结果从图 4.17 中可以看出，当同一类的深度特征从较远距离变化到较近距离时，高斯函数会有一个相对稳定的梯度变化，与 Sigmoid 的梯度变化趋势相似，都可以在距离变化的过程当中基于模型一个相对较大的梯度值，从而使得模型可以快速收敛。而高斯函数在距离极小时，可以有较小的梯度变化，使得模型可以收敛得更加稳定，不会出现在训练到理想状态时，损失依然无法正常稳定的情况，从而克服了已有 Cauchy 函数的缺点。同时在高斯函数当中引入了 β 这个超参数，可以根据实验的需要调整 β 的参数大小，当 β 值较大时，概率的变化速度也会增加，对应模型的梯度变化也对变大，通过实验表明适当的参数值有利于模型的收敛和分类准确率的提升。因此，高斯函数更加适于对比损失中

样本间距离的计算。注意，基于成对特征向量损失可以被称为成对损失，是对比损失的一种表达方式。

通过公式(4.31)可以得到相同类别的样本，通过高斯函数计算得出的结果，由成对的特征向量的构成来看，还需要解决在每个批次计算过程当中不同类别之间距离度量的问题。因此本节考虑引入交叉熵的概念，交叉熵可以被用于在二分类任务当中，因为最后需要预测的概率只有两个，所以在通过预测的类别概率 p 和 $1-p$，交叉熵损失可以表示为

$$L = \frac{1}{N}\sum_i L_i = \frac{1}{N}\sum_i -[y_i \times \log(p_i) + (1-y_i) \times \log(1-p_i)] \quad (4.32)$$

根据公式(4.32)，可以理解在计算样本间距离时会出现同一类样本和不同类样本的两种距离，通过高斯函数的映射可以得到在 $0\sim1$ 的数值，因此本节可以将高斯函数计算得到的距离结果 d_{ij}，与交叉熵中的概率进行对应，那么 PGL 的概率映射函数可以表示为

$$P(y_{ij}\,|\,d_{ij}) = \begin{cases} g(d_{ij}), & y_{ij}=1 \\ 1-g(d_{ij}), & y_{ij}=0 \end{cases} \quad (4.33)$$

$$= [g(d_{ij})]^{y_{ij}}[1-g(d_{ij})]^{1-y_{ij}}$$

其中，$y_{ij}=1$ 表示深度特征 f_i 与深度特征 f_j 具有相同的类别标签，而 $y_{ij}=0$ 则表示特征间具有不同类别标签。因此，将公式(4.33)与交叉熵函数结合可以得到最终的 PGL 计算方法

$$L_{\text{PGL}} = \frac{4}{N^2}\sum_{i=1}^{N}\sum_{j=i+1}^{N} -\log(P(y_{ij}\,|\,d_{ij}))$$

$$= \frac{4}{N^2}\sum_{i=1}^{N}\sum_{j=i+1}^{N} [\beta d_{ij}^2 + (y_{ij}-1)\log(e^{\beta d_{ij}^2}-1)] \quad (4.34)$$

最后，将公式(4.34)得到的 PGL 结果联合原始在卷积神经网络中的 Softmax 分类损失，可以得到最终的损失表达式为

$$L_{\text{total}} = L_{\text{Softmax}} + L_{\text{PGL}} \quad (4.35)$$

4.5.3 损失函数可导性分析

由于 Softmax 损失可以被最常用的随机梯度下降(SGD)方法进行模型优化，所以需要对本节提出的 PGL 方法的可导性进行说明，以便于损失函数的构成更加符合随机梯度下降方法的要求，此外还有利于在实验中通过同一优化器进行实验对比。

文献[40]中已经证明，利用随机梯度下降的方法可以优化具有 Sigmoid 函数的对比损失。因此，为了证明在对比损失计算的过程当中 Sigmoid 函数可以被广义上的高斯函数 $g(d_{ij})$ 完全替代，本节只需要证明 $g(d_{ij})$ 可以用于计算卷积神经网络的前向和后向传播过程。

在距离计算的过程当中，样本 f_i 与样本 f_j 之间的距离 d_{ij} 可以用欧氏距离来表示，即

$$d_{ij} = \left\| f_i - f_j \right\|_2 \tag{4.36}$$

则通过公式(4.31)和公式(4.36)，可以得到 $g(d_{ij})$ 的表达式，即

$$g(d_{ij}) = \mathrm{e}^{-\beta \left\| f_i - f_j \right\|_2^2} \tag{4.37}$$

对于反向传播阶段，本节可以计算得到高斯函数在反向传播当中用于更新网络参数的导数形式，即

$$\begin{aligned} \frac{\partial g(d_{ij})}{\partial f_i} &= \frac{\partial g(d_{ij})}{\partial d_{ij}} \frac{\partial \left\| f_i - f_j \right\|_2}{\partial f_i} \\ &= -2\beta \left\| f_i - f_j \right\|_2 \mathrm{e}^{-\beta \left\| f_i - f_j \right\|_2^2} \end{aligned} \tag{4.38}$$

由此可以得出，在反向传播的过程当中利用高斯函数作为映射的计算方法可导，可以直接用于随机梯度下降方法对模型当中的参数进行优化。

算法 4.2 总结出了主要的卷积神经网络优化策略。由于损失函数是收敛的，该算法在实际模型训练中可以终止，证明了本节提出的 PGL 与原始的 Softmax 损失一样都适用于模型的反向传播过程，可以对模型起到更有效的监督作用。因此 PGL 可以作为一个可迁移的方法。

算法 4.2　PGL 和 Softmax 损失在卷积神经网络训练中对模型的优化

输入：训练数据集 $\{x_i\}$；初始化卷积层参数 θ；损失层参数 W；学习率 μ^t

输出：更新后的参数 θ 和权重 W

过程：

1.	$t = 1$	//初始化迭代次数
2.	**while** not converge **do**	
3.	$t = t + 1$	//迭代次数增加
4.	$L^t = L_S^t + L_{\mathrm{PGL}}^t$	//计算总体损失
5.	$\dfrac{\partial L^t}{\partial x_i^t} = \dfrac{\partial L_S^t}{\partial x_i^t} + \dfrac{\partial L_{\mathrm{PGL}}^t}{\partial x_i^t}$	//计算标准反向传播
6.	$W^{t+1} = W^t - \mu^t \dfrac{\partial L^t}{\partial W^t}$	//对权重 W 进行更新

| 7. | $\theta^{t+1} = \theta^t - \mu^t \sum_i^m \dfrac{\partial L^t}{\partial x_i^t} \dfrac{\partial x_i^t}{\partial \theta^t}$ | //对参数 θ 进行更新 |

8.　　**end while**
9.　　**return** W ; θ

4.6　真值引导下的自注意力 SeqGAN 模型

生成对抗网络自提出开始就受到了广泛的关注，最初用于图像的生成，在解决了离散性问题后，也被用于文本的生成[46]。SeqGAN（Sequence Generative Adversarial Nets）模型是第一个将强化学习引入到生成对抗网络当中的文本生成模型，其难点在于无法找到最佳的优化方向，训练容易陷入瓶颈，同时对于上下文包含转折关系的文本数据，难以一次性生成完整的序列。本节从生成器和判别器两个角度对模型进行优化，对比实验证明该优化方法使网络生成了更加贴近真实数据的样本[47-49]。

4.6.1　基于真值引导的生成器

1. Network-Reward

真值引导下的 SeqGAN 借鉴强化学习的思想，每一次文本的生成过程看成一次决策，由判别器 D 来评判当前决策的奖励值，生成器 G 的目的是使得下一次的决策获得更高的奖励值，两者的乘积即为该时刻网络想要最大化的目标。总的奖励值可以看成由两部分构成的，分别称为 Network-Reward 与 TG-Reward。改进后模型的整体框架图如图 4.18 所示。

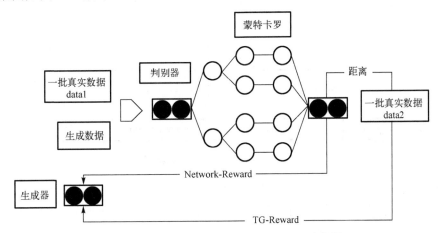

图 4.18　基于真值引导的 TG-SeqGAN 示意图

从图 4.18 中可以看到，相比经典的 SeqGAN，基于真值引导的 SeqGAN 重新定

义了回传给生成器 G 的奖励值的计算方式。将总的奖励值分为两部分进行计算，Network-Reward 是判别器 D 对于采样后的完整序列的判别得分，越接近一个真实的文本序列，得分越接近 1。TG-Reward 表示当前序列与一批次中真实文本数据之间的语义距离，距离越小表示该文本序列越贴近一个真实文本的表达。

为此本节给出了生成模型的形式化描述，包括初始状态、转移模型、代价函数等。

定义 4.1：初始状态 S_{Random} 是指随机生成的一个离散向量，长度为文本序列的最大长度。

定义 4.2：S_{Random} 经过预训练网络后，得到具有一定语义表达能力的文本向量 S_0，该状态成为生成模型最初的输入状态，此时的 S_0 已经有了一定的语义表达能力。基于真值引导的 SeqGAN 生成状态 S_i 是指在生成模型迭代的过程中不断更新的文本向量。

如图 4.19 所示，目标序列为 "I have an apple and it tastes good."。初始状态为一个随机的序列向量，记为 S_{Random}，表示语义信息并不明确的一条文本，在经过最大似然预训练后，得到输入 SeqGAN 的初始序列 S_0。对于每一个序列状态 S_i，奖励值的值决定了下一步转移到哪个状态 S_{i+1}，经过 n 个 epoch 后，最终到达目标状态 S_{epoch}。

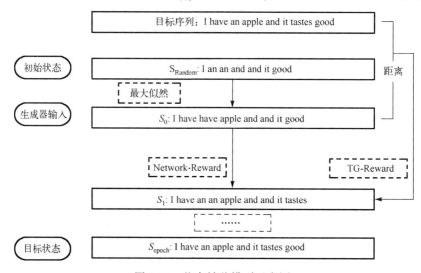

图 4.19　状态转移模型示意图

定义 4.3：单个时间步的奖励值 $Q_D^{G(\theta|S_i)}$ 是指针对每个时间步产生的新词所对应的奖励值，累加用于计算整个网络生成句子的总奖励值，单个时间步的奖励值计算如下

$$Q_D^{G(\theta|S_i)}(S = Y_{1:T-1}) = D(Y_{1:T}) \tag{4.39}$$

其中，D 表示判别器 D 的判别得分；Y_i 表示第 i 个时间得到的序列；状态 S 对应每一个时间步的生成结果，可以从 1 取到第 $T-1$ 时刻，最终输出为从时刻 1 到时刻 T 累计的奖励结果。由于判别器 D 只能够对完整的序列进行打分，若当前时刻生成的单词不是句子的末尾单词，则需要通过蒙特卡罗搜索补全所有的可能序列，然后计算每一种可能序列的奖励值，取平均值作为当前文本序列的奖励值。公式计算为

$$Q_D^{G(\theta|S_i)}(S=Y_{1:T-1})=\begin{cases}\frac{1}{N}\sum_1^N D(Y_{1:T}^n),Y_{1:T}^n\in \mathrm{MC}(Y_{1:t};N),&t<T\\ D(Y_{1:t}),&t=T\end{cases} \tag{4.40}$$

SeqGAN 的这种仅通过判别器 D 的反馈来计算奖励值，进而调节网络的方式存在与训练循环神经网络相同的问题。在训练的初期，由于初始值 S_0 的随机性，会生成很多经判别器 D 判断后非常明显为"假数据"的文本。在没有真值引导的情况下，如此反复进行生成会造成浪费，增加训练的难度。本节提出为基于奖励值的计算过程加入真值的引导，通过计算当前文本序列与训练文本数据之间的距离来优化网络。

奖励值的计算取决于当前的状态 S_i 以及蒙特卡罗采样的结果，对于每一个时间步 T，假定生成器当前的第 T 个单词已经能够正确生成，则需要采样剩余的单词数来补全这个完整的序列，最后计算所有时间步的奖励值之和得到决定状态转移总奖励值。

定义 4.4：句子可信度 α，表示当前时间步已经生成的单词数量占句子中单词总数量的比例，当比例大于设定的阈值时，表示当前句子是可信的，计算结果会加入到最后的损失函数当中，否则说明该句子的随机性过大，不加入到损失函数的计算当中。公式表示为

$$\alpha'=\frac{n}{N} \tag{4.41}$$

$$\begin{cases}F=1,&\alpha'\geqslant\alpha\\ F=0,&\alpha'<\alpha\end{cases} \tag{4.42}$$

其中，n 表示已经由生成器生成的单词数，N 表示该模型生成的句子中单词的总数，包括使用 Padding 补全的总长度，F 代表是否将该文本序列加入到最后的代价函数当中，当 α' 大于设定的阈值 α 时，F 被设置为 1，即该句子可以被加入到损失函数当中。

2. TG-Reward

定义 4.5：L_{sim} 衡量当前序列与真实的文本数据之间的相似度，通过欧氏距离、余弦距离等方式来度量，并作为最终目标函数的一部分进行优化，计算公式为

$$L_{\mathrm{sim}}(G^{(\theta|S_i)},\mathrm{gt}) = \gamma_1\mathrm{Dis}_{\cos\theta} + \gamma_2\mathrm{Dis}_{\mathrm{o}} \tag{4.43}$$

其中，gt 表示数据中真实文本的向量表示，$\mathrm{Dis}_{\cos\theta}$ 表示两个文本向量之间的余弦距离，$\mathrm{Dis}_{\mathrm{o}}$ 表示两个文本向量之间的欧氏距离，不同的空间距离计算方式得到的语义表达也不相同。

在定义 4.3 中介绍了当状态 S 在 1 到 $T-1$ 时刻，由于判别器 D 只能够对一个完整的序列进行计算，SeqGAN 采用蒙特卡罗搜索的方式来采样对句子进行补全，因此一个完整句子中非采样部分所占的比例也随着时间步的更改而改变，非采样部分所占的比例越大，代表这个句子能够越大程度地表现生成器 G 的生成能力，也就更加可信。

从图 4.20 中可以看出，在每一个状态切换之间都需要计算两部分的损失，即真值引导下的 TG-Reward 和网络本身的 Network-Reward。其中真值引导部分，通过将上一步计算得到的句子与数据库中真实希望生成的目标句子进行词向量距离的计算来得到。

图 4.20 中还展示了蒙特卡罗采样的过程，每一步采样都能够得到相应的句子可信度 α' 及是否采用该句子的决定因子 F，在采样的初期，句子置信度较低会影响干扰网络的学习和训练。当 $F=0$ 时，该句子的奖励值不添加到损失函数当中，$F=1$ 时，则计算加入到损失函数中。

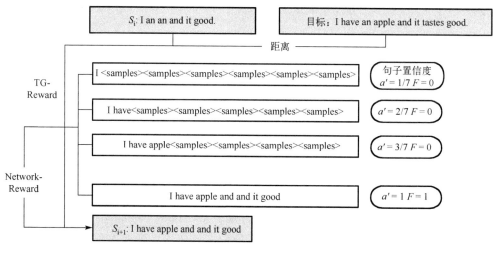

图 4.20　奖励值计算示意图

3. TG-SeqGAN 的训练

对于基于 GAN 的模型，优化的总目标为

$$\max_D \min_G V(D,G) = E_{x\sim p_{\mathrm{data}}}[\log D(x)] + E_{z\sim p_z(z)}[\log(1-D(G(z)))] \tag{4.44}$$

即生成器 G 希望能够最小化这个代价函数，让判别器 D 无法分辨自己生成的文本与真实的文本数据，判别器 D 则恰好相反，试图最大化这个差别，来区分当前文本数据是否为生成数据。其中，对于生成器 G 部分，采用强化学习的方式来计算每一个时间步所对应的奖励值，作为生成器 G 代价函数的一部分。奖励值的计算方式为

$$J_{(\theta)} = E[R_T \mid S_i, \theta] = \sum_{y_j \in Y} G(\theta \mid S_i) \times Q_G^{D(\theta \mid S_i)}, \quad i, j = 1, 2, \cdots, T \tag{4.45}$$

在初始状态 S_0 和模型参数 θ 确定的条件下，可以由定义 4.2 和定义 4.3 的计算结果得到。在本节提出的真值引导模型中，$J_{(\theta)}$ 的计算有所不同，如下

$$J_{(\theta)} = E[R_T \mid S_i, \theta] = \sum_{y_j \in Y} G(\theta \mid S_i) \times Q_G^{D(\theta \mid S_i)} + \alpha \times \beta \times L_{\text{sim}}(G^{(\theta \mid S_i)}, \text{gt}) \tag{4.46}$$

其中，损失项 L_{sim} 为生成器 G 的生成结果与真实文本数据 gt 的距离差异。这部分损失的权重由可信度 α 和比例系数 β 共同决定，可信度 α 对于不同的时间步取值不同，比例系数 β 对于同一个网络来说是一个确定的值，可以通过多次实验选取。

4.6.2 基于自注意力的判别器

在原始的 SeqGAN 中，生成器 G 采用的是传统的结构，可以选择优化的 LSTM 或 GRU 结构，判别器 D 则采用一维卷积神经网络，同时为了使分类的效果更好，SeqGAN 中还引入了高速公路网络[50]。对于判别器来说，当前使用卷积神经网络的方法具有简单而快速的优势，但是在准确率和收敛速度上还可以进一步优化。

自注意力机制最早在文献[51]中提出，在解决长距离依赖的序列问题上有很强大的能力。原始的 SeqGAN 中，采用卷积神经网络来进行编码来得到输出向量序列，这其实是一种"局部编码"，只能建立短距离依赖，主要取决于窗口的大小。注意力机制能够"动态"地生成不同连接的权重，可以处理变长的信息序列。

本节所设计的基于自注意力机制的判别网络由两个并行的语义信息抽取模块组成(图 4.21)，左边是卷积神经网络，用于通过滑动窗口提取序列文本中的强语义信息，右边是自注意力层，更看重上下文的逻辑关系。在优化的网络结构中，它们都以生成器的生成向量作为输入，连接在编码层后。

在自注意力层中，注意力焦点和注意力资源都是输入的生成器的生成向量矩阵。其中注意力权重的公式为

$$f(x_i) = \sum_j V^{\text{T}} \times \tanh(U \times x_i) \tag{4.47}$$

考虑到卷积神经网络或循环神经网络模型获取的特征也非常有助于分类，判别

网络模型将注意力层的结果和与其并行的神经网络层输出结果进行结合。结合两部分特征的神经网络层如下

$$h = \tanh(W_1 a + W_2 r + b) \tag{4.48}$$

其中，a 代表注意力层的输出，r 是最大池化的结果，b 代表偏置。

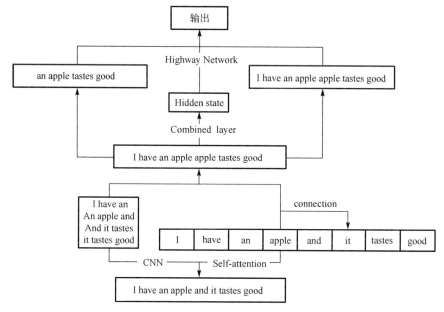

图 4.21　添加自注意力机制的判别模型

判别模型 Discriminator 的改进则主要是在网络结构上，不同的网络结构能够获取到不同的语义特征，结合不同的方法能够提取更有意义的信息。例如输入语句为"I have an apple and it tastes good."，经过卷积神经网络 CNN 的特征提取，可以得到一些局部的语义信息的重要性，例如，"I have an""an apple and""it tastes good"等。而自注意力 self-attention 的作用则是融合上下文的语义信息，例如，将句子中的"apple"与"it"相对应，原文中的"apple"一词的语义信息会更加明显。

接着，当网络结合了两个网络结构抽取的共同特征后，模型选择使用高速公路网络的结构来有选择地提取对分类结果更重要的语义向量，同时也能够在一定程度上缓解梯度的问题。最后通过一个 Softmax 函数得到网络的判别结果，即输出类别。

4.6.3　实验与分析

模型的性能分析主要从调整网络结构和调整奖励值的比例系数两个方面进行比较。从网络结构的角度考虑，注意力机制结合卷积神经网络存在几种不同的方式：

可以用注意力层代替卷积神经网络中的池化层，并尝试累加得到多个注意力融合的结果；也可以在输入层添加自注意力机制，使得输入层的语义信息更加丰富。

为了不影响原本卷积神经网络 CNN 对于句子中强语义信息的抽取，本节设计了组合层来综合两种编码的结果。

(1) 在不同网络结构下，模型的测试集损失值 (NLL-test loss) 和嵌入相似度 (Embedding Similarity) 的对比情况如图 4.22 所示。

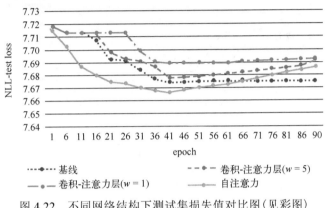

图 4.22　不同网络结构下测试集损失值对比图（见彩图）

从图 4.22 中可以看出，自注意力机制的结构对于提取原文中的语义信息非常有帮助，通过对生成器 G 生成的文本序列进行自注意力和卷积并行进行语义特征的提取，能够加速判别网络的收敛速度，得到损失值更小的生成文本向量，总体上提升了 0.1% 的效果。而用注意力机制代替卷积的池化层的方法，由于失去了最强语义信息的表达，对于该数据集来说，反而降低了模型的性能。

表 4.11 中对比了不同网络结构下嵌入相似的差异，改变了网络结构后，生成的单词更加具有多样性，学到了更多语义而不是字形的信息，因此语义相似度会下降，从 −0.013917755 降低至 −0.015978113，但总体的偏差并不大。

表 4.11　不同网络结构下嵌入相似度对比

	基线	卷积-注意力层 ($w=5$)	卷积-注意力层 ($w=1$)	自注意力
嵌入相似度	−0.013917755	−0.015204348	−0.015706637	−0.015978113

(2) 从调整奖励值比例系数的角度出发，比例系数 β 可以衡量判别器 D 奖励值 Network-Reward 与真值部分奖励值 TG-Reward 的重要程度。在不同的比例系数 β 下，模型的测试集损失值对比情况如图 4.23 所示。

从图 4.23 中可以看出，当比例系数为 0.001 时，得到的实验结果较好，嵌入相似度 (Embedding Similarity) 也得到了最小值 −0.015708657。而随着这个比例的减小，真值引导部分的奖励值 TG-Reward 的作用变小，模型的生成质量也随之下降，说明真值引导部分的确起到了积极的作用，指导生成模型不断生成贴近真实数据的文本。

表 4.12 体现出在不同比例系数下嵌入相似度的差异，随着真值引导部分所占比的减少，词向量之间的语义相似度逐渐增加，通过调节 β 可以得到奖励值 Network-Reward 与奖励值 TG-Reward 最优的比例，帮助模型获得更好的词向量相似性。

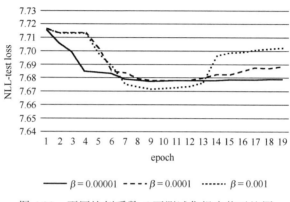

图 4.23　不同比例系数 β 下测试集损失值对比图

表 4.12　β 不同取值下嵌入相似度对比

	β=0.001	β=0.0001	β=0.00001
嵌入相似度	−0.015708657	−0.018342031	−0.01577147

4.7　小　　结

本章在介绍深度学习的表达能力和深度学习模型的基础上，着重介绍了课题组前期在深度学习方面进行的相关研究工作，包括基于全中心损失函数的交易数据重叠去噪方法、基于高斯函数的对比损失研究和真值引导下的自注意力 SeqGAN 模型。

深度学习方法包括卷积神经网络、循环神经网络、生成对抗网络和注意力模型等，不同类型的网络具有不同的信息处理的优势。卷积神经网络主要由卷积模块和池化模块组成，用于处理网格数据。循环神经网络可以整合时间信息，有利于处理序列信息，实现长期的依赖关系。生成对抗网络主要包括生成器和判别器，可以通过输入数据生成相应的文字、图像等数据。而注意力机制灵感源于人类的视觉系统，使模型更关注重要的信息。基于这种优势，深度学习被广泛用于各个领域，特别是自然语言处理和计算机视觉，并取得了重大的突破。

参 考 文 献

[1] Silver D, Huang A, Maddison C J, et al. Mastering the game of Go with deep neural networks and tree search. Nature, 2016, 529(7587): 484-489.

[2] Varsanik J S, Manak M S, Whitfield M J, et al. Application of artificial intelligence machine vision and learning for the development of a live single-cell phenotypic biomarker test to predict prostate cancer tumor aggressiveness. Reviews in Urology, 2020, 22(4): 159-167.

[3] Liang Y, Li S, Yan C, et al. Explaining the black-box model: a survey of local interpretation methods for deep neural networks. Neurocomputing, 2021, 419: 168-182.

[4] Hornik K, Stinchcombe M, White H. Multilayer feedforward networks are universal approximators. Neural Networks, 1989, 2(5): 359-366.

[5] Hubel D H, Wiesel T N. Receptive fields, binocular interaction and functional architecture in the cat's visual cortex. The Journal of Physiology, 1962, 160(1): 106-154.

[6] 蒋昌俊, 闫春钢, 王成, 等. 基于眼动追踪的文本推荐方法: CN201710018396.6. 2017.

[7] 王俊丽, 杨亚星, 王小敏. 基于 ResLCNN 模型的短文本分类方法: CN201710609311.1.2017.

[8] Rumelhart D E, Hinton G E, Williams R J. Learning representations by back-propagating errors. Nature, 1986, 323(6088): 533-536.

[9] 王俊丽, 王小敏, 杨亚星. 一种基于不定长上下文的词向量生成方法: CN201710609471.6. 2017.

[10] Jordan M I. Serial order: a parallel distributed processing approach. Advances in Psychology, 1997, 121(97): 471-495.

[11] Elman J L. Finding structure in time. Cognitive Science, 1990, 14(2): 179-211.

[12] Schuster M, Paliwal K K. Bidirectional recurrent neural networks. IEEE Transactions on Signal Processing, 1997, 45(11): 2673-2681.

[13] Hochreiter S, Schmidhuber J. Long short-term memory. Neural Computation, 1997, 9(8): 1735-1780.

[14] Greff K, Srivastava R K, Koutník J, et al. LSTM: a search space odyssey. IEEE Transactions on Neural Networks and Learning Systems, 2016, 28(10): 2222-2232.

[15] Zhou J, Xu W. End-to-end learning of semantic role labeling using recurrent neural networks// Proceedings of the 53rd Annual Meeting of the Association for Computational Linguistics and the 7th International Joint Conference on Natural Language Processing, Beijing, 2015.

[16] Cho K, Merrienboer B V, Gulcehre C, et al. Learning phrase representations using RNN encoder-decoder for statistical machine translation. arXiv preprint arXiv:1406.1078, 2014.

[17] Zhou G B, Wu J, Zhang C L, et al. Minimal gated unit for recurrent neural networks. International Journal of Automation and Computing, 2016, 13(3): 226-234.

[18] Goodfellow I, Pouget-Abadie J, Mirza M, et al. Generative adversarial nets//Advances in Neural Information Processing Systems, Montreal, 2014.

[19] Walker J, Marino K, Gupta A, et al. The pose knows: video forecasting by generating pose futures//Proceedings of the IEEE International Conference on Computer Vision, Venice, 2017.

[20] Zhang H, Xu T, Li H, et al. Stackgan: text to photo-realistic image synthesis with stacked generative adversarial networks//Proceedings of the IEEE International Conference on Computer Vision, Venice, 2017.

[21] Karras T, Laine S, Aila T. A style-based generator architecture for generative adversarial networks//Proceedings of the IEEE/CVF Conference on Computer Vision and Pattern Recognition, Long Beach, 2019.

[22] Chen X, Duan Y, Houthooft R, et al. Infogan: interpretable representation learning by information maximizing generative adversarial nets//Proceedings of the International Conference on Neural Information Processing Systems, Kyoto, 2016.

[23] Cho K, Merriënboer B V, Bahdanau D, et al. On the properties of neural machine translation: encoder-decoder approaches. arXiv preprint arXiv:1409.1259, 2014.

[24] Bahdanau D, Cho K, Bengio Y. Neural machine translation by jointly learning to align and translate. arXiv preprint arXiv:1409.0473, 2014.

[25] Xu K, Ba J, Kiros R, et al. Show, attend and tell: neural image caption generation with visual attention// Proceedings of the International Conference on Machine Learning, Lille, 2015.

[26] Luong M T, Pham H, Manning C D. Effective approaches to attention-based neural machine translation. arXiv preprint arXiv:1508.04025, 2015.

[27] 蒋昌俊, 闫春钢, 王鹏伟, 等. 基于 word2vec 的舆情倾向性分析方法: CN201710259721.8. 2017.

[28] Vaswani A, Shazeer N, Parmar N, et al. Attention is all you need//Advances in Neural Information Processing System, Long Beach, 2017.

[29] Devlin J, Chang M W, Lee K, et al. Bert: pre-training of deep bidirectional transformers for language understanding. arXiv preprint arXiv:1810.04805, 2018.

[30] Zheng L, Liu G, Yan C, et al. Transaction fraud detection based on total order relation and behavior diversity. IEEE Transactions on Computational Social Systems, 2018, 5(3): 796-806.

[31] Cao R, Liu G, Xie Y, et al. Two-level attention model of representation learning for fraud detection. IEEE Transactions on Computational Social Systems, 2021, 8(6):1291-1301.

[32] Li Z, Huang M, Liu G, et al. A hybrid method with dynamic weighted entropy for handling the problem of class imbalance with overlap in credit card fraud detection. Expert Systems with Applications, 2021, 175(114750):1-10.

[33] More A. Survey of resampling techniques for improving classification performance in unbalanced

datasets. arXiv preprint arXiv:1608.06048, 2016.

[34] 李震川. 网络交易数据去噪方法及应用研究. 上海: 同济大学, 2020.

[35] 蒋昌俊, 闫春钢, 丁志军, 等. 基于全中心损失函数的欺诈交易识别方法、系统、装置: CN202010301402.0.2020.

[36] Fu K, Cheng D, Tu Y, et al. Credit card fraud detection using convolutional neural networks// Advances in Neural Information Processing Systems, Kyoto, 2016.

[37] Chawla N V, Bowyer K W, Hall L O, et al. SMOTE: synthetic minority over-sampling technique. Journal of Artificial Intelligence Research, 2002, 16(1): 321-357.

[38] Zhang F, Liu G, Li Z, et al. GMM-based undersampling and its application for credit card fraud detection//Proceedings of the International Joint Conference on Neural Networks, Budapest, 2019.

[39] Wen Y, Zhang K, Li Z, et al. A discriminative feature learning approach for deep face recognition//Proceedings of the European Conference on Computer Vision, Amsterdam, 2016.

[40] Qin Y, Yan C, Liu G, et al. Pairwise Gaussian loss for convolutional neural networks. IEEE Transactions on Industrial Informatics, 2020, 16(10):6324-6333.

[41] 秦钰翔. 基于对比损失的卷积神经网络分类模型改进研究. 上海: 同济大学, 2021.

[42] Liu W, Wen Y, Yu Z, et al. Large-margin softmax loss for convolutional neural networks// Proceedings of the International Conference on Machine Learning, Anaheim, 2016.

[43] Koch G, Zemel R, Salakhutdinov R. Siamese neural networks for one-shot image recognition// Proceedings of the International Conference on Machine Learning, Lille, 2015.

[44] Sun Y. Deep learning face representation by joint identification-verification//Advances in Neural Information Processing Systems, Montréal, 2014.

[45] Cao Y, Long M, Liu B, et al. Deep cauchy hashing for hamming space retrieval//Proceedings of the IEEE Conference on Computer Vision and Pattern Recognition, Salt Lake City, 2018.

[46] 王俊丽, 吴雨茜, 韩冲, 等. 一种基于生成对抗网络的文本生成方法: CN112560438A.2021.

[47] 吴雨茜. 基于代价敏感的不平衡文本分类研究. 上海: 同济大学, 2021.

[48] Wu Y, Wang J. Text generation service model based on truth-guided SeqGAN. IEEE Access, 2020, 8(1): 11880-11886.

[49] 王俊丽, 吴雨茜, 韩冲, 等. 一种基于生成对抗网络的文本生成方法: CN202011364634. 7. 2021.

[50] Schwarzenberg R, Raithel L, Harbecke D. Neural vector conceptualization for word vector space interpretation. arXiv preprint arXiv:1904.01500, 2019.

[51] Chan P, Stolfo S. Toward scalable learning with non-uniform class and cost distributions// Proceedings of the International Conference on Knowledge Discovery and Data Mining, New York, 1998.

第 5 章　图神经网络模型

5.1　引　　言

在过去几年里，神经网络推动了多个领域的发展，例如，图像识别、目标检测、自然语言处理等。由于神经网络拥有强大的抽取特征能力，所以基于神经网络的端到端学习方式逐渐代替了手工提取特征工程。其中，这些领域中数据类型的共同特征是欧氏数据。然而，另外一类数据非欧氏数据是自然界普遍存在的，这类数据可以包含任意数量的节点，不同节点之间通过边相连接，其中边和节点都可以存在一定的特征。传统的神经网络并不能处理这类数据，这类数据往往存在着以下一些挑战：①节点的邻域可以包含任意数量的直接近邻(任意拓扑)；②节点通常是无序的，改变节点的顺序标号，其结构是不变的(置换不变性)。这些年来，在这种非欧氏数据(图)的学习上发展了很多著名的方法，例如，随机游走、WL(Weisfeiler Lehman)、图核方法(Graph Kernel，GK)、图神经网络(Graph Neural Network，GNN)。其中，GNN 引起了学术界的广泛关注。

图神经网络的表示法最早在文献[1]中提出，在文献[2]中得到进一步阐述。这些早期的研究通过迭代的方式，利用循环神经结构传播邻居信息，直到达到一个稳定的不动点，来学习目标节点的表示。然而，这些过程在计算上是昂贵的，文献[3]和文献[4]试图克服这一困难。受卷积神经网络在计算机视觉领域巨大成功的启发，很多方法致力于重新定义卷积算子，这些方法都属于图卷积网络(Graph Convolutional Network，GCN)[5-7]。Bruna 等首次基于谱图理论设计了一种图卷积的变体[5]，此后，基于谱图理论对卷积网络进行改进和扩展的方法不断增多[8,9]。

然而，谱图卷积方法一般同时处理整个图，而且难以并行处理或缩放，所以基于空间的图卷积[10-14]发展越来越快。这种学习思想可以归纳为消息传递网络，即图神经网络通过在图上进行节点更新、消息传递、信息聚合等操作，能够充分地抽取图地拓扑结构及节点特征等信息，以表征为一个低维的节点嵌入。近年来，除了图卷积网络外，还出现了许多新的图神经网络。这些方法包括图注意网络、图自动编码器、图生成网络、图时空网络和图马尔可夫神经网络。Wu 等[11]对 GNN 的现有研究工作进行了全面综述。除了在简单图上学习，图神经网络逐渐泛化到了许多复杂图，如图动态图神经网络、异质图神经网络等。

本章其余小节的组织结构如下：5.2 节介绍图的相关定义，5.3 节阐述图卷积神经网络的原理和演变过程，5.4 节和 5.5 节分别介绍课题组前期在动态图神经网络和异质图神经网络方面开展的研究工作，5.6 节为本章小结。

5.2　图的相关定义

图数据在生活中是普遍存在的，它通常用于刻画一组对象及对象之间的联系，每个对象可以包含一定的信息(特征)。这些对象通常称为节点，联系则用边来表示，对象上的信息称为节点特征。

定义 5.1(图)：一个图可以被表示为 $\mathcal{G} = (V, E, X)$ ，其中节点个数为 $N = |V|$，$V = \{v_1, \cdots, v_N\}$ 是图的所有节点集，$E = \{e_1, \cdots, e_M\}$ 为边的集合，$X = \{x_1, \cdots, x_N\}$ 是所有节点特征的集合。

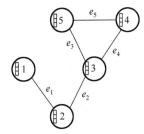

图 5.1　图数据

例如，图 5.1 中存在 5 个节点、5 条边，每个节点上有一个特征向量，第 i 个节点的特征向量表示为 x_i，即 $V = \{1, \cdots, 5\}$，$E = \{e_1, \cdots, e_5\}$，$X = \{x_1, \cdots, x_5\}$。除此之外，一个图也可以被表示为邻接矩阵的形式。

定义 5.2(邻接矩阵)：一个图可以被表示为 $\mathcal{G} = (A, X)$ ，其中，$A \in \{0,1\}^{N \times N}$ 为邻接矩阵用来刻画图的拓扑结构，X 为节点特征。

例如，图 5.1 中所示的图的邻接矩阵为

$$A = \begin{bmatrix} 0 & 1 & 0 & 0 & 0 \\ 1 & 0 & 1 & 0 & 0 \\ 0 & 1 & 0 & 1 & 1 \\ 0 & 0 & 1 & 0 & 1 \\ 0 & 0 & 1 & 1 & 0 \end{bmatrix}$$

以上介绍的都是简单的图结构或者可以称为同质图，自然界中还存在一些复杂的图结构，例如，异质图、动态图等。接下来，将介绍这些复杂图的相关定义。

定义 5.3(异质图)：一个异质图可以被表示为 $\mathcal{G} = (V, E, X)$ ，其中，$V = \{v_1, \cdots, v_N\}$ 是图的所有节点集，$E = \{e_1, \cdots, e_M\}$ 为边的集合，$X = \{x_1, \cdots, x_N\}$ 是节点特征集。每个节点和边都对应一种类型，即存在一个节点类型集合 T_n 和边类型集合 T_e，同时存在函数映射关系 $f_n: V \to T_n$ 和 $f_e: E \to T_e$，f_n 是将 V 中节点映射到节点类型 T_n 的映射函数，f_e 是将 E 中边映射到边类型 T_e 的映射函数。

以上涉及的图都是静态的，任意两个节点间是否存在连接是固定的，即邻接矩阵并不会随时间变化而变化。然而，在实际生活中，存在着另外一种类型的图，这种图中的边会随时间变化而变化，它被称为动态图。例如，电影推荐会构造出一个

用户与电影之间的关系图，随着时间推移，用户可能会观看新的电影，即在这个关系图中增加了新的边。

定义 5.4（动态图）：一个动态图可以被表示为 $\mathcal{G}=(V,E,X)$，其中，$V=\{v_1,\cdots,v_N\}$ 是图的所有节点集，$E=\{e_1,\cdots,e_M\}$ 为边的集合，$X=\{x_1,\cdots,x_N\}$ 是节点特征集。每个节点和边都对应一个时间戳，即存在一个时间戳集合 T_t，同时存在函数映射关系 $f_v:V\to T_t$ 及 $f_t:E\to T_t$，f_v 是 V 中节点映射到时间戳集合 T_t 的映射函数，f_t 是将 E 中边映射到时间戳集合 T_t 的映射函数。

5.3 图卷积神经网络

图卷积神经网络[13]，顾名思义，其灵感源于深度学习中的卷积神经网络。CNN 具有局部连接和权值共享两大特性，其利用参数共享的卷积核对感受野进行卷积从而达到提取特征的目的，已经成为了图像处理领域中的重要手段。受到卷积网络在计算机视觉应用中的启发，人们开始研究如何在图上构建卷积算子以获得图嵌入。

GCN 是由频谱卷积神经网络和切比雪夫网络演变而来的模型。频谱卷积神经网络[5]作为第一代图卷积神经网络，最早将卷积神经网络应用在图数据上。在谱图理论[14]以及图信号处理[15]的基础上，该模型根据卷积定理[16]实现节点信息与卷积核在谱域中的图卷积操作，以获取节点嵌入。假定图 $\mathcal{G}$ 存在 N 个节点，其图卷积的定义为节点特征 $x\in\mathbf{R}^N$ 与卷积核 g_θ（卷积核参数 $\theta\in\mathbf{R}^N$）在傅里叶域中的乘积，即

$$g_\theta\star x\approx Ug_\theta(\Lambda)U^{\mathrm{T}}x \tag{5.1}$$

其中，$\star$ 为卷积操作，U 为归一化拉普拉斯图矩阵 L 的特征向量矩阵，Λ 是其特征值构成的对角矩阵。而卷积核 g_θ 可以理解为关于矩阵 Λ 的函数，即 $g_\theta(\Lambda)$。然而，该模型的计算成本较高，并且不具备局部连接的特性。因此，Defferrard 等[17]提出了切比雪夫网络。其原理是在第一代的基础上，利用切比雪夫多项式的 K 阶截断展开式来拟合卷积核 $g_\theta(\Lambda)$[18]。其图卷积公式为

$$g_{\theta'}\star x\approx\sum_{k=0}^{K}\theta_k'T_k(\tilde{L})x \tag{5.2}$$

其中，$\tilde{L}=\dfrac{2}{\lambda_{\max}}L-I\in[-1,1]$，$\lambda_{\max}$ 表示 L 最大的特征值。$\theta'\in\mathbf{R}^{K+1}$ 为切比雪夫系数向量。而切比雪夫多项式被定义为 $T_k(x)=2xT_{k-1}(x)-T_{k-2}(x)$，其中 $T_0(x)=1,T_1(x)=x$。相较于频谱卷积神经网络，该模型避免了拉普拉斯图算子 L 的特征分解，从而降低了计算的成本与难度。同时由于该运算是关于拉普拉斯图矩阵的 K 阶多项式，所以图卷积的结果仅取决于距离目标节点步长不超过 K 阶的所有节点，这足以说明切比雪夫网络具有很好的 K-局部连接性。

在频谱卷积神经网络和切比雪夫网络的基础上，Kipf 等[8]提出了 GCN 模型，以更加巧妙的方法简化了节点信息的传播规则。该模型利用切比雪夫多项式的一阶截断展开式来拟合卷积核即 $K=1$，并通过减少参数缓解过拟合以及简化卷积层的运算。假设 $\mathcal{L}^{(j)}$ 为第 j 层 GCN 模型输出的节点表示，那么第 $j+1$ 层的节点表示为

$$\mathcal{L}^{(j+1)} = \sigma(\tilde{D}^{-\frac{1}{2}}\tilde{A}\tilde{D}^{-\frac{1}{2}}\mathcal{L}^{(j)}W_j) \tag{5.3}$$

其中，$\mathcal{L}^{(0)}=X$ 为节点的初始特征，$\tilde{A}=A+I$ 为带自环的邻接矩阵。度矩阵 $\tilde{D}$ 为对角矩阵，对角线上的元素 $\tilde{D}_{ii}=\sum_j \tilde{A}_{ij}$。$\sigma(\cdot)$ 表示激活函数，W_j 为可训练的权重矩阵。

现有图卷积方法大多为直推式学习方法。对于该类方法，训练集和测试集节点均需参与训练，才可得到测试集的预测结果。这意味着每当新的未知样本（节点）出现时，这些模型都需要被重新训练。若不重新训练模型，则无法预测新样本，即对新样本不具有泛化能力。因此，这种学习方法不适用于现实世界。例如，在推荐系统中，若每增加一个新用户都需重新计算模型的预测性能，则面对新用户的不断加入会造成高成本、高耗时的问题。而归纳式学习方法通常仅在训练集上训练，而测试集只是用作验证模型的最终效果。因此，研究者开始尝试使用归纳式方法解决引文分类。例如，GraphSAGE（Graph SAmple and aggreGatE）[19]就提出将图卷积看成学习聚合函数的过程，而不是学习单个节点的嵌入向量。通过将训练好的聚合函数应用在新节点上，当前新节点可根据其邻居节点的信息生成嵌入表示。而 FastGCN（Fast Learning with Graph Convolutional Network）[20]将图卷积解释为概率度量下嵌入函数的积分变换，并采用蒙特卡罗方法和重要性采样以进一步简化训练过程。

5.4　邻域扩张动态图神经网络

5.4.1　动态图

通常来说，动态图可分为离散时间动态图连续时间动态图，其中，离散时间动态图是按时间间隔截取的静态图快照序列，连续时间动态图则可以表示为一个初始状态（通常为空）和一个事件序列。事件可以包括点的添加与删除、边的添加与删除、点和边特征的变化。

早期的动态图学习模型更关注离散时间动态图，因为静态图学习中的相关成果可以更直接作用于处理离散时间动态图。最初，研究者尝试将图快照聚合然后使用静态图学习方法，也有对每个快照进行编码随后进行使用序列模型进行学习，或者通过施加随时间的平滑约束来学习嵌入向量。

近年来，人们逐渐开始尝试针对连续时间动态图进行表示学习。数个模型从随机游走出发，通过对随机游走加以时间限制，在连续时间动态图上构建了随机游走模型。基于序列模型的连续时间动态图表示学习模型近年来变得流行。每次出现新的交互时，这些模型都使用循环神经网络在每次出现新交互(边)时更新源节点和目标节点的表示。

接下来，主要讨论初始状态为空的连续时间动态图。它可以由一个事件序列来描述动态图，即 $G = \{o(t_1), o(t_2), \cdots, o(t_n)\}$，其中，$o(t_k)$ 表示在 t_k 时刻发生的一个事件。一个事件可以为点事件或互动(边)事件，点事件表示图中新增了一个点，由 $o(t_k) = v_i(t_k)$ 表示，其中，v_i 为新增点的特征向量；互动(边)事件表示两个节点间新增了一条边或发生了一次互动，由 $o(t_k) = e_{ij}(t_k)$ 表示，其中，e_{ij} 为新增互动(边)的特征向量。这里只考虑点和互动(边)增加的情况，所以动态图 G 在时刻 t 的快照可以记为 $G(t) = \{V(t), E(t)\}$，其中，$V(t) = \{v_i \mid \exists v_i(t_k) \in G, t_k \in [0, t]\}$，$E(t) = \{e_{ij} \mid \exists v_{ij}(t_k) \in G, t_k \in [0, t]\}$，节点 i 在 t 时刻的邻居记为 $N_i(t) = \{j \mid (i, j) \in E(t)\}$。

TGN(Temporal Graph Networks)[21]是处理连续时间动态图的方法之一，早期的模型可以看成 TGN 模型的变体。该模型提出了一种通用的编码器-解码器框架(Dynamic Graph Neural Network，DGNN)，它由记忆力模块，嵌入计算模块、消息聚合模块和消息生成模块组成，该模型的基本框架如图 5.2 所示。

在图 5.2 中，这类模型由四个模块组成：①Memory 中存储所有节点状态向量的记忆力模块；②当有新边(互动)发生时用于生成消息的消息生成模块；③ 将生成消息传递给相应节点的消息传递模块，这一模块进一步处理消息并决定将消息传递给哪些节点；④更新模块负责利用每个节点收到的消息更新节点的状态向量。

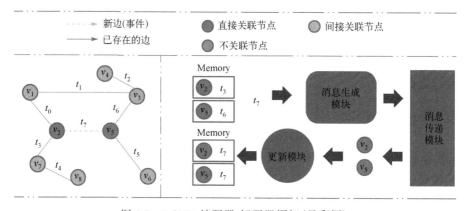

图 5.2　DGNN 编码器-解码器框架(见彩图)

类似的模型也可以应用于动态知识图。许多连续时间动态图的体系结构都是只在出现新的交互(边)时由 RNN 更新的节点表示。然而，这类模型使用了序列模型解决了局部问题，即节点表示随着交互发生而改变，但是很少或者没有关注全局问题，即图拓扑结构的演化规律。很多模型没有使用静态图表示学习中的邻域聚合或类似的机制，TGN 也只是在最后生成节点嵌入向量时聚合了邻居信息。这就导致了两个严重的问题：首先是模型的表达能力受到了限制，在处理全局结构信息较为重要的数据时，模型可能表现较差；其次这也会导致过时性问题(即节点表示变得过时)，也限制模型的表达能力。

为此，本节将给出一种邻域扩张动态图神经网络(Neighborhood Expansion Dynamic Graph Neural Network，NEDGNN)模型[22]，它扩张了每个交互影响的邻域，以便在更新局部节点的表示向量时可以进一步传播不断演变的图拓扑结构信息。该模型的工作总结如下：①提出了一种时间注意消息传播机制，它将时间编码与自注意力机制结合，将事件的影响传播到其任意大的邻域；②由于引入了时间注意力消息传播机制，模型的时间效率有所降低，所以本节提出了一种先进先出消息盒结构，来在一定程度上缓解时间复杂度问题；③通过在几个图数据集和任务上进行实验来验证所提出模型的可行性和有效性。特别是在归纳设置中，NEDGNN 优于许多基线方法。

5.4.2　邻域扩张动态图神经网络

在文献[21]中提出了动态图学习的编码器-解码器结构，其中编码器是将动态图映射成为节点向量，而解码器则是利用编码器得到的节点嵌入向量根据具体的任务做出相应预测，比如节点分类或者边预测。大致上遵循 TGN 中的框架并增加一些附加模块，例如，消息盒和消息传播模块。邻域扩张动态图神经网络的编码器旨在将一个连续时间动态图编码成为动态的节点嵌入向量，即 $Z(t) = (z_1(t), z_2(t), \cdots,$ $z_{n(t)}(t))$，其中，$n(t)$ 表示在 t 时刻的节点个数。

DGNN 模型很少关注 1 阶以外邻域中的图拓扑结构的演变。当新的交互出现时，只有目标节点和源节点得到更新，而更大邻域中的节点则被忽视了。本节在 NEDGNN 模型中尝试解决这个问题。首先，将消息生成模块与邻居聚合机制相结合，以便在生成消息时可以利用邻居中其他节点的信息。其次，提出了一个新的时间注意力消息传播模块，使得邻域中的其他节点可以接收消息并相应地更新它们的表示向量。本节将主要讨论这两个模块，但在详细介绍它们之前，首先详细说明每个节点中存储的信息，即记忆力模块和消息盒结构。NEDGNN 的整体框架如图 5.3 所示。

在图 5.3 中，步骤(1)：为了提升效率，本节采用批处理的方法，即一次处理多个边，图中展示的是从 t_1 时刻到 t 时刻的一批新边；步骤(2)：新的边通过消息生成和传播机制传播到其他节点；步骤(3)：v_i 节点收到了由其他节点传播过来的消息并将其暂存在消息盒中，这里关注 v_i 节点的消息盒，其余节点的情况是类似的；步骤

（4）：将每个节点的消息盒进行聚合，得到了聚合后的消息向量；步骤（5）：每个节点利用聚合后的消息向量和 t 时刻之前状态更新自身的状态；步骤（6）：根据任务利用节点的状态向量和解码器计算最终的损失。

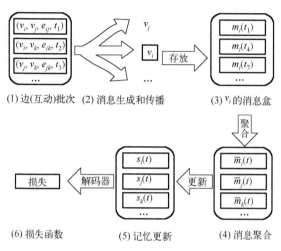

图 5.3　　NEDGNN 的整体框架

1. 记忆与消息盒机制

下面介绍每个节点中存储的信息以及模型是如何利用这些信息对节点状态进行更新。对于记忆部分，遵循了 TGN 中的设计。每个节点中存储了当前时刻的状态，用矩阵 $S(t)$ 表示，即 $S(t)=[s_1(t),s_2(t),\cdots,s_{n(t)}(t)]$，其中，$n(t)$ 表示在 t 时刻的节点个数，$s_i(t)$ 表示节点 i 在 t 时刻的状态向量，将这一机制称为记忆机制。此外，每个节点还具有一个消息盒，其中存储了在一段时间内此节点从其他节点收到的消息，即 $B_i(t)=[m_i(t_1),m_i(t_4),\cdots]$，其中，$m_i(t_i)$ 表示节点 i 在 t_i 时刻从其他节点收到的一条消息向量。为了节省内存，每个节点的消息盒有一个容量，当一个节点的消息盒达到其容量上限时，会采用先进先出（First In First Out，FIFO）的原则丢弃一部分消息。此外，也会清除已经使用过的消息。有了记忆与消息盒机制，节点就能按照公式（5.4）和公式（5.5）对节点状态进行更新

$$s_i(t)=\text{Update}(s_i(t^-),\bar{m}_i(t))\tag{5.4}$$

$$\bar{m}_i(t)=\text{Agg}(M_i(t))=\text{Agg}(m_i(t_1),m_i(t_4),\cdots)\tag{5.5}$$

其中，Update(·) 表示更新函数，一般使用循环神经网络及其变种，如 LSTM[23]或 GRU[24]，$\bar{m}_i(t)$ 表示聚合后节点 i 收到的消息向量，函数 Agg 为聚合函数。一般采用不需要学习的函数，如均值或者最大值函数。

2.　消息生成机制

消息生成机制利用新边及其源和目标节点的信息为消息传播机制提供初始消息。与此前模型的消息生成机制不同的是，使用了静态图中的邻居聚合机制，使得生成的初始消息中富含源和目标节点邻域的信息。对于新边 (i, j, e_{ij}, t) 源和目标节点的初始消息可以由公式 (5.6) 和公式 (5.7) 获得

$$m_i^0(t) = (z_i \| z_j \| e_{ij} \| \phi(t)), \quad m_j^0(t) = (z_j \| z_i \| e_{ij} \| \phi(t)) \tag{5.6}$$

$$z_i = \text{Gat}(s_i(t^-), s_{N_i(t)}(t^-), t), \quad z_j = \text{Gat}(s_j(t^-), s_{N_j(t)}(t^-), t) \tag{5.7}$$

其中，$\|$ 代表拼接的操作，消息向量上标 0 表示初始消息，$\phi(\cdot)$ 表示时间编码[25]，$\text{Gat}(\cdot)$ 则是一种常用的邻居聚合机制[26]。

3.　时间注意力消息传播机制

在消息生成机制生成初始消息 m_i^0 和 m_j^0 后，通过消息传播机制使得新边的消息在源和目标节点的邻域中进行传播。在此前的动态图神经网络模型中，消息只会传播给源节点和目标节点。事实上，将新边的消息传递到源节点和目标节点的邻域中是有必要的，有些重要边的发生可能会造成深远的影响，这就要求模型能够学习区分边的重要程度。因此，本节引入了时间注意力消息传播机制，如图 5.4 所示。

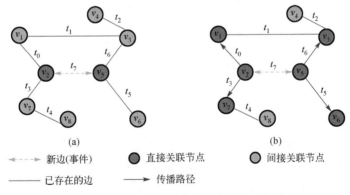

图 5.4　时间注意力消息传递机制(见彩图)

在图 5.4(a) 中，如果没有传播模块，交互 (v_2, v_5, t_7) 只会导致直接节点 v_2 和 v_5 的更新；图 5.4(b) 中，使用一层传播模块，交互的信息 (v_2, v_5, t_7) 可以通过图中的路径更远地传播到它们的单跳邻居。

这里展示了单层时间注意力消息传播模块。考虑单个节点，它从其邻居处接收消息，改进消息的表示并将其继续传递下去，如图 5.4(b) 所示。单层传播模块是为

单个节点设计的，它利用接收到的消息为不同的其他邻居生成不同的新消息，认为这是有必要的，因为不同的邻居有不同的记忆向量和时间特征。

设当前节点为 i，时刻 t 每个邻居 $k \in N_i(t)$，输入是当前层的消息向量 $m_i^l(t)$，当前节点及其邻居的状态向量 $s_k(t)$、$s_i(t)$，当前节点及其邻居之间的边的时间戳 t_k 及其特征向量 $e_{ik}(t_k)$，下一层的消息 $M^{l+1}(t)$ 可以通过公式(5.8)～公式(5.11)获得

$$M^{l+1}(t) = \text{MultiHeadAttention}^l(Q^l(t), K^l(t), V^l(t)) \tag{5.8}$$

$$Q^l(t) = K^l(t) = V^l(t) = F^l(t) \tag{5.9}$$

$$F^l(t) = [f_a^l(t), f_b^l(t), \cdots], \quad \forall a, b, \cdots \in N_i(t) \tag{5.10}$$

$$f_k^l(t) = \text{MLP}(m_i^l(t) \| s_i(t) \| e_{ik}(t_k) \| s_k(t) \| \phi(t_k)), \quad k \in N_i(t) \tag{5.11}$$

其中，a 和 b 是当前时刻 t 和 i 的某两个邻居，含义与 k 相同，M 表示了消息矩阵 $(m_a^{l+1}, m_b^{l+1}, \cdots)$。MLP用于聚合信息并且转换维度，对转换后的向量进行多头自注意力[27]算子。向量 Q、向量 K 和向量 V 都是相同的，每条新生成的消息向量都可以看作是旧消息结合不同邻居的信息的加权和，其中，权重也是从邻居信息中学习的。上述公式的灵感来自于 TGAT(Temporal Graph Attention)[28]中首次提出的时间图注意力层。与 TGAT 层不同，本节的方法描述了单个节点 i 如何将消息传播到其邻域，而 TGAT 中描述的是一个图聚合层。对于同一层的多个节点，可以多次重复上述操作，将所有节点的消息从一层传播到下一层。可以多次堆叠这个单层的时间注意力传播模块，以将信息传播到更多节点。

时间注意力传播模块使得除了目标节点和源节点之外，邻域内的所有节点都可以知道当前交互的信息。换句话说，将仅包含源节点和目标节点的小邻域扩展到了任意大的邻域。

4. 训练算法

在这一章节中，利用邻域扩张动态图神经网络解决边预测与边分类问题将会被详细阐述。首先，针对这两类问题，利用同样的解码器对最终的结果进行预测，对于边 (i, j, e_{ij}, t)，最终边的概率可以利用公式(5.12)获得

$$p_{ij} = \text{MLP}(z_i \| z_j) \tag{5.12}$$

其中，z_i 和 z_j 可以利用公式(5.7)计算，将节点 i 和节点 j 聚合后的嵌入向量拼接起来作为边 (i, j) 的表示并通过一个多层感知机进行最后的预测。对于损失函数，边预测和边二分类问题采用二元交叉熵损失(Binary Cross Entropy loss，BCE)。

边预测和边分类问题采用和解码器和损失函数都是完全相同的，最大的区别就

在于模型参数更新和梯度反向传播的顺序，算法 5.1 和算法 5.2 展示了边预测训练算法和边分类训练算法伪代码。

算法 5.1　边预测训练算法

输入：全批次的新边（互动）和边的标签，NEDGNN 的初始参数 W

输出：NEDGNN 训练后的参数 W^+

1.　　$S = 0, B = \{\}$　　　　　　　　　　　　　　　　//初始化记忆和消息盒

2.　　**for** each　$(i, j, e, t) \in$ 训练数据 **do**

3.　　　　$k \leftarrow$ 负采样

4.　　　　$\bar{m}_i(t) = \text{Agg}(m_i(t_1), m_i(t_4), \cdots)$　　　　　//消息聚合

5.　　　　$s_i(t) = \text{Update}(s_i(t^-), \bar{m}_i(t))$　　　　　//记忆状态更新

6.　　　　$z_i = \text{Gat}(s_i(t^-), s_{N_i(t)}(t^-), t)$　　　　　//图聚合

7.　　　　对节点 j 和 k 重复 4～6

8.　　　　$p_{\text{pos}}, p_{\text{neg}} = \text{MLP}(z_i \| z_j), \text{MLP}(z_i \| z_k)$

9.　　　　$l = \text{BCE}(p_{\text{pos}}, 1) + \text{BCE}(p_{\text{neg}}, 0)$

10.　　　基于损失 l 进行反向传播，更新网络参数 W

11.　　　清除 i 和 j 节点消息盒中的消息

12.　　　$m_i^0(t), m_j^0(t) = (z_i \| z_j \| e_{ij} \| \phi(t)), (z_j \| z_i \| e_{ij} \| \phi(t))$

13.　　　根据初始消息 $m_i^0(t)$、$m_j^0(t)$ 向邻域中传播消息，如公式(5.8)～公式(5.11)

14.　　　在传播过程中将消息存储在对应节点的消息盒中

15.　　**end for**

算法 5.2　边分类训练算法

输入：全批次的新边（互动），NEDGNN 的初始参数 W

输出：NEDGNN 训练后的参数 W^+

1.　　$S = 0, B = \{\}$　　　　　　　　　　　　　　　　//初始化记忆和消息盒

2.　　**for** each　$(i, j, e, t) \in$ 训练数据 **do**

3.　　　　$z_i, z_j = \text{Gat}(s_i(t^-), s_{N_i(t)}(t^-), t), \text{Gat}(s_j(t^-), s_{N_j(t)}(t^-), t)$

4.　　　　$m_i^0(t), m_j^0(t) = (z_i \| z_j \| e_{ij} \| \phi(t)), (z_j \| z_i \| e_{ij} \| \phi(t))$

5.　　　　根据初始消息 $m_i^0(t)$、$m_j^0(t)$ 向邻域中传播消息，如公式(5.8)～公式(5.11)

6.　　　　在传播过程中将消息存储在对应节点的消息盒中

7.　　　　$\bar{m}_i(t) = \text{Agg}(m_i(t_1), m_i(t_4), \cdots)$　　　　　//消息聚合

8.　　　　$s_i(t) = \text{Update}(s_i(t^-), \bar{m}_i(t))$　　　　　//记忆状态更新

9.　　　　$z_i, z_j = \text{Gat}(s_i(t), s_{N_i(t)}(t), t), \text{Gat}(s_j(t), s_{N_j(t)}(t), t)$　　　//图聚合

10.	$p_{ij} = \mathrm{MLP}(z_i \parallel z_j)$
11.	$l = \mathrm{BCE}(p_{ij}, \mathrm{label}_{ij})$
12.	基于损失 l 进行反向传播，更新网络参数 W
13.	清除 i 和 j 节点消息盒中的消息
14.	**end for**

5.4.3 实验与分析

本节设计了两个实验来验证 NEDGNN 的可行性和有效性，实验中使用的 NEDGNN 的所有变体如表 5.1 所示。

1. 数据集

（1）Reddit 数据集。在 Reddit 数据集中，用户和 sub-reddits 是两种节点，也就是说 Reddit 数据集是一个二部图。如果用户在 sub-reddit 中发送帖子，则会发生边（交互），边上有帖子的文本特征，用户节点上的标签代表了用户是否被封禁。

（2）Wikipedia 数据集。这个数据集是由维基百科页面上一个月的编辑记录构成的。它也是一个二部图，其节点是用户和页面。边（交互）是指用户在页面上进行的编辑。

（3）交易数据集。交易数据集包含从 2017 年 4 月～2017 年 6 月的在线信用卡交易，由一家中国的金融公司提供。用户和商家是两种节点。边（交互）代表了用户与商家的交易，边由交易特征（金额、区域、交易类型等）表示，标签则表示交易是否为欺诈。

表 5.1　遵循文献[21]中提出的 TGN 框架来描述不同深度学习模型
（id 表示恒等函数，attn(l,n) 表示使用 l 层和 n 个邻居的注意方法）

	状态更新	嵌入	消息聚合	消息函数	消息传播	消息盒的容量
Jodie	RNN	time	-	id	-	-
TGAT	-	attn(21, 20n)	-	-	-	-
DyRep	RNN	id	-	attn	-	-
TGN	GRU	attn(11, 10n)	last	id	-	-
TGN-mean	GRU	attn(11, 10n)	mean	id	-	-
NEDGNN-1	GRU	attn(11, 10n)	mean	attn(11,10n)	attn(11, 10n)	20
NEDGNN-2	GRU	attn(21,10n)	mean	attn(21,10n)	attn(21, 10n)	20
NEDGNN-3	GRU	attn(31,10n)	mean	attn(31,10n)	attn(21,10n)	20
NEDGNN-nop	GRU	attn 1,10n)	mean	attn(11,10n)	-	20

续表

	状态更新	嵌入	消息聚合	消息函数	消息传播	消息盒的容量
NEDGNN-max	GRU	attn (11, 10n)	max	attn (11, 10n)	attn (11, 10n)	20
NEDGNN-last	GRU	attn (11, 10n)	last	attn (11,10n)	attn (11,10n)	20
NEDGNN-20n	GRU	attn (11,20n)	mean	attn (11,20n)	attn (11,20n)	20
NEDGNN-10c	GRU	attn (11, 10n)	mean	attn (11, 10n)	attn (11, 10n)	10
NEDGNN-40c	GRU	attn (11, 10n)	mean	attn (11,10n)	attn (11, 10n)	40
NEDGNN-3-40c	GRU	attn (31, 10n)	mean	attn (31, 10n)	attn (31, 10n)	40

2. 链路预测

链路预测是指给定两个节点预测在当前时刻 t，这两个节点之间是否会有边(交互)发生。本实验将使用 Reddit 数据集和 Wikipedia 数据集。

(1)实验设置：根据时间来划分数据集，前 70%的数据将作为训练集，中间 15%用于验证，最后 15%作为测试集。根据平均精度(Average Precision，AP)和曲线下面积(Area Under Curve，AUC)来衡量模型的性能。两者的值都是越高越好。在直推式设置中，预测训练期间观察到的节点之间在未来是否会发生交互，而在归纳式设置中，将预测以前从未出现过的节点之间的交互。

(2)基线：对于链路预测任务，采用了一些连续时间动态图模型 CTDNE (Continuous- Time Dynamic Network Embeddings)[29]、Jodie、DyRep、TGAT 和 TGN 作为基线，同时也考虑了一些静态图的方法作为比较，比如 GAE(Graph Autoencoder)、DeepWalk、Node2Vec、GAT 和 GraphSAGE。

(3)实验结果：两个数据集的链路预测结果如表 5.2 所示。除 NEDGNN 外的结果直接来源于文献[21]。

表 5.2　在链路预测任务中模型的平均精度　　　　(单位：%)

	Wikipedia		Reddit	
	转导推理任务	归纳推理任务	转导推理任务	归纳推理任务
GAE	91.44±0.1	-	93.23±0.3	-
DeepWalk	91.34±0.6	-	92.92±0.5	-
Node2Vec	91.48±0.3	-	84.58±0.5	-
GAT	94.73±0.2	91.27±0.4	97.33±0.2	95.37±0.3
GraphSAGE	93.56±0.3	91.90±0.3	97.65±0.2	96.27±0.2
Jodie	94.62±0.4	93.11±0.5	97.11±0.3	94.36±1.1
TGAT	95.34±0.1	93.99±0.3	98.12±0.2	96.62±0.3
DyRep	94.59±0.2	92.05±0.3	97.98±0.1	95.68±0.2

续表

	Wikipedia		Reddit	
	转导推理任务	归纳推理任务	转导推理任务	归纳推理任务
TGN	98.46±0.1	97.81±0.1	98.70±0.1	97.55±0.1
NEDGNN-1	98.79±0.06	98.31±0.06	98.79±0.06	98.03±0.08
NEDGNN-2	98.83±0.08	98.37±0.11	98.87±0.04	98.23±0.03
NEDGNN-3	98.94±0.04	98.48±0.04	98.97±0.04	98.27±0.04

总体来说，动态图神经网络方法优于静态神经图方法。NEDGNN 优于 TGN、DyRep 和其他动态图神经网络方法，证明了传播模块的有效性。随着模型层数的加深，NEDGNN 的性能会变好，这意味着更大的邻域有利于信息的传播并进一步提升性能。NEDGNN 在归纳设置中比现有模型表现更好，这意味着 NEDGNN 模型具有更强的归纳能力。

3. 边分类

在这个实验中，基于当前时刻 t 之前的所有边(交互)和在当前时刻 t 某两个节点之间发生了交互这一事实，将预测本次交互的属性。本实验将使用交易数据集，自然地，这就成为了一个欺诈检测的任务。

(1)实验设置：交易数据集中含有三个月的交易数据，所以使用前两个月的数据作为训练集，之后半个月用于验证，最后半个月作为测试集。通过 AP 和 F1 值两个指标来衡量模型的性能。两个指标都是越高越好。

(2)基线：针对边分类任务，采用了一些用于分类的传统机器学习方法(支持向量机和随机森林)与一些神经网络方法(卷积神经网络和胶囊神经网络)，此外还有一些动态图神经网络方法(Jodie 和 TGN)作为基线。

(3)实验结果：两个数据集的边分类结果如表 5.3 所示。传统方法和神经网络方法的结果直接来源于文献[30]。从结果中得出如下结论：①动态图方法的总体结果优于传统方法，这表明图结构和其中的动态模式对于检测欺诈是有效的；② NEDGNN- 2 优于 TGN 和 Jodie，这意味着领域中历史欺诈活动的信息也对欺诈检测有所帮助；③TGN 和 NEDGNN-1 之间的差距表明残差连接也可以提高边缘分类任务的性能。

表 5.3　在边分类任务中模型的平均精度　　　　　　(单位：%)

模型	AP	F1
SVM	-	72.30
RF	-	78.28
CNN	-	78.09
Capsule Network	-	82.41

模型	AP	F1
Jodie	75.70	81.72
TGN	76.42	82.53
NEDGNN-1*	76.88	83.39
NEDGNN-2*	77.16	83.81

4. 超参数与消融实验

在本节中，广泛地调整了一些主要的超参数，包括层数、采样邻居的数量、消息聚合函数的选择，对于一些不太重要的超参数将其固定为 TGN 中的最佳参数。还进行了详细的消融研究，比较了 NEDGNN 模型的不同变体，来测试每个模块的有效性和时间复杂度。本节中选择边预测作为目标任务，并在 Wikipedia 数据集上进行实验。NEDGNN 变体的详细信息如表 5.1 所示，实验结果如表 5.4 所示。

(1) 传播模块对于性能的提升有所贡献，NEDGNN-1 的性能优于 NEDGNN-nop，正是由于后者没有传播模块，并且 NEDGNN-1 所付出的额外时间成本是可以接受的。

(2) 正确的消息聚合函数的选择对结果有很大的影响。NEDGNN-last 的表现比 NEDGNN-1 差很多，这是因为传播模块大大增加了每个节点平均接收到的消息数量，而 last 聚合函数只使用了消息框中的最新消息，这使得传播模块几乎没有作用。

(3) NEDGNN-20n 性能略好于 NEDGNN-1，但其时间复杂度远高于 NEDGNN-1。当模型的层数越深，邻居的数量将对时间复杂度产生更大的影响。因此，认为采样 10 个邻居对于 Wikipedia 和 Reddit 数据集来说就足够了。

(4) 消息盒容量对性能和时间复杂度的影响似乎很小。但需要注意的是，每个节点接收的平均消息数是由模型层数和批次的大小决定的。因此，当层数较浅且批次较小时，较小的容量就足够了。进一步比较 NEDGNN-3 和 NEDGNN-3-40c 的时间复杂度，可以发现容量对深层模型的时间效率有一定影响。

(5) 单纯比较 NEDGNN 和 TGN 可以发现，NEDGNN 比 TGN 慢很多，但是将 NEDGNN 与 TGN 直接进行比较是不公平的。由于 TGN 的消息聚合函数是 last 而不是均值函数，这大大降低了 TGN 的时间复杂度。又因为上述原因，last 函数不适合 NEDGNN，因此如果要比较时间复杂度，将 TGN-mean 与 NEDGNN-1 进行比较更合理，从中也可以发现传播模块带来的时间复杂度是可以接受的。

表 5.4　消融实验中模型的平均精度和耗时

模型	转导推理任务/%	归纳推理任务/%	时间/(s/epoch)
TGN	98.46±0.10	97.81±0.10	45.75±3.1
TGN-mean	98.59±0.08	98.09±0.11	160.40±3.6

模型	转导推理任务/%	归纳推理任务/%	时间/(s/epoch)
NEDGNN-1	98.79±0.06	98.31±0.06	235.52±5.7
NEDGNN-3	98.94±0.04	98.48±0.04	1198.83±38.2
NEDGNN-nop	98.56±0.12	98.04±0.13	157.66±6.6
NEDGNN-max	98.73±0.03	98.20±0.05	244.62±10.6
NEDGNN-last	98.58±0.11	98.05±0.15	77.72±3.7
NEDGNN-20n	98.80±0.06	98.27±0.09	277.01±10.6
NEDGNN-10c	98.76±0.09	98.24±0.08	232.25±8.3
NEDGNN-40c	98.78±0.11	98.27±0.12	244.89±7.1
NEDGNN-3-40c	98.96±0.07	98.50±0.05	1351.62±42.3

5.5　基于异质图神经网络的文摘方法

5.5.1　自动文本摘要

自动文本摘要旨在将原文本压缩并生成简短的描述,用于概括原文的整体内容。抽取式摘要的主要目标是抽取出原文中与主旨相关度较高的句子。由于文本摘要可以转换成图的形式,所以出现了一些基于图神经网络的文本摘要方法。一些方法将单词和句子视为两类节点,之后直接连接单词和句子构成异质图[31],单词节点充当着间接连接的角色以丰富句子间的关联。但在这些工作中,仅将单词和句子进行连接,忽略了句子之间的关联,这点在抽取式文本摘要中是相当重要的。

此外,文献[31]～文献[34]将抽取式文本摘要视为二分类问题,即判断原文章中各句子是否属于摘要。因此摘要任务得到了简化,但是用于摘要分类的标准总是过单一以至于无法充分利用句子特征信息。

基于以上的分析,为更好地抽取和利用句子特征,本节提出一种基于异质图神经网络的抽取式文本摘要方法(Multi-view metrics enhanced Heterogeneous Graph neural network for Summarization,MHGS)[35],将单词和句子转化为向量节点并构建异质文本图,图中包含句子间的同质边和单词与句子间的异质边。在图神经网络的消息传递过程中,不同类型节点的信息将迭代更新。通过异质图结构和图神经网络的更新,不但可以捕捉单词和句子间的关系,而且可以捕捉句子间的直接关联。除此之外,最重要的是在模型中设计了多角度的摘要分类指标,以此更加充分地利用句子特征。句子分类将会从四个方面进行考察,分别为相关度、冗余度、新信息量和 Rouge 分数[35]。主要工作如下:①根据文本摘要任务的特点设计多角度的分类指标，用于充分利用句子特征，并在每个指标上进行定量分析；②在异质图模型中添加同质边，同时边的增加增强了句子间的关联，因此模型能够更好地捕捉长距离的依赖关系；③在 CNN-DailyMail 数据集上进行实验。实验结果证实 MHGS 效果优于先前的异质图方法。消融学习也表明了该算法策略的有效性。

5.5.2 文本图定义

定义 5.5（句子集与单词集）：给定一个文档 d 包含 m 个句子和 n 个单词，$S = \{s_1, s_2, \cdots, s_m\}$ 是文档 d 的句子集合，$\forall s_i \in S, W_i = \{w_{i1}, w_{i2}, \cdots, w_{i|s_i|}\}$ 是句子 s_i 的单词集合，$|s_i|$ 为句子 s_i 的长度。

文本摘要作为句子分类，即对于 $\forall s_i \in S$，仅需要判断标签 y_i，如果 $y_i = 1$ 则句子应当属于摘要。异质图包含多种类型的节点。用于摘要的文本图通常包含底层及语义节点（单词、短语等）和高层次语义节点（句子、段落、文档等）。将单词和句子节点分别作为低层次和高层次语义节点。单词与句子节点间通过所属关系连接，句子节点间则进行全连接。

定义 5.6（文本图）：给定一个图 $G = (E, V)$，V 表示节点集合，E 表示边集合。由于异质图包含两类节点，所以可将其划分为单词节点集和句子节点集。因此，文本图可表示为 $\text{TG} = \{V_{\text{TG}}, E_{\text{TG}}\}$，其中，$V_{\text{TG}} = W \bigcup S$ 包含两类节点，$W = \{W_1, W_2, \cdots, W_m\}$ 是单词节点集的集合，$S = \{s_1, s_2, \cdots, s_m\}$ 是句子节点集。$E_{\text{TG}} = E_{\text{heter}} \bigcup E_{\text{homo}}$，$E_{\text{heter}} = \{(w_{ij}, s_i) | \forall s_i \in S, \forall w_{ij} \in W_i\}$ 是异质边的集合，$E_{\text{homo}} = \{(s_i, s_j) | s_i, s_j \in S\}$ 是同质边的集合，e_{ij} 表示边 (w_{ij}, s_i) 的权重，e'_{ij} 表示边 (s_i, s_j) 的权重。

5.5.3 MHGS 模型

MHGS 如图 5.5 所示，主要包括三个部分：文本图构建、异质图更新层和多角度指标。

1. 文本图构建

文本图由两类节点和两类边组成，分别为单词和句子节点，单词-句子异质边和句子-句子同质边。文本图的构建和初始化是基于知识融合后的单词特征。构建过程如图 5.6 所示。

(1) 知识融合：在本节的模型中，使用外部知识库为单词添加原语料之外的知识信息，因此单词特征会同时具有语义和知识感知。为了更好地将知识融入到词特征中，应用知识图谱编码技术[36]将外部知识库 WordNet 编码为向量表示 K，对于语料库中每个单词特征 $w \in \mathbf{R}^{d_w}$ 和知识库 KB 中的每条知识 $k_i \in \mathbf{R}^{d_{\text{KB}}}$，通过双线性操作计算 w 和 k_i 之间的注意力权重 β_i，如公式 (5.13) 和公式 (5.14) 所示，此处 d_w 和 d_{KB} 分别为单词特征维度和知识编码维度。

$$\beta_i = \mathrm{BiLinear}(k_i, W_{\mathrm{KB}}, w) \tag{5.13}$$

$$\mathrm{knowledge} = \sum_i \beta_i k_i \tag{5.14}$$

其中,与单词相关的知识已经包含在 knowledge $\in \mathbf{R}^{d_{\mathrm{KB}}}$ 中,之后将其与单词原本的特征进行拼接获得知识融合后的单词特征 $w^k = [w, \mathrm{knowledge}] \in \mathbf{R}^{d_w + d_k}$。

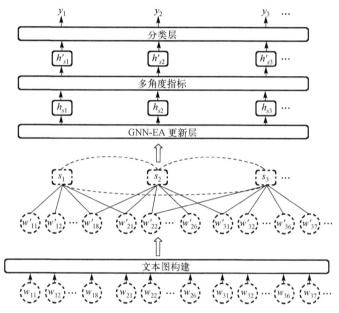

图 5.5　MHGS 模型的结构图

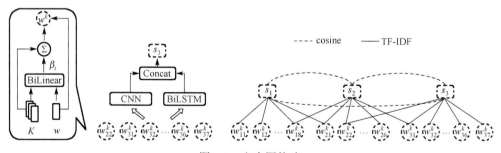

图 5.6　文本图构建

(2)异质边:单词-句子异质边表示单词与句子的所属关系。为增加更多语义关系信息,使用 TF-IDF 值作为异质边权值。句子特征则分别应用 CNN 和双向长短期记忆网络(Bidirectional Long Short-Term Memory Network,BiLSTM)捕捉局部和全局信息,再将两种特征进行拼接,获取到完整的句子特征 $s_i \in \mathbf{R}^{d_s}$,其中,d_s 为句子特征的维度。文档特征 $D \in \mathbf{R}^{d_d}$ 则通过在句子层级应用 BiLSTM 获取，其中，d_D 为文档特征的维度。对于单文本的摘要任务，一篇文档对应一张文本图。具体计算方式如下

$$s_i = [\mathrm{CNN}(W_i^k), \mathrm{BiLSTM}(W_i^k)] \tag{5.15}$$

$$d = \mathrm{BiLSTM}([s_1, \cdots, s_n]) \tag{5.16}$$

(3)同质边：将文本摘要视为二分类问题且句子作为最小的分类单元，所以句子之间的关联在抽取摘要时非常重要。因此在句子之间添加了同质边，形成句子全连接图。同质边表示句子间的相关程度，初始化的边权值根据句子特征向量的余弦相似度确定。

2.　异质图更新层

给定通过上述过程构建的文本图，采用 GAT 更新图中节点特征。单词和句子的隐层状态分别表示为 $H_w \in \mathbf{R}^{n \times (d_w + d_{\mathrm{KB}})}$ 和 $H_s \in \mathbf{R}^{m \times d_s}$，文档的隐层状态为 $H_d \in \mathbf{R}^{d_d}$。更新层计算过程为

$$\frac{\exp(\mathrm{LeakyReLU}(W_a[W_q h_i, W_k h_j]))}{\sum\limits_{n \in N_i} \exp(\mathrm{LeakyReLU}(W_a[W_q h_i, W_k h_n]))} \tag{5.17}$$

$$u_i = \sigma\left(\sum_{j \in N_i} \alpha_{ij} W_v h_j\right) \tag{5.18}$$

其中，h_i 和 h_j 为节点的隐层状态，W_a、W_q、W_k、W_v 为可训练参数矩阵，α_{ij} 为 h_i 和 h_j 间的注意力权重，N_i 为节点 i 的邻居节点集合。增量 u_i 通过注意力权重加权计算。

为更加充分地利用原语料的语义信息，更新构成中引入边权值 e_{ij} 用于控制节点信息的更新程度，节点 i 相关的边权值权重计算公式为

$$\alpha_{ij}^e = \frac{e_{ij}}{\sum\limits_{j \in N_i} e_{ij}} \tag{5.19}$$

此时，公式(5.18)更新为

$$u_i = \sigma\left(\sum_{j \in N_i} \alpha_{ij}^e \alpha_{ij} W_v h_j\right) \tag{5.20}$$

图注意力层更新后，通过包含两个线性隐藏层的多层感知机(MLP)更新节点特征。每个更新迭代过程包含三个步骤：句子对单词更新、单词对句子更新、句子间更新。t 时刻的更新过程如下

$$M_{w \leftarrow s}^t = \mathrm{GAT}(\mathrm{TG}, H_w^{t-1}, H_s^{t-1}) \tag{5.21}$$

$$H_w^t = \text{MLP}(M_{w \leftarrow s}^t + H_w^{t-1}) \tag{5.22}$$

$$M_{s \leftarrow w}^t = \text{GAT}(\text{TG}, H_s^{t-1}, H_w^t) \tag{5.23}$$

$$M_{s \leftarrow s}^t = \text{GAT}(\text{TG}, H_s^{t-1}, H_s^{t-1}) \tag{5.24}$$

$$H_s^t = \text{MLP}(M_{s \leftarrow w}^t + M_{s \leftarrow s}^t + H_s^{t-1}) \tag{5.25}$$

其中，$\text{GAT}(\text{TG}, H_s, H_w)$ 为公式(5.17)和公式(5.18)的图注意力更新层，TG 为文本图，H_s 作为注意力机制中的查询矩阵，H_w 则作为键和值矩阵。$M_{s \leftarrow w}^t$ 表示从单词向句子传递消息，隐层状态通过 MLP 更新。每次迭代，文档的特征通过 BiLSTM 更新，如下

$$H_d^{t+1} = \text{BiLSTM}(H_s^{t+1}) \tag{5.26}$$

经过基于 GAT 的更新迭代过程，单词和句子节点都被更新。句子可以通过与单词的连接间接地获得更多的跨句信息。句子间的同质边使句子获取上下文关联信息，为摘要抽取提供更多信息。

3. 多角度指标

为抽取出更合适的句子作为摘要，根据文本摘要的任务特点设计多角度的分类指标。将从相关度(Relevance，Rel)、冗余度(Redundancy，Red)、新信息量(New Information，Info)和 Rouge 四个角度对句子进行度量。

相关度、冗余度和新信息量是文献[34]中提出的，将其通过机器学习的方式进行实现。相关度是十分直观的指标，表示句子与原文的相关程度。相关度分数越高，句子就越能代表原文的主题。冗余度用于描述内部重复程度的指标。合格的摘要不仅需要符合原文章的主题，还应尽可能地保持简短。换言之，抽取的摘要冗余度应尽可能小。相关度是一个忽略背景知识的指标，新信息量则将背景知识和额外信息也进行考虑。对读者而言，当阅读摘要后，他们往往希望能够获取到先前并不了解的知识，而这些知识即为新信息。

Rouge 是一项被普遍应用于文本摘要的机器打分指标。Rouge 的基本思想是利用模型生成的摘要和参考摘要的 N 元组共现统计量作为判断依据。文献[37]将 Rouge 分数作为目标函数的一部分。在训练过程中，期望模型学习每个时刻的 Rouge 分数，并得到标记的训练数据分布，之后优化模型预测结果与标记的训练数据分布间的 KL 散度。受此启发，本节使用 Rouge 作为指标之一。上述四种指标用于句子的打分，计算方式如下

$$\text{Rel} = h_s W_{\text{rel}} H_d \tag{5.27}$$

$$\text{Red} = h_s W_{\text{red}} h_s \tag{5.28}$$

$$\text{Info} = h_s W_{\text{info}} H_k \tag{5.29}$$

$$\text{Rouge} = R(s, \text{ref}) \tag{5.30}$$

$$\text{Score} = \text{Sigmoid}(\text{Rel} - \text{Red} + \text{Info} + \text{Rouge}) \tag{5.31}$$

其中，h_s 为句子 s 的特征向量，h_D 为文档的特征向量，H_k 为外部知识库编码，将 H_k 视为背景知识。ref 为参考摘要，W_{rel}、W_{red}、W_{info} 为可训练参数矩阵，R 为 Rouge 分数计算函数。多种指标计算结果用于对当前句子进行加权。

5.5.4　实验与分析

1. 实验设置

为验证本节提出方法的有效性，在 CNN-DailyMail 数据集上进行了一些实验。CNN-DailyMail 是一个被广泛用于文摘任务的大规模数据集，每条数据由原文本和参考摘要组成。数据集中训练集 287227 条数据，验证集 13368 条数据，测试集 11490 条数据。平均每个样本包含 32 个句子，3~4 个句子作为参考摘要。

2. 实现细节

词向量使用 300 维的 GLOVE(Global Vectors for Word Representation)[38]预训练词向量初始化，知识库编码为 100 维。词典大小为 150K，文档长度和句子长度分别限制在 50 和 100。为了避免大量出现的常用词汇对模型的影响，对原语料库进行去停用词处理。句子特征维度和 LSTM 隐层状态维度均为 128 维。图注意力网络的隐层维度为 64 维。

Rouge 是一种通过计算模型抽取所得摘要与参考摘要之间的重叠单元数来衡量文摘的方法，此处重叠单元可以是一元组、二元组和最长相同字串。沿用之前的工作，使用一元组(Rouge-1，R-1)、二元组(Rouge-2，R-2)和最长相同字串(Rouge-L，R-L)作为实验结果的评估指标。

对于解码，选择分数前三的句子作为摘要。此外，添加了三重阻塞(Trigram Blocking，Tri-Blocking)策略[38]以减少摘要的冗余，即给定候选摘要 C 和句子 s，如果 s 与 C 有三元组重叠，则摘要中将不考虑 s，该方法源自最大边际相关性[39]，它使用三重阻塞来确保所选摘要包含尽可能少的重复内容。

值得说明的是，在训练模型时，参考摘要用于计算多视图度量中的 Rouge 分数，但在测试阶段，为了防止模型获取已知的标签，使用原始文本计算 Rouge 分数。换句话说，将公式(5.30)中的参考文献(ref)替换为原文。

3．对比模型

如表 5.5 所示，比较模型分为三个部分。第一部分是基线，包括 LEAD-3 和上界 ORACLE；第二部分是近年来发布的一些相关模型，包括 SummaRunNer[32]、NEUSUM[37]、REFRESH[40]、HER w/o Policy[41]、LATENT[42]、JECS[43]、Selective AttGCN[44]和 HSG[31]；第三部分是异质图模型 MHGS 和已经实现的一些比较实验模型。由于硬件计算能力的限制，没有使用 BERT。为了保证实验的公平性，只与不使用 BERT 的模型进行比较。

表 5.5　在 CNN-DailyMail 数据集上的实验结果

模型	R-1	R-2	R-L
LEAD-3	39.20	15.70	35.50
ORACLE	52.59	31.24	48.87
SummaRunNer	39.60	16.20	35.30
NEUSUM	41.59	19.01	37.98
REFRESH	40.00	18.20	36.60
LATENT	41.05	18.77	37.54
HER w/o Policy	41.70	18.30	37.10
JECS	41.70	18.50	37.90
Selective AttGCN	41.79	19.06	38.56
HSG	42.31	19.51	38.74
HSG + Tri-Blocking	42.95	19.76	39.23
BiGRUExt	39.42	16.13	35.11
TransformerExt	41.42	18.95	37.77
HomoGS	41.68	18.63	38.23
MHGS	42.37	19.67	40.09
MHGS + Tri-Blocking	43.09	20.22	40.20

（1）BiGRUExt：使用 RNN 编码器的提取摘要根据序列学习句子之间的关系。为保证 RNN 特征提取的准确性，采用基于 BiGRU 的方法[32]生成句子特征并直接用于句子分类。

（2）TransformerExt：非预训练的 Transformer 模型用于学习句子嵌入。TransformerExt 模型包含 6 个相同的注意力层，隐藏层维度为 512。模型的其他相关参数遵循原始 Transformer 模型设置。

(3) Homo-GraphSum (HomoGS)：这种方法可以看成 MHGS 的同质部分。在单词层面，使用 CNN 编码器生成原始句子向量，每两个句子之间建立关联边。句子特征向量由图注意力网络更新。

MHGS 模型使用两种类型的边连接单词和句子。单词共现信息通过异质边传递，句子之间的关系通过同质边学习。此外，将多个度量设置为分类权重。

4. 结果分析

在 CNN-DailyMail 数据集上的实验结果如表 5.6 所示。表中列出了各种文摘方法的 Rouge 分数。可以看出，MHGS 模型与 RNN 模型 BiGRUExt 相比优势明显，也领先于 Transformer 模型。TransformerExt 的得分与 HomoGS 相近，这也说明 Transformer 确实可以看成句子级的全连接图模型。与之前的异质图摘要模型 HSG 相比，MHGS 在 R-1、R-2、R-L 三项指标上分别提高了 0.14、0.46、0.97，这表明所提出的策略和 Trigram Blocking 可以有效改善异质图模型在文本摘要任务上的结果。

表 5.6　消融学习实验结果

模型	R-1	R-2	R-L
MHGS	42.37	19.67	40.09
w/o 知识库	42.37	19.53	39.95
w/o 同质图	42.28	19.56	39.18
w/o 多角度指标	41.73	18.95	38.23

(1) 消融实验：为了更好地解释本节提出的相关策略的有效性，对 MHGS 进行了消融研究。知识库、同质图和多角度指标分别从模型中移除以进行实验和分析。如表 5.6 所示，加入同质边可以显著提高 Rouge 分数，尤其是 R-L。主要原因是同质性图增强了句子之间的联系。因此，模型可以更好地利用句子之间的关系，最终影响摘要中最长重叠子串数量。此外，可以发现多角度指标可以有效地提高效果。

如图 5.7 所示，相关性和 Rouge 得分对提取结果有一定影响。在这两个指标中得分较高的句子很有可能出现在参考摘要中。此外，新信息对摘要也有一定的作用。由于利用通用外部知识库作为计算新信息量的背景知识，可以认为是过滤掉了识别度低的通用知识，类似于在数据处理过程中去除停用词的操作。因此，该模型可以专注于关键句子。冗余似乎没有明显的作用。可能是因为 MHGS 是基于句子级别的，而 Rouge 分数属于摘要级别的评价[45]。因此，单个句子的冗余并不能有效提高提取方法的最终效果。

(2) 指标定量分析：为了更直观地展示各个指标的作用，选取测试样本对各指标进行量化。如表 5.7 所示，表中的每一行都是原始文档的一个句子。右侧对应三个指标。通过上面的分析，冗余在模型中并没有起到关键作用。因此，它没有被添加到定量列表中。表 5.7 中的数据表明，句子长度与相关性度量有关。句子越长，与原文的相关性越高，包含的信息也越多。因此，最长的(第二个)句子获得最高的相关性分数。同时，第二句获得了较高的 Rouge 分数，因为它的描述与参考摘要非常相似。最后，选择第二句作为摘要的一部分。

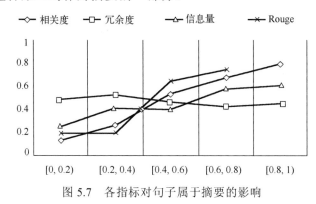

图 5.7　各指标对句子属于摘要的影响

表 5.7　测试样本各项指标的量化表

Gold summary: Turkish court imposed blocks as images of siege shared on social media. Images "deeply upset " wife and children of hostage Mehmet Selim Kiraz. Prosecutor, 46, died in hospital after hostages stormed a courthouse.	Rel	Info	Rouge	Score
Turkey has blocked access to Twitter and YouTube after they refused a request to remove pictures of a prosecutor held during an armed siege last week.	0.19	**0.19**	0.09	0.47
A **Turkish court imposed the blocks** because **images** of the deadly siege were being shared on social media and **"deeply upset" the wife and children of Mehmet Selim Kiraz, the hostage who was killed.**	**0.25**	0.13	**0.40**	**0.78**
Grief: the family of Mehmet Selim Kiraz grieve over his coffin during his funeral at Eyup Sultan mosque in Istanbul, Turkey.	0.13	0.09	0.12	0.34

5.6　小　　结

本章对图神经网络的概念和发展历程进行了阐述，介绍了经典的图卷积神经网络，并着重介绍了课题组前期在动态图神经网络和异质图神经网络[46]方面开展的研究工作。

虽然图神经网络已取得了巨大的突破，但仍存在一些挑战。首先，图神经网络的学习机理还未被充分解释，即图神经网络的可解释性。图神经网络究竟是如何将拓扑结构和节点特征混合编码的、邻居聚合感知到的拓扑结构是否高效等问题正受到关注。其次，在大规模图数据上学习仍是一种挑战。随着层数加深，需要聚合邻居的数量将呈现指数型增长。这将导致内存溢出、计算速度慢等问题。如何定义更加高效的图神经网络方法是非常重要的。最后，目前的图神经网络往往使用浅层的网络结构，当出现更加深层的网络结构时将面临过平滑问题。因此，探索更加深层的网络结构也是一个挑战。

参 考 文 献

[1] Scarselli F, Gori M, Tsoi A C, et al. The graph neural network model. IEEE Transactions on Neural Networks, 2008, 20(1): 61-80.

[2] Scarselli F, Gori M, Tsoi A C, et al. Computational capabilities of graph neural networks. IEEE Transactions on Neural Networks, 2009, 20(1): 81-102.

[3] Li Y, Tarlow D, Brockschmidt M, et al. Gated graph sequence neural networks//Proceedings of the 4th International Conference on Learning Representations, Puerto Rico, 2016.

[4] Dai H, Kozareva Z, Dai B, et al. Learning steady states of iterative algorithms over graphs//Proceedings of the 35th International Conference on Machine Learning, Stockholm, 2018.

[5] Bruna J, Zaremba W, Szlam A, et al. Spectral networks and locally connected networks on graphs//Proceedings of 2nd International Conference on Learning Representations, Banff, 2014.

[6] Henaff M, Bruna J, LeCun Y. Deep convolutional networks on graph-structured data. http://arxiv.org/abs/1506.05163, 2015.

[7] Defferrard M, Bresson X, Vandergheynst P. Convolutional neural networks on graphs with fast localized spectral filtering//Proceedings of Advances in Neural Information Processing Systems, Barcelona, 2016.

[8] Kipf T N, Welling M. Semi-supervised classification with graph convolutional networks//Proceedings of 5th International Conference on Learning Representations, Toulon, 2017.

[9] Levie R, Monti F, Bresson X, et al. CayleyNets: graph convolutional neural networks with complex rational spectral filters. IEEE Transactions on Signal Processing, 2018, 67(1): 97-109.

[10] Atwood J, Towsley D. Diffusion-convolutional neural networks//Advances in Neural Information Processing Systems, Barcelona, 2016.

[11] Velickovic P, Fedus W, Hamilton W L, et al. Deep graph infomax//International Conference on Learning Representations, New Orleans, 2019.

[12] Wu Z, Pan S, Chen F, et al. A comprehensive survey on graph neural networks. IEEE Transactions on Neural Networks and Learning Systems, 2020, 32(1): 4-24.

[13] 檀莹莹, 王俊丽, 张超波. 基于图卷积神经网络的文本分类方法研究综述. 计算机科学, 已录用.

[14] Chung F R K, Graham F C. Spectral Graph Theory. Providence: American Mathematical Society,

1997.

[15] Sandryhaila A, Moura J M F. Discrete signal processing on graphs. IEEE Transactions on Signal Processing, 2013, 61(7): 1644-1656.

[16] Shuman D I, Narang S K, Frossard P, et al. The emerging field of signal processing on graphs: extending high-dimensional data analysis to networks and other irregular domains. IEEE Signal Processing Magazine, 2013, 30(3): 83-98.

[17] Defferrard M, Bresson X, Vandergheynst P. Convolutional neural networks on graphs with fast localized spectral filtering//Proceedings of the Advances in Neural Information Processing Systems, Barcelona, 2016.

[18] Hammond D K, Vandergheynst P, Gribonval R. Wavelets on graphs via spectral graph theory. Applied and Computational Harmonic Analysis, 2011, 30(2): 129-150.

[19] Hamilton W L, Ying R, Leskovec J. Inductive representation learning on large graphs// Proceedings of the 31st International Conference on Neural Information Processing Systems, Long Beach, 2017.

[20] Chen J, Ma T, Xiao C. Fastgcn: fast learning with graph convolutional networks via importance sampling//Proceedings of the 6th International Conference on Learning Representations, Vancouver, 2018.

[21] Rossi E, Chamberlain B, Frasca F, et al. Temporal graph networks for deep learning on dynamic graphs//Proceedings of the 8th International Conference on Learning Representations, Addis Ababa, 2020.

[22] Yu D, Jiang C, Wang J. Neighborhood extended dynamic graph neural network//Proceedings of the 14th International Conference on Machine Learning and Computing, Guangzhou, 2022.

[23] Hochreiter S, Schmidhuber J. Long short-term memory. Neural computation, 1997, 9(8): 1735-1780.

[24] Cho K, Merrienboer B V, Gulcehre C, et al. Learning phrase representations using RNN encoder-decoder for statistical machine translation//Proceedings of the 2014 Conference on Empirical Methods in Natural Language Processing, Doha, 2014.

[25] Kazemi S M, Goel R, Eghbali S, et al. Time2vec: learning a vector representation of time. arXiv preprint arXiv:1907.05321, 2019.

[26] Veličković P, Cucurull G, Casanova A, et al. Graph attention networks. arXiv preprint arXiv: 1710.10903, 2017.

[27] Vaswani A, Shazeer N, Parmar N, et al. Attention is all you need//Advances in Neural Information Processing Systems, Long Beach, 2017.

[28] Xu D, Ruan C, Korpeoglu E, et al. Inductive representation learning on temporal graphs// Proceedings of International Conference on Learning Representations, Addis Ababa, 2020.

[29] Nguyen G H, Lee J B, Rossi R A, et al. Continuous-time dynamic network embeddings// Companion Proceedings of the The Web Conference, Loyon, 2018.

[30] Wang S, Liu G, Li Z, et al. Credit card fraud detection using capsule network//2018 IEEE International Conference on Systems, Man, and Cybernetics(SMC), Miyazaki, 2018.

[31] Wang D, Liu P, Zheng Y, et al. Heterogeneous graph neural networks for extractive document summarization//Proceedings of the 58th Annual Meeting of the Association for Computational Linguistics, Online, 2020.

[32] Nallapati R, Zhai F, Zhou B. Summarunner: a recurrent neural network based sequence model for extractive summarization of documents//Proceedings of the 31st AAAI Conference on Artificial Intelligence, San Francisco, 2017.

[33] Zhang X, Wei F, Zhou M. HIBERT: document level pre-training of hierarchical bidirectional transformers for document summarization. arXiv preprint arXiv:1905.06566, 2019.

[34] Peyrard M. A simple theoretical model of importance for summarization. arXiv preprint arXiv: 1801. 08991, 2018.

[35] Zhang C, Wang J, Qi H, et al. Multi-view metrics enhanced heterogeneous graph neural network for extractive summarization//Proceedings of China Automation Congress(CAC 2021), Beijing, 2021.

[36] Yang B, Yih W, He X, et al. Embedding entities and relations for learning and inference in knowledge bases. arXiv preprint arXiv:1412.6575, 2014.

[37] Zhou Q, Yang N, Wei F, et al. Neural document summarization by jointly learning to score and select sentences//Proceedings of the 56th Annual Meeting of the Association for Computational Linguistics, Melbourne, 2018.

[38] Pennington J, Socher R, Manning C D. Glove: global vectors for word representation// Proceedings of the 2014 Conference on Empirical Methods in Natural Language Processing, Doha, 2014.

[39] Goldstein J, Carbonell J. The use of MMR and diversity-based reranking in document reranking and summarization//Proceedings of Twente Workshop on Language Technology in Multimedia Information Retrieval, Enschede, 1998.

[40] Narayan S, Cohen S B, Lapata M. Ranking sentences for extractive summarization with reinforcement learning//Proceedings of the 2018 Conference of the North American Chapter of the Association for Computational Linguistics: Human Language Technologies, New Orleans, 2018.

[41] Luo L, Ao X, Song Y, et al. Reading like HER: human reading inspired extractive summarization// Proceedings of the 2019 Conference on EMNLP-IJCNLP, Hong Kong, 2019.

[42] Zhang X, Lapata M, Wei F, et al. Neural latent extractive document summarization// Proceedings

of the 2018 Conference on Empirical Methods in Natural Language Processing, Brussels, 2018.

[43] Xu J, Durrett G. Neural extractive text summarization with syntactic compression//Proceedings of the 2019 Conference on EMNLP-IJCNLP, Hong Kong, 2019.

[44] Xu H, Wang Y, Han K, et al. Selective attention encoders by syntactic graph convolutional networks for document summarization//Proceedings of IEEE International Conference on Acoustics, Speech and Signal Processing(ICASSP), Barcelona, 2020.

[45] Zhong M, Liu P, Chen Y, et al. Extractive summarization as text matching//Proceedings of the 58th Annual Meeting of the Association for Computational Linguistics, Online, 2020.

[46] 蒋昌俊, 闫春钢, 丁志军, 等. 基于异质图的文本摘要方法及装置、存储介质和终端: CN2021 10533278.5. 2021.

第 6 章　网学习模型

6.1　引　　言

近年来，随着大数据的出现和计算硬件的发展，以深度学习为代表的人工智能领域取得了一系列的突破和成功应用。例如，AlphaGo 已经超过了人类世界冠军[1]的水平，ImageNet 上图像的正确识别率高于人[2,3]。作为一种数据驱动的方法，深度学习可以从大量复杂的数据中学习输入和输出之间潜在的映射关系[4,5]。循环神经网络可以有效地挖掘序列数据，卷积神经网络则更擅长处理结构化数据。

由于图结构具有强大表现力，可以捕捉事物间普遍的联系性，用机器学习方法分析图的研究越来越受到重视。图神经网络具备对图节点之间依赖关系进行建模的强大功能，可以在整个图网络上进行信息传播、聚合等建模。现有的图神经网络通过更新和聚合节点、边和全局信息来处理静态结构化的图数据。事实上，一些模型驱动的网络模型可以从先验知识和特定任务出发，具有较强的表达实际问题的能力。例如，Petri 网可以模拟系统的动态行为特征，贝叶斯网络可以进行不确定性推理。

自 20 世纪 60 年代以来，Petri 网理论及其应用研究得到了迅速发展。Petri 网主要用于事件驱动系统的建模和分析，已成为一个系统的、独立的学科分支。其不仅可以建模和分析系统的结构行为，还可以提供系统状态变化的可视化表示。Petri 网是目前实践具有并发、异步、不确定性和随机性等特征离散事件动态系统的建模、仿真、分析的最适合的研究模型，有着一整套丰富而较为完善的分析方法：可达图、状态方程、Petri 网语言等，为模拟与分析系统的行为提供有力的保证[6-8]。目前，Petri 网广泛应用于柔性制造系统[9]、自由空间光通信系统[10]、过程挖掘[11]、电力系统[12]、人机交互系统[13]等诸多科技领域。

随机 Petri 网（Stochastic Petri Net，SPN）是 Petri 网的扩展[14-16]，其中每个变迁都具有一个负指数分布的随机变量。由于有界随机 Petri 网的可达标识图与有限马尔可夫链同构，传统方法通过求解状态方程和计算可达标识的稳态概率来分析诸如概率密度函数和平均标记数等性能指标。对于一些特殊的子网，也存在一些缩小随机Petri 网规模的方法[17]。

然而，当状态方程不可解或存在多个解时，传统方法无法准确求解稳态概率或分析系统性能。此外，在 Petri 网[18-20]领域，难以进行大规模的数据分析，适用性有限。因此，本章考虑用机器学习方法来解决这些问题，并提供了一种新的随机 Petri 网性能分析方法。

在 Petri 网中库所(Place)和变迁(Transition)以各种方式相互连接，以提供并行、同步和其他特性。人工神经网络通过连接神经元来学习经验和推理。就结构而言，它们在一定程度上是相似的。因此，已有研究将 Petri 网转化为类似人工神经网络的多层结构进行模糊推理，如自适应神经处理器[21]、模糊神经神经网络[22]、学习 Petri 网络[23]、机器学习神经网络[24]、深度神经网络[25]等。基于 Petri 网的学习越来越受到重视[26]。但是，现有的方法通常是针对一些具体的例子进行的，数据规模相对较小。目前，还缺乏一种通用的学习方法来分析 Petri 网的特性。

近年来，人工神经网络已经发展成为能够学习深度非线性网络结构并实现复杂函数逼近的深度神经网络和卷积神经网络，它们表现出了很强的大规模样本集学习能力。特别是在过去的几年里，图神经网络通过提取图的拓扑结构和挖掘图结构的深层信息在处理大规模的非结构化数据分析任务上得到了很好的发展。因此，本章提出了网学习(Net Learning, NL)的思想，将 Petri 网学习的建模和分析优势与图学习的计算优势相结合。

本章其余小节的组织结构如下：6.2 节介绍 Petri 网的相关知识；6.3 节介绍网学习思想，设计了用于随机 Petri 网性能分析的网学习算法；6.4 节提出一种随机 Petri 网基准数据集的生成方法，并给出网格化的数据组织方式；6.5 节在基准数据集上，通过实验分析验证网学习算法的性能；6.6 节是本章小结。

6.2　Petri 网

Petri 网[27-29]是一个包含库所和变迁的有向二分图。Petri 网的状态由托肯(Tokens)的位置决定的，被称为标识(Marking)。变迁可以有标签，标签可以是活动、资源等。

定义 6.1(网)：$N = (P, T; F)$ 称为一个网，当且仅当

①P 是有限库所集，T 是有限变迁集；

②$P \cup T \neq \varnothing$, $P \cap T = \varnothing$；

③$F \subseteq (P \times T) \cup (T \times P)$ 是一个弧集；

④$\mathrm{dom}(F) \cup \mathrm{cod}(F) = P \cup T$，其中，$\mathrm{dom}(F) = \{x \in P \cup T \mid \exists y \in P \cup T : (x, y) \in F\}$，$\mathrm{cod}(F) = \{x \in P \cup T \mid \exists y \in P \cup T : (y, x) \in F\}$。

对于 $x \in P \cup T$，$^{\bullet}x = \{y \mid y \in P \cup T \wedge (y, x) \in F\}$ 表示 x 的前集，$x^{\bullet} = \{y \mid y \in P \cup T \wedge (x, y) \in F\}$ 表示 x 的后集。

定义 6.2(Petri 网)：$\mathrm{PN} = (N, M)$ 是一个 Petri 网，当且仅当

①$N = (P, T; F)$ 是一个网；

②$M: P \to \mathrm{N}$ 是一个标识函数，且满足 $\forall p \in P$, $M(p)$ 表示库所 p 中的托肯数目。

需要注意的是，本章只考虑所有弧的权值为 1 的 Petri 网。

定义 6.3（变迁发生规则）：设 PN =(N, M) 是一个 Petri 网，并具有下面的变迁发生规则。

①对于变迁 $t \in T$，如果 $\forall p \in {}^{\cdot}t: M(p) \geqslant 1$，则称变迁 t 在标识 M 下使能，记为 $M[t>$；

②若 $M[t>$，则在标识 M 下，变迁 t 可以发生，从标识 M 引发变迁 t 得到一个新的标识 M'，记为 $M[t > M'$，且对 $\forall p \in P$

$$M'(p) = \begin{cases} M(p)-1, & p \in {}^{\cdot}t - t^{\cdot} \\ M(p)+1, & p \in t^{\cdot} - {}^{\cdot}t \\ M(p), & \text{其他} \end{cases} \tag{6.1}$$

PN =(N, M_0) 的整个状态空间由其网 N 和初始标识 M_0 决定。

定义 6.4（可达性）：设 PN =(N, M_0) 是一个 Petri 网，若 $\exists t \in T$ 使得 $M[t > M'$，则称 M' 为从 M 直接可达的。若存在变迁序列 $\sigma = <t_1, t_2, \cdots, t_n>$ 和标识 $M_1, M_2, \cdots, M_n$，使得 $M[t_1 > M_1[t_2 > M_2 \cdots M_{n-1}[t_n > M_n(M[\sigma> M_n)$，则称 M_n 为从 M 可达的。

可达标识集 $R(N, M)$ 表示从 M 可达的标识集合。

定义 6.5（有界性和安全性）：设 PN =(N, M_0) 是一个 Petri 网，若存在一个正整数 $k \in \mathrm{N}^+$，使得 $\forall p \in P$，$\forall M \in R(N, M_0): M(p) \leqslant k$，则 PN 是有界的，即 $B(\mathrm{PN}) = k$。PN 是 k-有界的，若 $k = 1$，PN 称为安全的。

定义 6.6（关联矩阵）：设 PN =(N, M) 是一个 Petri 网，$P = \{p_1, p_2, \cdots, p_{|P|}\}$，$T = \{t_1, t_2, \cdots, t_{|T|}\}$，则 Petri 网的 N 的结构 $(P, T; F)$ 可以用一个 n 行 m 列的矩阵表示

$$A = [a_{ij}]_{|P| \times |T|}$$

其中

$$a_{ij} = a_{ij}^+ - a_{ij}^-, i \in \{1, 2, \cdots, |P|\}, j \in \{1, 2, \cdots, |T|\}$$

$$a_{ij}^+ = \begin{cases} 1, & (t_i, p_j) \in F \\ 0, & \text{其他} \end{cases}$$

$$a_{ij}^- = \begin{cases} 1, & (p_j, t_i) \in F \\ 0, & \text{其他} \end{cases}$$

称 A 为 PN 的关联矩阵，$A^+ = [a_{ij}^+]_{|P| \times |T|}$、$A^- = [a_{ij}^-]_{|P| \times |T|}$ 分别为输出和输入矩阵。

随机 Petri 网是 Petri 网的扩展，其中每个变迁都与一个随机变量相关联。随机变量表示一个变迁从可发生到发生的延时。在本章中，随机变量是服从连续的、指数分布的。随机变量 x_t 表示变迁 t 的延时，x_t 的分布函数为

$$\forall t \in T : F_t = 1 - e^{-\lambda_t x_t}, \quad x_t \geqslant 0 \tag{6.2}$$

其中，λ_t 是变迁 t 的平均发生速率。

定义 6.7（随机 Petri 网）：SPN =(PN, λ) 是一个随机 Petri 网，其中 $\lambda = \{\lambda_1, \lambda_2, \cdots, \lambda_{|T|}\}$ 是变迁平均发生速率集合。每个变迁的发生延时服从指数分布。

由于负指数分布的无记忆性，有界随机 Petri 网的可达标识图与一个有限马尔可夫链同构。同构的马尔可夫链只需要将随机 Petri 网可达图中每条边上标注的变迁替换成其平均发生速率 λ 即可。马尔可夫链可以通过用平均发射速率标记可达标记图的每条边来得到。传统的性能分析方法是基于马尔可夫随机过程的。求解每个可达标识的稳态概率，并进一步分析概率密度函数和平均标记数等性能指标。

给定一个有界随机 Petri 网 SPN，其可达标识集 $R(N, M_0)$ 是一个有限集。以 $R(N, M_0)$ 作为顶点集，以标识之间的直接可达关系为边集构成一个有向图，称为随机 Petri 网的可达标识图。图 6.1 展示了随机 Petri 网及其可达标识图。

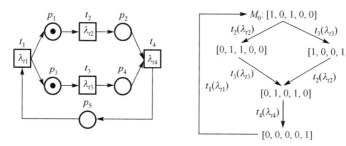

图 6.1　随机 Petri 网及其可达标识图

定义 6.8（随机 Petri 网的可达标识图）：设 SPN =(PN, λ) 是一个有界随机 Petri 网，可达标识图是一个二元组 RG(SPN)=(V, E)，其中

①$V = R(N, M_0)$ 是顶点集；

②边集 E 是 $R(N, M_0)$ 中标识之间的直接可达关系，即 $E = \{(M_i, M_j) \mid M_i, M_j \in R(N, M_0), \exists t_k \in T : M_i [t_k > M_j]\}$。

③函数 $S_T : E \to T$ 表示边的旁标，满足 $S_T(M_i, M_j) = t_k$ 当且仅当 $M_i[t_k > M_j$。函数 $S_\lambda : E \to \lambda$ 表示边对应的 λ 值，满足 $S_\lambda(M_i, M_j) = \lambda_k$ 当且仅当 $S_T(M_i, M_j) = t_k$。

定义 6.9（概率转移矩阵）：设 SPN =(PN, λ) 是一个随机 Petri 网，$R(N, M_0)$ 是 PN 的可达标识集。$r = |R(N, M_0)|$，r 阶矩阵 $Q = [q_{ij}]_{r \times r}$ 是 SPN 的概率转移矩阵，其中

$$q_{ij} = \begin{cases} \lambda_k, & i \neq j \text{ 且 } \exists t_k \in T, M_i[t_k > M_j] \\ 0, & i \neq j \text{ 且 } \nexists t_k \in T, M_i[t_k > M_j] \\ -\sum_{M_i[t_k >} \lambda_k, & i = j \end{cases} \tag{6.3}$$

通过概率转移矩阵，可以求出马尔可夫链上 r 个状态的稳定状态概率。设向量

$X = (x_1, x_2, \cdots, x_r)$ 表示 r 个状态的稳定状态概率,其中 x_i 表示可达标识 M_i 的稳定概率。X 满足

$$\begin{cases} XQ = 0 \\ \sum_{1 \le i \le r} x_i = 1 \end{cases} \tag{6.4}$$

通过求解,可以得到每个可达标识的稳定概率 $P[M_i] = x_i$。在得到稳定概率的基础上,可以进一步分析以下性能指标。

在稳定状态下,所有可达标识中每个库所包含指定数量托肯的稳定概率,称为库所的标记概率密度函数。可通过可达标识的稳定概率求得,即

$$P[M(p) = i] = \sum_j P[M_j], M_j \in R(M_0), \quad M_j[p] = i \tag{6.5}$$

对于 $\forall p_i \in P$,$\bar{u}_i$ 表示在稳定状态下,库所 p_i 在任一可达标识中平均所含有的标记数,即

$$\bar{u}_i = \sum_j j \times P[M(p_i) = j] \tag{6.6}$$

一个库所集 $P_j \in P$ 的平均标记数是 P_j 中每一库所 $p_i \in P_j$ 的平均标记数之和,即

$$\bar{N}_j = \sum_{p_i \in P_j} \bar{u}_i \tag{6.7}$$

库所中的平均标记数是一个很有用的性能评价参数,利用它可以进行系统性能分析,例如,估算设备的利用率等性能指标。

6.3　网学习模型

图神经网络将深度学习推广到图结构数据,已经在众多图相关任务中取得了显著的成果。Petri 网主要用于从先验知识、机制和任务的角度对各种事件驱动系统进行建模和分析。与图数据相比,Petri 网数据能够模拟系统的动态行为特征,更适合于描述现实问题。然而,大规模数据问题困扰了 Petri 网领域几十年,限制了其普遍适用性。本节提出了一种网学习框架,该框架结合了 Petri 网建模分析优势和图学习的计算优势。此外,还设计了两种网学习算法用来分析随机 Petri 网的性能,具体来说,算法通过将 Petri 网信息映射到低维特征空间,得到 Petri 网的隐藏特征信息。

6.3.1　网学习框架

网学习是基于图神经网络思想对 Petri 网进行学习的尝试[30]。网学习的整体框架如图 6.2 所示。对于 Petri 网的一个具体的分析任务,给定一个带标签的数据集,

网学习的本质是构造一个映射函数 Fun：$x \rightarrow y$。输入 x 是与 Petri 网相关的数据。其类型是 Petri 网及其可达标识图。输出 y 是对应的分析任务的结果。在学习过程中，对于一个 Petri 网的特定分析任务，可以通过编码获得其隐藏的特征信息，相当于将输入数据映射到一个低维特征向量空间。为了准确地预测实际分析任务，作为一种有监督的机器学习方法，模型需要通过基于大量数据集的反向传播算法来训练其参数，以支持对实际系统模型性能的分析。本节将重点讨论基于 Petri 网可达标识图的网学习模型，以描述实际系统的动态行为。网学习根据可达状态的更新和聚合，得到 Petri 网的静态和动态特征，从而支持对 Petri 网的性能分析。

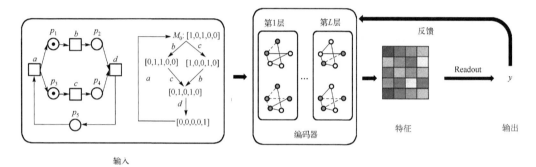

图 6.2　网学习框架

接下来，将网学习与 CNN、GNN 进行全面比较，如表 6.1 所示。在计算机视觉领域，图像数据表示为一个矩阵，CNN 可以逐层将局部特征抽象为高级语义信息。在知识图谱等图数据领域，GNN 可以利用图的拓扑结构和属性特征，通过聚合和更新得到图的表示，在节点分类、链路预测和聚类等方面得到了很好的应用。然而，静态图的表达能力在系统的建模和分析领域受到限制，如分布式软件系统、并发和并行程序以及数据流计算系统等。另一方面，网结构数据虽然具有与图相同的拓扑结构，但有更强的表达能力。它们还可以模拟系统的动态行为特征。

表 6.1　NL 与 CNN、GNN 比较

类型	模型	特征	领域
矩阵	CNN	局部特征	计算视觉
图	GNN	拓扑结构特征	知识图谱
Petri 网	NL	拓扑结构和动态行为特征	Petri 网

因此，本节提出了一个网学习模型框架，从机器学习的新视角来解决 Petri 网的性能分析问题。通过端到端学习，可以有效地处理 Petri 网数据。在学习过程中，需要考虑网的静态拓扑结构和动态行为特征。

6.3.2　随机 Petri 网的网学习算法

本节对随机 Petri 网的网学习算法进行了详细的讨论和设计，包括可达标记图的输入信息和两种消息传递及更新算法。这些算法主要目的是分析随机 Petri 网的性能。

1.　输入信息

随机 Petri 网的状态空间可以用可达标识图的形式表示。可达标识图反映了一个网系统的所有动态行为，是分析 Petri 网动态性质的有效工具。随机 Petri 网的可达标识图形式化表示为 RG =(V, E) 的有向图，其中，V 是节点集，E 是两个可达标识之间的有向边集。每条边对应一个变迁和一个 λ 值。

对于每个节点 $u \in V$，其特征向量为 x_u，初始赋值为节点的可达标识向量。该向量记录了每个库所中托肯的个数，所有的节点组成一个节点特征向量集 $X_f = (x_u, \forall u \in V)$。同样地，对于每条边 $(u,v) \in E$ 都有一个特征向量 e_{uv}，初始值为每条边上的 λ 值，所有的边组成一个边特征向量集 $E_f = \{e_{uv}, \forall uv \in E\}$。

为了分析随机 Petri 网任务，本节基于消息传递神经网络和图网络的思想，设计了两种可达标识图的消息传递和更新算法，分别为基于隐藏信息的更新算法（Updating algorithm Based on Hidden Information，UBHI）和基于边和节点的更新算法（Updating algorithm Based on Edges and Nodes，UBEN）。

2.　UBHI 算法

UBHI 的前向传播算法如图 6.3 所示。UBHI 的输入是随机 Petri 网的可达图 RG、节点特征向量集 X_f、边特征向量集 E_f、层数 L、非线性函数 σ 和可学习的参数矩阵 W_1^l。输出是预测结果 pre。UBHI 算法对于每条边，需要聚合其节点、边以及相邻边的信息，具体如算法 6.1 所示。

算法 6.1　基于隐藏信息的更新算法（UBHI）

输入： 可达图 RG =(V, E)；节点特征 $X_f = \{x_u, \forall u \in V\}$；边特征 $E_f = \{e_{uv}, \forall uv \in E\}$；层数 L；非线性函数 σ；可学习参数矩阵 W_1^l

输出： 预测值 pre

1. 初始化 $h_{uv}^0 = 0$

2. **for** l = 1 to L **do**

3. 　**for** each $uv \in E$ **do**

4. 　　$a = \text{concat}\left(x_u, x_v, e_{uv}, \sum_{w \in N(u)} h_{wu}^{l-1}\right)$

5. 　　$h_{uv}^l = \sigma(W_1^l \times a)$

6.　**end for**

7. **end for**

8. $z_u = \mathrm{mean}(H)$　　　　　　　　　　　　　　//H 是 h_{uv}^L 组成的集合

9. pre = MLPReadout(z_u)

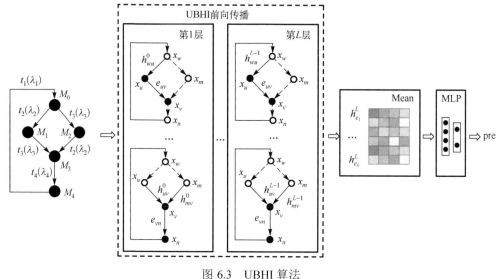

图 6.3　UBHI 算法

　　假设有 L 层，即算法进 L 次迭代，每层 l 都有一个可学习的参数矩阵 W_1^l，其中 $l \in \{0,1,\cdots,L\}$。对于每条边 $uv \in E$，算法更新边的隐藏信息 h_{uv}^l，其中 $h_{uv}^0 = 0$。

　　更新过程包括四个步骤。首先，对于每条边 uv，用 concat 函数将四个特征连接起来，以获得组合的特征 a（第 4 行）

$$a = \mathrm{concat}\left(x_u, x_v, e_{uv}, \sum_{w \in N(u)} h_{wu}^{l-1}\right) \tag{6.8}$$

其中，x_u 为开始节点特征，x_v 为结束节点特征，e_{uv} 为边特征，$\displaystyle\sum_{w \in N(u)} h_{wu}^{l-1}$ 为隐藏信息聚合特征。$N(u)$ 是一组可以直接到达 u 的节点的集合，而 h_{wu}^{l-1} 是第 $l-1$ 层中边 wu 的隐藏信息。

　　然后，将组合特征 a 输入到线性可微函数中，并将得到的结果输入到非线性可微激活函数 σ（第 5 行）。接下来，更新 L 层每条边的隐藏状态信息 h_{uv}^l 后，得到隐藏状态特征信息 H 的平均值 z_u（第 8 行），其中 H 表示 h_{uv}^l 的集合。最后，将 z_u 输入到多层感知的读出函数中，得到相应分析任务的预测值 pre。

　　3.　UBEN 算法

　　UBEN 的前向传播算法如图 6.4 所示。UBEN 的输入是随机 Petri 网的可达图 RG、

节点特征向量集 X_f、边特征向量集 E_f、层数 L、非线性函数 σ 和可学习的参数矩阵 W_2^l、W_3^l。输出是预测结果 pre。UBEN 和 UBHI 在前向传播方面类似。不同之处在于，UBEN 在逐层传播过程中不断更新节点和边的特征信息，而 UBHI 只更新隐藏的特征信息。对于每条边，UBEN 聚合了其节点、边的信息，而对于每个节点，则聚合了该节点自身和其相邻节点的信息，具体如算法 6.2 所示。

算法 6.2　基于边和节点的更新算法(UBEN)

输入：可达图 $RG = (V, E)$，节点特征 $X_f = \{x_u, \forall u \in V\}$，边特征 $E_f = \{e_{uv}, \forall uv \in E\}$，层数 L，非线性函数 σ；可学习参数矩阵 W_2^l、W_3^l

输出：预测值 pre

1. **for** $l = 1$ to L **do**
2. 　　**for** each $uv \in E$ **do**
3. 　　　　$a = \text{concat}(x_u^{l-1}, x_v^{l-1}, x_{uv}^{l-1})$
4. 　　　　$e_{uv}^l = \sigma(W_2^l \times a)$
5. 　　**end for**
6. 　　**for** each $u \in V$ **do**
7. 　　　　$a = \text{concat}\left(x_u^{l-1}, \displaystyle\sum_{w \in N(u)} e_{wu}^l\right)$
8. 　　　　$x_u^l = \sigma(W_3^l \times a)$
9. 　　**end for**
10. **end for**
11. $z_u = \text{mean}(X_f)$
12. $z_w = \text{mean}(E_f)$
13. pre $= \text{MLPReadout}(\text{concat}(z_u, z_w))$

　　具体地，算法也需要 L 次迭代。在每层 l 中，对于可达标识图的每一个边 $uv \in E$，组合 $l-1$ 层的不同特征，并对组合后的特征 a 进行线性和非线性变换得到 l 层的边特征 e_{uv}^l（第 2～5 行）。类似地，对于每个节点 u，可以得到 l 层的节点特征 x_u^l。值得注意的是，在节点特征的更新过程中使用了当前 l 层的边特征 e_{wv}^l，而非前层 e_{wv}^l（第 6～9 行）。最后，将 L 层中所有边特征的均值和所有节点特征的均值输入到读出函数中计算 pre（第 11～13 行）。

　　如前所述，设计了两种不同的前向传播算法，可以获得预测输出 pre。网学习框架作为一种有监督的机器学习方法，使用大量的标记数据对整个网学习框架进行端到端训练。将实际预测输出与标记输出之间的误差作为损失，通过迭代调整整个网络的可学习参数 W 进行优化。模型是用梯度下降技术训练的。通过对标记数据集的学习和训练，建立了 Petri 网数据到具体分析任务结果的映射模型，可以用来预测新输入数据的结果。

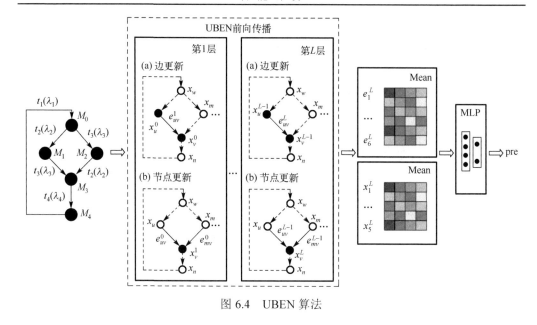

图 6.4　UBEN 算法

6.4　随机 Petri 网数据集

标准的图数据集推动了图神经网络模型的快速发展，Petri 网数据集对于 Petri 网学习模型的训练、测试和评估也是至关重要的。然而，Petri 网领域数据主要依赖专家人工构建，通常是针对某个具体实例，数据集的规模相对较小，目前缺乏标准化 Petri 网相关数据集。因此，本节提出了一种自动生成随机 Petri 网数据集的方法，包括随机 Petri 网随机生成、数据标记、数据增强和过滤等。针对随机化组织存在的局部聚集问题，提出了一种网格化的随机 Petri 网数据组织方式，使得数据集更具有多样性。实验部分使用了三类神经网络学习模型，对生成的标准随机 Petri 网数据集的可用性和规模递增对学习性能的影响进行了分析。数据集已开源，以便学者开展 Petri 网学习研究与探索。

6.4.1　随机 Petri 网数据集生成

回顾人工智能的发展历史，数据集发挥着重要的作用，如 ImageNet 数据集。在 ImageNet 尚未问世之前，图像分析处理主要是基于 Caltech101/256、MSRC、PASCAL 等小型数据集。为了充分利用和组织互联网和日常生活中飞速增长的数据，2009 年斯坦福大学发表了 ImageNet 论文与数据集，并于次年开始举办了为期 7 年的比赛，其中在 2016 年的比赛中，图像识别正确率已经达到约 97.1%，远远超越人类的 94.9%。目前，图像分类、定位、检测等研究工作大多基于此数据集展开。ImageNet

引起了整个学术界的高度关注，不但是计算机视觉发展的重要推动者，也成为了深度学习模型发展的关键驱动力之一。因此，一个较好的数据集可以有效地推动相关领域的快速发展。

下面分析了一些常用的图数据相关数据集，基本信息如表 6.2 所示，其中最后一行为 6.5 节生成的数据集。这些数据集主要来自于生物信息、化学分子式、社交网络等领域，通常获取数据集的方式主要分为人工生成或从真实生活中收集，数据总量平均在 10K 左右，节点规模小于 200，分析任务主要用于图和节点的分类和回归。

表 6.2　图数据相关数据集信息

	来源	数据总量	节点规模	任务
GraphMode[31]	程序生成	1.6K	9～16	节点级
ZINC[32]	真实	12K	9～37	回归
PATTERN[33]	程序生成	14K	50～180	节点分类
CLUSTER[34]	程序生成	12K	40～190	节点分类
ENZYMES[35]	真实	0.6K	2～126	图级分类
reddit_threads[36]	真实	200K	11～97	图级分类
SPNs[37]	程序生成	1K～75K	4～50	回归

深度学习是一类数据驱动的方法，如何有效地生成、组织和利用数据集是一个非常关键的问题。而当前 Petri 网领域的数据主要依赖专家构建，数据规模难以满足深度学习的需求，且大多数属于模糊 Petri 网，目前尚缺乏一种针对随机 Petri 网的数据集。因此，为了推动深度学习与 Petri 网两个领域深度融合，首要问题是迫切需要构建一种具有良好的组织方式的标准随机 Petri 网数据集。

传统的随机 Petri 网的性能指标(如平均标记数和变迁利用率)是通过生成可达图、求解状态方程等过程获得的。这种方法并不总是可用的，因为它依赖于状态方程有唯一解，即状态转移矩阵是满秩的。当状态方程没有唯一解时，分析系统性能是一个挑战。

解决上述问题的一个有效方法是使用端到端的深度学习方法，它可以从大量数据中自动学习并建立输入和输出之间的映射关系。换而言之，如果有足够的随机 Petri 网数据，深度学习方法可以从随机 Petri 网数据中学习并获得从随机 Petri 网到性能指标的预测模型，从而避免求解状态方程。由于缺乏用于随机 Petri 网学习和训练的基准数据集，本节提出了一种标准随机 Petri 网数据集的生成方法[37]，如算法 6.3 所示。

算法 6.3　SPN 生成算法

输入：数据集规模 Size，过滤条件 FC

输出：数据集 D

1. $D = \varnothing$

2. **while** $|D| <$ Size **do**

3.　　　　**do**

4.　　　　　　　spn = SPNRandomGen (pn, tn, pro, max_λ)

5.　　　　　　　label = DataLabeling (spn)

6.　　　　**while** spn 不满足 FC

7.　　　　TD = DataEnhancement (spn)

8.　　　　ND = FilterSPN (TD, FC)

9.　　　　$D = D \cup$ ND

10.**end while**

给定预期的数据集大小 Size 和过滤条件 FC。初始化数据集 $D = \varnothing$。重复以下步骤，直到 $|D|$ 等于 Size。

（1）重复生成一个 spn（第 4 行）并对它进行标记（第 5 行），直到获得一个满足 FC 的 SPN（第 3～6 行）。

（2）对 spn 进行数据增强，得到集合 TD。其中，TD 中的随机 Petri 网与 spn 的结构相似（第 7 行）。

（3）过滤掉 TD 中不满足 FC 的随机 Petri 网，得到集合 ND。放入集合 D 中（第 8～9 行）。

在上述步骤中使用了许多重要的组件，包括随机生成 SPN、SPN 标记、数据增强和过滤条件，接下来将具体说明这些组件。

1. 随机生成 SPN

在随机生成 SPN 的过程中，使用了不同于定义 6.7 的存储方式，在此给出其形式化定义。

定义 6.9（SPN 的复合矩阵）：SPN = (CM, λ) 是随机 Petri 网存储形式，CM 是一个复合矩阵，满足

$$CM = ((A^-)^{\mathrm{T}} \| (A^+)^{\mathrm{T}} \| M_0^{\mathrm{T}}) \tag{6.9}$$

其中，|| 表示矩阵按照行拼接。图 6.5 展示了一个随机 Petri 网及其在存储过程中用到的复合矩阵 CM。

随机 Petri 网的随机生成算法的输入包括库所数 pn、变迁数 tn。pn 可以从 [pn1,

pn2]中随机选取，tn 可以从[pn − tn1, pn + tn2]中随机选取，其中，pn1、pn2、tn1、tn2 是超参数。输出为复合矩阵 CM 与变迁平均发生速率集合λ。具体如算法 6.4 所示。

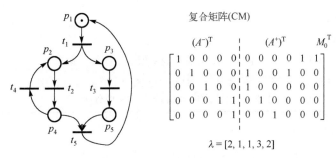

$$\lambda = [2, 1, 1, 3, 2]$$

图 6.5　随机 Petri 网及其复合矩阵

算法 6.4　SPN 随机生成算法

输入：库所数 pn；变迁数 tn；边的连接概率值 pro；λ 最大值 Max_λ

输出：复合矩阵 CM；变迁平均发生速率集合 λ

1. 初始化一个大小为 $pn \times (2 \times tn + 1)$ 的矩阵 CM

2. $sub_{gra} = \varnothing$, $remain_{node} = \{p_i \mid i \in [1, pn]\} \cup \{t_j \mid j \in [1, tn]\}$

3. **while** $remain_{node} \neq \varnothing$ **do**

4. 　**if** $sub_{gra} = \varnothing$ **then**

5. 　　从 $remain_{node}$ 随机选择一个库所 p_i 和变迁 t_j

6. 　**else**

7. 　　从 $remain_{node}$ 随机选择一个元素 r_{node}

8. 　　**if** r_{node} 是库所 **then**

9. 　　　$p_i = r_{node}$

10. 　　　$t_j = \text{RandomTransition}(sub_{gra})$　　　//从子图中随机选择一个变迁

11. 　　**else**

12. 　　　$t_j = r_{node}$

13. 　　　$p_i = \text{RandomPlace}(sub_{gra})$　　　//从子图中随机选择一个库所

14. 　　**end if**

15. 　**end if**

16. 　$sub_{gra} = sub_{gra} \cup \{p_i\} \cup \{t_j\}$

17. 　$remain_{node} = remain_{node} - \{p_i\} - \{t_j\}$

18. 　$rand = \text{random}(0, 1)$　　　//得到 0～1 的随机数 rand

19. 　**if** $rand \leqslant 0.5$ **then**

20.　　　　CM[*i*][*j*] = 1

21.　　**else**

22.　　　　CM[*i*][tn + *j*] = 1

23.　　**end if**

24.　**end while**

25. 遍历矩阵 CM，如果其值为 0，则根据概率值 pro 将其设置为 1

26. 矩阵 CM 的最后一列，若全为 0，则随机选择一个将其设置为 1

27. 对于每个变迁，在[1, Max$_\lambda$]范围内随机选择一个值作为其 λ 值

该算法主要包括以下步骤。

（1）输入库所数 pn、变迁数 tn、库所和变迁边的连接概率 pro，λ的取值范围为[1, Max$_\lambda$]。

（2）随机生成一个连通的 Petri 网，满足库所数为 pn、变迁数为 tn（第 1～24 行）。

（3）对于复合矩阵中的每个元素，如果其值为 0，则根据概率值 pro 将其设置为 1（给随机 Petri 网添加一条边）（第 25 行）。

（4）确保生成的随机 Petri 网中至少有一个托肯（第 26 行）。

（5）对每个变迁在[1, Max$_\lambda$]范围内随机选择一个值，并将该值赋给λ（第 27 行）。

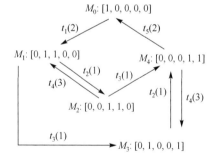

图 6.6　图 6.5 中随机 Petri 网的可达图

2. SPN 标记

随机 Petri 网数据标记包括可达图的生成和性能指标的计算，具体来讲可分为五个步骤，下面以图 6.5 中的随机 Petri 网为例，求解步骤如下。

（1）根据随机 Petri 网可达图生成算法[38]，生成的可达图如图 6.6 所示。其中节点为$\{M_0, M_1, M_2, M_3, M_4\}$，边为$\{(M_0, M_1), (M_1, M_2), (M_2, M_1), (M_1, M_3), (M_3, M_4), (M_4, M_3), (M_3, M_1), (M_4, M_0)\}$，$\lambda = \{2, 1, 1, 3, 2\}$。

（2）根据定义 6.7，可计算随机 Petri 网的状态方程为

$$\begin{cases} -2x_1 + 2x_5 = 0 \\ 2x_1 - 2x_2 + 3x_3 = 0 \\ x_2 - 4x_3 = 0 \\ x_2 - x_4 + 3x_5 = 0 \\ x_1 + x_2 + x_3 + x_4 + x_5 = 1 \end{cases} \qquad (6.10)$$

（3）稳态概率为

$$
\begin{cases}
P[M_0] = 0.1163 = x_0 \\
P[M_1] = 0.1860 = x_1 \\
P[M_2] = 0.0465 = x_2 \\
P[M_3] = 0.5349 = x_3 \\
P[M_4] = 0.1163 = x_4
\end{cases} \tag{6.11}
$$

（4）计算标记密度函数为

$$
\begin{cases}
P[M(p_1) = 0] = 0.8837, P[M(p_1) = 1] = 0.1163 \\
P[M(p_2) = 0] = 0.2791, P[M(p_2) = 1] = 0.7209 \\
P[M(p_3) = 0] = 0.7675, P[M(p_3) = 1] = 0.2325 \\
P[M(p_4) = 0] = 0.8372, P[M(p_4) = 1] = 0.1628 \\
P[M(p_5) = 0] = 0.3488, P[M(p_5) = 1] = 0.6512
\end{cases} \tag{6.12}
$$

（5）平均标记数 μ 为

$$
\begin{cases}
\mu_1 = 0.163 \\
\mu_2 = 0.721 \\
\mu_3 = 0.233 \\
\mu_4 = 0.163 \\
\mu_5 = 0.651
\end{cases} \tag{6.13}
$$

基于上述过程，对生成的随机 Petri 网的性能指标进行计算，作为该网的标签，用于后续的使用。

3. SPN 数据处理

SPN 数据处理包括四个部分：①随机 Petri 网过滤，用来过滤掉不符合预期生成范围的数据；②数据增强，用来对数据做简单变换，获得结构上相似的随机 Petri 网；③数据转换，将原始随机 Petri 网转换为深度学习算法的输入；④数据可视化。

（1）随机 Petri 网过滤：算法 6.3 只能保证可以随机生成随机 Petri 网，但获得随机 Petri 网不一定满足预期生成范围。例如，获得无界的随机 Petri 网，而无界 Petri 网并不能由随机 Petri 网性能指标的计算方法进行计算。因此，需要对随机生成的 Petri 网过滤，过滤规则包括：

①$\forall p \in P$, $B(p) <= $ pb，例如，当 pb=10，即可保证获得的数据集中的数据均为上界为 10 的有界 Petri 网。

②随机 Petri 网可达图中标识的数量不小于 ML，这里 ML 表示可达图中标识数量的下界。

③随机 Petri 网可达图标识数量不大于 MU，这里 MU 表示可达图中标识数量的上界。可达图中的标识数量过少时，图过于简单。极端情况下，当标识数量为 1 时，可达图将退化成向量值为初始标识的一维向量。在表 6.2 中的其他领域的相关数据集最小节点数量为 2。

（2）数据增强：这一部分主要的操作包括对一个原始的随机 Petri 网做一些基础变换，其中基础变换包括：对原始的随机 Petri 网尝试增加(减少)库所、增加(减少)变迁、增加(减少)托肯、配置不同的 λ。这样，经过变换可以得到多个与原始随机 Petri 网不同的一组新的随机 Petri 网。

数据增强的优点是：①扩展数据集规模；②可以加快随机生成的效率。如果一个随机 Petri 网符合过滤条件，对这个基础的随机 Petri 网做微小变换后，也会很容易符合过滤条件；③当使用真实数据时，由于真实数据的数据量是有限的，数据增强可以有效地泛化并扩大真实数据集规模，所以对真实数据的学习与性能分析是十分有意义的。

（3）数据转换：以上是根据随机 Petri 网定义随机生成的原始数据，接下来还需要将这些数据进行预处理转化成学习过程需要的数据。本节将涉及 CNN、MLP、GNN 三类学习算法，此处分别探讨了针对这三类算法的数据转换操作。

CNN：如果随机 Petri 网包含|P|库所，其可达性图 x 个标识。可达标识矩阵表示为 $RM \in Z^{x \times |P|}$，其中，RM 中的第 i 行 RM_i 等于 M_i，并且 $i \in \{1, \cdots, x\}$。CNN 可以直接在 RM 上学习。

MLP：对于每一个 $i \in \{1, \cdots, x\}$，RM_i 被输入到 MLP，得到输出 out_i。可达图的 embedding 为 mean($\{out_i | i \in \{1, \cdots, s\}\}$)，其中，mean 表示集合中所有元素的均值。

GNN：输入和参数初始化请参考 6.3.2 节，预测目标为平均标记数 $\boldsymbol{\mu}$。以图 6.6 为例，$V = \{M_0, M_1, M_2, M_3, M_4\}$，$E = \{(M_0, M_1), (M_1, M_2), (M_2, M_1), (M_1, M_3), (M_3, M_4), (M_4, M_3), (M_3, M_1), (M_4, M_0)\}$。其中，$M_0$ 的初始特征向量 $x_0 = [1, 0, 0, 0]$，边(M_0, M_1)的初始特征向量 $e_{M_0 M_1} = 2$。

6.4.2　数据的组织方式

通常来说，大多数已有的数据集均是随机生成并组织的，本节将这种组织方式称为随机化的组织方式。因此，根据算法 6.3 生成了三个数据集：RandDS1～RandDS3。所有数据集中的随机 Petri 网均服从表 6.3 所示范围。

表 6.3　生成的随机 Petri 网的信息描述

	托肯	变迁	库所	标识数	λ
min	0	2	5	4	1
max	2	10	10	50	10

　　表 6.4 为数据集的基本信息描述，生成过程如下：①首先，获得满足过滤条件的 m 个基础随机 Petri 网；②对 m 个基础随机 Petri 网均做数据增强 n 次，共可产生 $m \times n$ 个随机 Petri 网；③为 $m \times n$ 个随机 Petri 网均配置 k 个 λ，共可获得 $m \times n \times k$ 个随机 Petri 网。例如，RandDS2 中 $m = 6$，$n = 100$，$k = 10$。其中，SPN 生成算法的参数设置为 pn1 = 5，pn2 = 10，tn1 = 3，tn2 = 0，Max_{λ} = 10，pro = 0.1，ML = 4，MU = 50，pb = 10。如表 6.4 中的数据集描述所示，数据集的规模、多样性(SPN 结构)均呈递增趋势。

表 6.4　数据集信息

	基础 SPN 结构	数据增强	λ	总数量
RandDS1	1	100	10	1000
RandDS2	6	100	10	6000
RandDS3	30	100	10	30000

　　数据集划分：为了逐渐地提高数据集难度，本节设计了如图 6.7 所示的数据集划分方式。三个数据集存在如下关系：①RandDS1、RandDS2 的划分方式相似，主要区别为基础随机 Petri 网的增加；②RandDS1 与 RandDS2 训练集和测试集中包含全部的随机 Petri 网，区别是训练集中的 λ 与测试集中的 λ 是不同的；③ RandDS3 中的测试集不仅包含训练集中所有的随机 Petri 网，同时也包含 5×100 个训练集中未知的随机 Petri 网。相比于 RandDS1 与 RandDS2，不仅在数据规模上得到极大的提升，同时需要预测完全未知(随机 Petri 网结构和 λ)的数据。因此，RandDS3 难度更大。

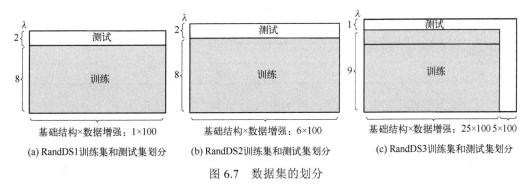

图 6.7　数据集的划分

　　局部聚集：由于表 6.4 中三个数据集的数据是随机生成的，数据集的空间分布存在局部聚集的现象。如图 6.8 所示，以横轴为可达图标识总数，纵轴为库所数的原则对整个数据空间进行划分。可以观察到，数据在空间上的分布极度不均匀，大部分数据分布于黑色框的区域中，且黑色框中的数据基本都聚集在左下角。

　　当这种偏态分布出现时，会导致某些局部空间中包含高度相似的随机 Petri 网，尤其是那些高度聚集的空间。当存在这种高度相似的数据时，往往存在数据冗余现象，严重地浪费存储和计算资源。可以对数据集进行欠采样，删除数据中高度相似的部分数据，仅保留那些距离较远、差异较大的数据，而并不会影响获得模型的预测性能。与此同时，一些局部空间中还存在空数据，这将阻碍神经网络学习到那些数据空间为空的空间表示。尤其是当神经网络需要预测那些局部空间为空的数据时，由于在训练集中没有学习到该局部空间的表示，将难以对该类数据做出精准的预测。为了有效地提高数据质量，使用了一种网格化的组织方式来解决这一问题。

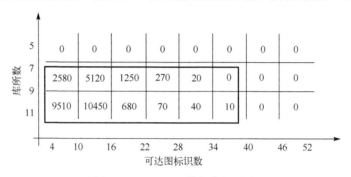

图 6.8　RandDS3 数据空间分布

根据算法 6.3 的流程生成了五个数据集：GridDS1～GridDS5。所有数据集中的随机 Petri 网均服从表 6.5 所示范围，值得注意的是，表 6.3 与表 6.5 并不相同，表 6.5 相比表 6.3 库所和变迁的生成范围更大，其中最大库所与变迁的范围增至 15。

表 6.5　生成的网格随机 Petri 网的信息描述

	托肯	变迁	库所	标识数	λ
min	0	2	5	4	1
max	2	15	15	50	10

表 6.6 为数据集的基本描述，以 GridDS3 为例，生成过程如下：①为了使得网格中每个局部空间都存在一定数量的数据，从表 6.5 的范围中随机生成 300000 个随机 Petri 网作为候选随机 Petri 网；②将 300000 条数据按照图 6.9 所示的网格进行划分。划分后每个局部空间中数据的数量均大于等于 150；③均匀地从每个网格中随机选择相同数量的基础随机 Petri 网，例如，RandDS3 中每个网格选择 60 个基础随机 Petri 网；④为每个网格中的基础网结构配置 10 个 λ。例如，RandDS3 中的每个网格中的数据数量将增至 600。其中，SPN 生成算法的参数设置为 pn1 = 5，pn2 = 15，tn1 = 3，tn2 = 0，Max_λ=10，pro = 0.1，ML = 4，MU = 50，pb = 10。相比于随机化的方式，数据空间中的数据分布更加均匀。每个局部空间都存在着数据，不存在数据为空的局部空间。与此同时，每个局部空间的数据量远远小于随机化组织方式中

高度聚集局部空间的数据量，这减小了网格内部出现高度相似数据的概率，从而保证了局部空间内部数据的多样性。

表 6.6 网格数据集信息

	基础 SPN 结构	λ	总数量
GridDS1	1000	10	10000
GridDS2	2000	10	20000
GridDS3	3000	10	30000
GridDS4	5000	10	50000
GridDS5	7500	10	75000

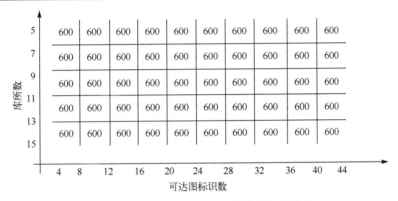

图 6.9 网格数据 RandDS3 的数据空间分布

数据集划分：使用 8:2 划分的方式，即从所有的数据集中随机地选取 80%作为训练集和 20%作为测试集。

数据集已放置于 Github（https://github.com/netlearningteam/NetLearningDS）。所有数据集被分类成训练集和测试集，使用者可以将它们合并，并自行地划分数据集，例如，可以自行地增加验证集、十折交叉验证等。ori_data 用于存放原始 Petri 网数据，preprocessd_data 用于存放原始数据处理后 GNN 的输入数据。在 Github 存放地址，同时提供了数据保存格式、数据的数据结构说明和实验中所有的代码，方便读者阅读与使用。

6.5 实验与分析

实验分为两部分，主要包括了数据集的验证和随机 Petri 网的性能分析任务，验证了本节给出的模型和算法对随机 Petri 网性能分析的有效性。

6.5.1 随机 Petri 网数据集实验分析

由于缺乏用于随机 Petri 网学习和训练的基准数据集，如何收集和构建 Petri 网数据集是需要解决的难点之一。目前，现有的 Petri 网大多是人工构建的，Petri 网的数据规模有限，无法满足大量标注数据进行训练的基本要求。因此，本节设计了一个自动生成 Petri 网的方法。

1. 数据集和参数设置

基于 6.4 节生成的两类数据集 RandDS1～RandDS3 和 GridDS1～ GridDS5，通过 MLP、CNN 和 GNN 多种机器学习的方法对数据集之间的关系、规模的递增对模型预测准确率影响等方面进行了分析。所有实验结果均运行在以下设备：①操作系统为 Ubuntu 18.04；②处理器 Intel T7700，2.40GHZ，双核；③GPU 为 Tesla V100。

实验包括的算法如下。

GNN：基于 DGL[39]实现三种图学习算法，包括 GCN[40]、MPNN[41]、GN Block[42]。每一层均使用了跳跃连接、正则化；隐层的维度均为 150，共 10 层卷积层；激活函数为 Relu；Readout 为 MLPReadout；优化函数为 Adam；batch size=256；初始梯度下降速率为 0.001。

MLP 与 CNN：MLP 与 CNN 均使用了 8 层隐层，加上输入和输出层共 10 层；激活函数为 Relu；优化函数为 Adam；batch size=256；初始梯度下降速率为 0.001；隐层维度为 100；CNN 的卷积核大小为 2；padding 为 2。

值得注意的是，为分析数据集之间的关系、规模的递增对模型预测准确率影响等信息，并没有对参数进行调优。

2. 实验结果与分析

实验分析了在两类数据集上，GNN、MLP 和 CNN 的性能表现如表 6.7 和表 6.8 所示，其中，平均绝对误差值（Mean Absolute Error，MAE）是预测值与真值之间的平均误差，可以反映出预测值误差的实际情况；而平均相对误差（Mean Relative Error，MRE）则是平均绝对误差与真值的比值，是一个百分数。

性能分析：①对于表 6.7 来说，采用随机化组织方式生成的数据集 RandDS1～RandDS3，5 种算法在 RandDS1 上的性能差异较大。MLP 的平均相对误差大于 100%，这意味着预测结果与真实结果相差了一倍多。CNN 与之相比误差稍低，但还是远远不能与 GNN 相比。GNN 中误差最低的为 GN，误差率小于 1%，其余均小于 2%。随着数据规模的增加，CNN 与 MLP 的性能有着一些提升，但其性能仍与 GNN 存在着差距；②对于表 6.8 来说，随着数据集的规模增加，五种算法的预测性能有着一定的提升。传统类型的神经网络与 GNN 相比还是有很大差距。由于只有 RandDS3

与 GridDS3 数据量相同，所以对于两种组织方式学习算法影响的分析，主要对 RandDS3 与 GridDS3 结果进行比较。可以观察到，GNN 在网格化组织方式的数据上学习时误差率较低，而对于 MLP 与 CNN 而言随机化的组织方式误差率较低。因此，网格化的组织方式更适用于 GNN，它可以有效地提升 GNN 的预测性能。

因此，总体来看，传统类型的神经网络(MLP、CNN)与 GNN 的性能相差较大。其主要原因是 CNN 和 MLP 学习过程中损失了拓扑结构，而 GNN 可以利用图的拓扑信息学习到更加丰富的特征。因此，对于图数据的学习来说，GNN 应为首选。

GNN 中包括 GCN、GN Block、MPNN，其中，GN Block 在表 6.7 中获得了最佳性能，在表 6.8 中与 MPNN 性能相似。而 GCN 相比于 GN Block 与 MPNN 性能较弱。其主要原因是 GCN 在学习过程中没有使用边特征，而边特征(λ)在计算状态方程时是一个非常重要的参数。λ的变化会引起状态方程的解的变化，进而影响到随机 Petri 网的性能指标。因此在学习算法学习的过程中应尽可能地将边特征也考虑在内，才能获得更好的性能分析结果。

表 6.7　随机化组织方式生成数据实验结果

	MLP		CNN		GCN		GN Block		MPNN	
	MAE	MRE/%	MAE	MRE/%	MAE	MRE/%	MAE	MRE/%	MAE	MRE/%
RandDS1	3.482	114.3	2.964	97.2	0.037	1.20	0.026	0.83	0.054	1.79
RandDS2	1.798	56.6	1.418	45.7	0.190	11.86	0.051	1.84	0.095	3.31
RandDS3	1.091	28.7	1.092	28.7	0.194	4.00	0.102	2.33	0.111	2.56

表 6.8　网格化组织方式生成数据实验结果

	MLP		CNN		GCN		GN Block		MPNN	
	MAE	MRE/%	MAE	MRE/%	MAE	MRE/%	MAE	MRE/%	MAE	MRE/%
GridDS1	5.190	63.0	4.926	59.4	0.131	2.16	0.203	3.03	0.143	2.49
GridDS2	2.613	31.4	2.474	30.2	0.252	3.16	0.136	1.63	0.184	2.24
GridDS3	2.200	34.9	2.182	35.5	0.123	1.56	0.056	0.82	0.029	0.44
GridDS4	2.513	45.7	2.513	45.7	0.068	0.87	0.079	1.41	0.036	0.54
GridDS5	2.608	37.6	2.608	37.4	0.054	0.73	0.035	0.52	0.071	0.96

数据集特性：随着数据集规模增加，表 6.7 呈现了对未知数据预测难度递增的趋势，这主要与其三个数据集划分训练集和测试集的方式有关。表 6.8 中的数据集，随数据集的规模递增，算法预测误差逐渐下降。可以得出结论，增加数据集的规模一定程度上可以提升模型预测准确率，提升数据集规模在某种程度上与优化神经网络算法作用相当。在未来，可以生成规模更大、随机 Petri 网服从范围(表 6.3 和表 6.5)更广的数据以提升深度学习模型泛化能力。

运行时间：五种神经网络算法在随机化方式组织的 RandDS3 数据集上的运行时间，如图 6.10 所示。在三种 GNN 中，GN Block 运行所需要的时间最长，MPNN 与 GN Block 相比节约了 31.9%的时间，GCN 最快。MLP 与 CNN 相比，MLP 用时较短。

6.5.2 网学习算法实验分析

利用随机 Petri 网的性能分析任务，分析并展示 6.3.2 节提出的网学习模型和算法的应用结果。

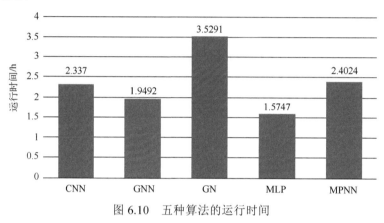

图 6.10 五种算法的运行时间

1. 数据集和参数设置

实验使用了表 6.4 中的数据集 RandDS1～RandDS3。在实验过程中，将上述数据集分为训练集和测试集。三个数据集的信息如表 6.9 所示，包括网络结构数、可达标记图数、节点数、边数。

表 6.9 训练测试集的相关信息

数据集		网结构	可达标识图	节点	边
RandDS1	训练	100	800	10720	18416
	测试	100	200	2680	4604
RandDS2	训练	600	4800	37408	66096
	测试	600	1200	9352	16524
RandDS3	训练	2500	22500	214002	377523
	测试	3000	7500	78088	148847

RandDS1 和 RandDS2 的数据集使用相同的训练测试集划分方法。在 RandDS1 中，Petri 网结构是相似的，但 λ 的配置是不同的。同样，RandDS2 增加了基本 Petri 网结构的数量，并生成可达标识图。这两个数据集都被分成 80%用于训练，20%用

于测试。在 RandDS3 中，数据规模增大，使用了不同的划分方法。测试集包含所有网结构(3000 种类型)，其中 500 种网结构没有出现在训练集中。RandDS3 被分成 75%进行训练和 25%进行测试。

实验参数设置如下：使用 Adam 优化函数训练，初始学习率是 0.001 并随训练过程动态调节，损失函数为平均绝对误差损失 L_1；节点特征维度为 11，更新函数使用多层感知机 MLP；训练 epoch 为 100；$L=10$；使用了正则化；激活函数为 Relu。基于上述设置，构建的 UBEN 模型和 UBHI 模型的总参数分别为 175K 和 132K。

2. 实验结果与分析

在实验过程中，以随机 Petri 网的性能——平均标记数的计算为任务，对两类算法(UBEN 和 UBHI)的预测结果进行了比较与分析，①给出了在三类数据集上的模型预测性能；②分析了更新过程保持节点不变对任务效果的影响；③并且比较分析了算法的时间消耗；④给出了一个实际案例的测试结果。

1) 模型预测性能分析

通过在两种模型在三个数据集上的表现，预测结果如表 6.10 所示。

表 6.10　预测结果的性能分析

数据集	算法	MAE	MRE/%
RandDS1	UBEN	**0.0040**	0.12
	UBHI	0.0102	0.30
RandDS2	UBEN	0.1334	5.13
	UBHI	**0.1329**	5.11
RandDS3	UBEN	0.3163	10.66
	UBHI	**0.2828**	8.77

实验结果表明，两种模型在三个数据集上的表现各有优劣。第一个数据集中，由于训练集和测试集所包含的网络结构是相似的，所以任务相对比较简单，两种模型都取得很好的效果，UBEN 略优于 UBHI，预测结果与真实值之间的 MAE 为 0.0040，MRE 为 0.12%，但 RandDS1 中数据的规模较小，且所有的网结构都是由一种基本结构生成，相对较为简单；在 RandDS2 数据集下 UBHI 的效果略优，MAE 为 0.1329，MRE 为 5.11%，实验结果较 RandDS1 而言精确率有所下降，这是由于 RandDS2 的基本网结构的数量和数据集的规模都有所提升，相比较于 RandDS1 分析的难度也提高了；为了度量模型对未知数据的延展性，RandDS3 中将 2500 个网结构作为训练数据，测试时使用全部网络结构，实验结果显示该数据集下，模型可以较好地对随机 Petri 网的平均标记数进行预测，UBHI 模型的误差为 0.2828，误差

率为 8.77%。总体来说，实验结果表明，使用 UBEN 和 UBHI 模型可以近似预测随机 Petri 网的平均标记数，解决随机 Petri 网上的一些性能分析任务。

2) UBEN 模型节点更新策略

由于随机 Petri 网的可达图中节点代表不同的可达状态，其中的每个值都代表着对应库所中的托肯个数，所以可达图中节点的特征向量是特殊含义的。在 UBEN 模型更新过程中节点和边都会参与到更新，为了度量节点是否更新对任务效果的影响，本实验基于 UBEN 模型进行微调，更新迭代过程中节点的值保持不变，仅更新图的边以及全局变量，对应可达图上的变迁以及相应随机 Petri 网的平均标记数。从表 6.11 给出的实验结果中可以看出，在三个数据集上，使用 UBEN 模型更新过程保持节点不变，对随机 Petri 网性能分析任务效果有一定的提升。

表 6.11 节点更新的影响

数据集	节点更新	MAE	MRE/%
RandDS1	Yes	0.004	0.12
	No	**0.0037**	**0.12**
RandDS2	Yes	0.1334	5.13
	No	**0.1319**	**5.04**
RandDS3	Yes	0.3163	10.66
	No	**0.3057**	**10.01**

3) 两种模型的时间消耗

两种模型在不同数据集下的训练时间如图 6.11 所示。从训练过程的时间消耗角度而言，规模最大的 DS3 耗时最长，相同数据集的前提下，参数较多的 UBEN 模型耗时较长，约为 10040s。

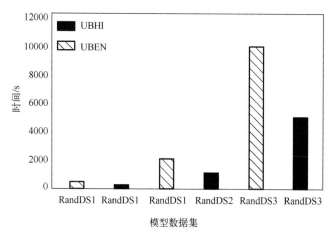

图 6.11 算法的训练时间

4) 实际案例测试

由于没有大规模的随机 Petri 网数据集，在上述实验中，生成了超过 30000 个随机 Petri 网数据，支持学习模型的训练和测试。此外，收集了 45 个真实世界的随机 Petri 网，并将它们组织为一个新的真实世界的随机 Petri 网数据集，以验证模型。这些随机 Petri 网主要用于描述现实世界的系统，如处理单元、任务调度和通信网络。

基于真实的随机 Petri 网数据集，使用 UBHI 和 UBEN 两种算法进行测试，并与 GCN 和 GAT 等其他方法进行比较。注意，UBEN 采用保持节点不变的策略。

实验过程中发现模型的性能与用于训练的数据集有关。数据集中包含的 Petri 网类型越多，训练得到的模型泛化能力越强。因此，这四个模型是基于 RandDS3 数据集进行训练的。

实验结果如表 6.12 所示。可以看出，UBHI 和 UBEN 训练的模型对平均标记数的预测效果优于 GCN 和 GAT，UBEN 和 UBHI 的相对误差率分别为 20.82%和28.86%。结果表明，两种模型对未知数据具有一定的泛化能力。

表 6.12　真实数据集的实验结果

算法	MAE	MRE/%
GAT	1.7804	73.72
GCN	0.9811	52.49
UBHI	0.7361	28.86
UBEN	0.6650	20.82

6.6　小　　结

本章结合 Petri 网建模与分析的优点和图学习计算的优点，提出了网学习思想，设计了用于随机 Petri 网性能分析的网学习算法。由于缺乏用于随机 Petri 网学习和训练的基准数据集，本章提出了一种标准随机 Petri 网数据集的生成方法，给出了网格化的数据组织方式，可使得数据更具多样性。本章生成的 8 个标准随机 Petri 网数据集已开源，以便于学者们开展 Petri 网学习研究与探索。

在实验过程中，本章分析并验证了网学习算法对随机 Petri 网性能分析任务的影响。与传统的随机 Petri 网分析方法相比，网学习模型不断地将当前邻居节点的特征作为输入的一部分，在下一次生成中心节点的特征，直到每个节点的特征变化很小。此时，整个图的信息流趋于稳定。这个训练过程与随机 Petri 网可达图的稳态过程是一致的。然而，如何深入分析这一过程，仍是今后工作中需要解决的问题。

在未来的研究中，还将结合 Petri 网的动态行为特征设计 Petri 网的更新和学习过程，分析任务可以从随机 Petri 网扩展到一般 Petri 网。借鉴图学习的思想，如图卷积神经网络和图门控神经网络，进一步设计和改进网学习的更新和学习算法。

参 考 文 献

[1]　Silver D, Hubert T, Schrittwieser J, et al. A general reinforcement learning algorithm that masters chess, shogi, and go through self-play. Science, 2018, 362(6419): 1140-1144.

[2]　Krizhevsky A, Sutskever I, Hinton G E. ImageNet classification with deep convolutional neural networks. Communications of the ACM, 2017, 60(6): 84-90.

[3]　He K, Zhang X, Ren S, et al. Deep residual learning for image recognition//Proceedings of the IEEE Conference on Computer Vision and Pattern Recognition, Nevada, 2016.

[4]　Jiang C, Wang J. Intelligence originating from human beings and expanding in industry: a view on the development of artificial intelligence. Strategic Study of Chinese Academy of Engineering, 2019, 20(6): 93-100.

[5]　Jiang C, Song J, Liu G, et al. Credit card fraud detection: a novel approach using aggregation strategy and feedback mechanism. IEEE Internet of Things Journal, 2018, 5(5): 3637-3647.

[6]　Jiang C J. Behavior Theory and Application of Petri Net. Beijing: Higher Education Press, 2003.

[7]　Tao X, Liu G, Yang B, et al. Workflow nets with tables and their soundness. IEEE Transactions on Industrial Informatics, 2019, 16(3): 1503-1515.

[8]　Wang M, Ding Z, Liu G, et al. Measurement and computation of profile similarity of workflow nets based on behavioral relation matrix. IEEE Transactions on Systems, Man, and Cybernetics: Systems, 2018, 50(10): 3628-3645.

[9]　Chen Y F, Li Z W, Al-Ahmari A, et al. Deadlock recovery for flexible manufacturing systems modeled with Petri nets. Information Sciences, 2017, 381(1): 290-303.

[10]　Kaymak Y, Rojas-Cessa R, Feng J, et al. A survey on acquisition, tracking, and pointing mechanisms for mobile free-space optical communications. IEEE Communications Surveys and Tutorials, 2018, 20(2): 1104-1123.

[11]　Bose R P J C, van der Aalst W M P, Žliobaitė I, et al. Dealing with concept drifts in process mining. IEEE Transactions on Neural Networks and Learning Systems, 2013, 25(1): 154-171.

[12]　Tariq M, Poor H V. Electricity theft detection and localization in grid-tied microgrids. IEEE Transactions on Smart Grid, 2016, 9(3): 1920-1929.

[13]　Ding Z, Qiu H, Yang R, et al. Interactive-control-model for human-computer interactive system based on Petri nets. IEEE Transactions on Automation Science and Engineering, 2019, 16(4): 1800-1813.

[14]　Molloy M K. Performance analysis using stochastic Petri nets. IEEE Transactions on Computers,

1982, 31（9）: 913-917.

[15] Zhou M, Guo D, Dicesare F. Integration of Petri nets and moment generating function approaches for system performance evaluation. Journal of Systems Integration, 1993, 3（1）: 43-62.

[16] Jiang C, Shu S, Zheng Y. Logical properties analysis and stochastic performances estimated of Petri nets under restrictive concurrent machine. Acta Automatica Sinica, 1996, 22（4）: 410-417.

[17] Battaglia P W, Hamrick J B, Bapst V, et al. Relational inductive biases, deep learning, and graph networks. arXiv preprint arXiv:1806.01261, 2018.

[18] Czerwiński W, Lasota S, Lazić R, et al. The reachability problem for Petri nets is not elementary. Journal of the ACM, 2020, 68（1）: 1-28.

[19] Mayr E W. An algorithm for the general Petri net reachability problem. SIAM Journal on Computing, 1984, 13（3）: 441-460.

[20] Molloy M K. Petri net modeling-the past, the present, and the future//Proceedings of the 3rd International Workshop on Petri Nets and Performance Models, Kyoto, 1989.

[21] Ahson S I. Petri net models of fuzzy neural networks. IEEE Transactions on Systems, Man, and Cybernetics, 1995, 25（6）: 926-932.

[22] Hanna M M, Buck A, Smith R. Fuzzy Petri nets with neural networks to model products quality from a CNC-milling machining centre. IEEE Transactions on Systems, Man, and Cybernetics-Part A: Systems and Humans, 1996, 26（5）: 638-645.

[23] Hirasawa K, Ohbayashi M, Sakai S, et al. Learning Petri network and its application to nonlinear system control. IEEE Transactions on Systems, Man, and Cybernetics, Part B: Cybernetics, 1998, 28（6）: 781-789.

[24] Shen V R L, Chang Y S, Juang T T Y. Supervised and unsupervised learning by using Petri nets. IEEE Transactions on Systems, Man, and Cybernetics, Part A: Systems and Humans, 2010, 40（2）: 363-375.

[25] Lin Y N, Hsieh T Y, Yang C Y, et al. Deep Petri nets of unsupervised and supervised learning. Measurement and Control, 2020, 53（7-8）: 1267-1277.

[26] Ding Z, Zhou Y, Zhou M. Modeling self-adaptive software systems with learning Petri nets. IEEE Transactions on Systems, Man, and Cybernetics: Systems, 2015, 46（4）: 483-498.

[27] 吴哲辉. Petri 网导论. 北京: 机械工业出版社, 2006.

[28] Lin C. Stochastic Petri Net and System Performance Evaluation. Beijing: Tingshua University Press, 2005.

[29] 蒋昌俊, 闫春钢, 刘关俊,等. 基于 Petri 网的并发错误检测方法及系统: CN111444082A. 2020.

[30] Wang J L, Qi H D, Guang M J, et al. Net Learning. IEEE Transactions on Neural Networks and Learning Systems, 2022, Accepted.

[31] Yoon K J, Liao R, Xiong Y, et al. Inference in probabilistic graphical models by graph neural networks//The 53rd Asilomar Conference on Signals, Systems, and Computers, Pacific Grove, 2019.

[32] Bresson X, Laurent T. A two-step graph convolutional decoder for molecule generation. arXiv preprint arXiv:1906.03412, 2019.

[33] Dwivedi V P, Joshi C K, Laurent T, et al. Benchmarking graph neural networks. arXiv preprint arXiv:2003.00982, 2020.

[34] Borgwardt K M, Ong C S, Schönauer S, et al. Protein function prediction via graph kernels. Bioinformatics, 2005, 21 (suppl_1): 47-56.

[35] Schomburg I, Chang A, Ebeling C, et al. BRENDA, the enzyme database: updates and major new developments. Nucleic Acids Research, 2004, 32 (suppl_1): 431-433.

[36] Rozemberczki B, Kiss O, Sarkar R. Karate club: an API oriented open-source python framework for unsupervised learning on graphs//Proceedings of the 29th ACM International Conference on Information and Knowledge Management, New York, 2020.

[37] Guang M J, Yan C G, Wang J L, et al. Benchmark datasets for stochastic Petri net learning//Proceedings of the 2021 International Joint Conference on Neural Networks, Shenzhen, 2021.

[38] Jiang C J. A PN Machine Theory of Discrete Event Dynamic System. Beijing: Science Press, 2000.

[39] Wang M, Yu L, Zheng D, et al. Deep graph library: towards efficient and scalable deep learning on graphs//Proceedings of the International Conference on Learning Representations 2019 Workshop on Representation Learning on Graphs and Manifolds, New Orleans, 2019.

[40] Kipf T N, Welling M. Semi-supervised classification with graph convolutional networks//Proceedings of the International Conference on Learning Representations, Toulon, 2017.

[41] Gilmer J, Schoenholz S S, Riley P F, et al. Neural message passing for quantum chemistry//Proceedings of the International Conference on Machine Learning, Sydney, 2017.

[42] Battaglia P W, Hamrick J B, Bapst V, et al. Relational inductive biases, deep learning, and graph networks. arXiv preprint arXiv:1806.01261, 2018.

第 7 章　神经网络架构搜索

深度学习研究发展至今已经可以胜任各类识别、分类、生成任务[1]，但是对于不同的任务，人工神经网络的结构或参数不可能只是微小的变化。为了可以精确地完成特定的任务，依然需要专家们坚持不懈地对神经网络的结构或参数进行调整。在这样的情况下，如何自动化地调整人工神经网络的结构或参数成为研究热点[2]，其中，以达尔文自然进化论为灵感的神经进化成为自动化调整参数和结构的主要优化方法。利用神经进化优化的深度模型以种群为基础，通过突变、重组等操作进行进化，可以实现自动化地、逐步地构建神经网络并最终选择出性能最优的深度学习模型。

7.1　引　　言

人工神经网络的灵感源于生物学，在人类的大脑中，掌控记忆与学习能力最关键的组件就是神经元中的细胞体，突触则起到在神经元之间传递消息的作用，所以人工神经网络中的神经元相当于一个微型处理器，神经元之间的连接则作为数据的输入输出端，整个人工神经网络就是一个模仿人类大脑中可以相互传递处理信息的神经元集合，并以层状网络结构的形式呈现[3,4]。

在人工神经网络中，有成千上万的连接，连接权重不可能通过研究人员手工设定，最为广泛的权重调节方法就是随机梯度下降[5]，但是对于网络的结构、神经元之间应该如何连接等问题，还是需要研究人员基于自身经验不断地实验得出。与之相比，人类大脑中的神经元的架构是通过自然进化而来，那么人工神经网络是否也可以通过进化的方式自动地生成，这使得神经进化被提出并研究发展至今。

神经进化[6,7]是利用进化计算或生物进化的思想来产生人工神经网络的参数、结构和规则的方法。目前，进化计算主要有四个分支，包括遗传算法、遗传编程、进化策略、进化编程，四个分支都遵循同一个核心的思想：初始随机生成多个个体，通过突变、交叉重组等操作改变个体，增加个体多样性，再对个体进行适应值估算，选择优秀的个体继续上述过程。所以，为了优化深度学习等人工神经网络模型，实现自动化调整神经网络中的参数或结构，研究人员纷纷将神经进化应用于各类深度学习模型中，经过最近几年的研究证明了通过神经进化产生的神经网络性能更优。同时，通过进化计算调节网络连接权重可以很好地避免模型陷入局部最优等问题。

本章其余小节的组织结构如下：7.2 节阐述神经进化的相关概念和背景；7.3 节

对神经进化与深度学习模型融合发展的状况进行概述；7.4 节介绍课题组前期对进化式生成对抗网络方面进行的相关研究工作，从神经进化和进化式生成对抗网络模型结构两个角度分别详细介绍生成器的进化过程和整体网络构架，并应用于图像修复任务；7.5 节是本章小结。

7.2　神经进化与进化计算

　　神经进化的发展实际要追溯到进化计算的发展。20 世纪 60 年代，继达尔文的进化论提出后，将进化论应用于计算机的想法纷纷被提出。美国的计算机科学家 Fogel 提出了进化编程[8]，紧随其后，美国密歇根大学的 Holland 借鉴了达尔文的生物进化论和孟德尔遗传定律的基本思想，将其进行提取、简化与抽象，提出了遗传算法[9]。同一时期，德国的 Rechenberg 和 Schwefel 提出了模仿自然突变和自然选择的进化策略[10]。但是，由于当时的计算机容量小、运算速度慢，它们都没有引起人们过多的关注。到了 20 世纪 90 年代初，一种全局优化算法遗传编程[11]由斯坦福大学的 Koza 提出的。从该时期开始，与进化相关的算法也开始被应用在机器学习和一些复杂函数的优化问题上。

　　人工神经网络一般情况下是正向输入得到输出，然后通过对比输出和真实数据将误差反向传播进而更新网络的权重。但是在生物的神经网络中，并不存在反向传播的形式，而是通过环境给予的刺激产生新的网络连接。与人脑构建神经网络的方式相似，通过神经进化构建网络就是一个正向的过程，它可以将神经网络的各种特性编码为人工基因组，所要执行的任务相当于环境，根据一些评价准则体现人工神经网络对任务完成的优劣情况，并以此为依据选择优秀的后代进行遗传和进化，直到产生能准确完成任务的精英个体。可见，神经进化或许就是产生类似人类智能的一种行之有效的方法。

　　总体来说，进化计算就是受到生物进化过程中"优胜劣汰"的核心思想激发而提出的一种计算机计算方法。在人工智能领域，进化计算通常涉及组合优化问题，通过程序迭代模拟自然选择机制和遗传信息的规律，将需要解决的问题视为自然环境，可能的解集为一个种群，根据每个个体的适应情况决定最优解，将当代的最优解进行遗传变异得到后代，继续根据适应情况进行评估，直到满足终止条件。

　　遗传算法(Genetic Algorithm，GA)将原问题的解空间映射到位串空间，使用固定长度的二进制字符串表示群体中的个体，0、1 的单个字符可以理解为基因，固定长度的字符串可以理解为染色体。遗传算法以交叉变异为主，突变为辅。交叉算子主要用于产生后代，突变算子用于保持种群中个体的差异性。遗传算法基于概率对个体进行选择，适应度高的个体被选中的概率大，适应度低的个体被选中的概率小。

同时，适应度低的个体不会百分百淘汰，也有一定的概率被选中，这样就保证了个体的多样性，避免某些重要的字符(基因)特征过早地丢失。

遗传编程(Genetic Programming，GP)是通过遗传的思想来进行计算机编程。在遗传编程中，广义的计算机程序就是一个个体，通常是使用树的结构表示，树可以理解为染色体，每棵树的分支都由函数集和终止符集，函数集由一些+、−等算术符号或 sin、cos、log 等标准数学函数组成，终止符集由 x、y 等变量或 a、b 等常量组成。在初始群体中，树通过随机的方式产生，也就是随机从函数集和字符集中选择符号、常量和变量构成各种复杂的数学表达式。遗传编程有多种遗传算子，例如，交叉、变异、编辑操作、封装操作等，遗传编程也是以交叉变异为主，同时其他的遗传算子作为辅助变异操作提高群体的多样性并保护重要基因不被丢失。遗传编程以个体适应度与总体适应度和的比值作为这个个体的被选择的概率。

进化策略(Evolutionary Strategy，ES)是直接在解空间进行操作。进化策略使用十进制的实数表示个体，表达式为

$$x^{t+1} = x^t + N(0,\sigma) \tag{7.1}$$

其中，x^t 为一个实数，表示第 t 代的个体；$N(0,\sigma)$ 为服从正态分布的随机数。在进化策略中有很多的遗传算子，主要分为两类：突变和重组。进化策略以突变为主，重组(交叉)为辅。突变主要是通过改变正态分布中的 σ 参数来实现的，具体计算如下

$$\sigma_i' = \sigma_i \exp[\tau \times N(0,1) + \tau' \times N_i(0,1)] \tag{7.2}$$

$$x_i' = x_i + N(0,\sigma_i') \tag{7.3}$$

其中，τ 和 τ' 算子参数集，分别表示突变运算时的整体步长和个体步长。进化策略使用的是百分百淘汰制。根据个体的适应度大小，完全保留适应度高的个体而完全淘汰适应度低的个体。虽然这样的百分百的淘汰制度可能会破坏种群中的多样性，容易使算法陷入局部最优，但是进化策略的突变操作又会弥补这种选择方式带来的损失。

进化编程(Evolutionary Programming，EP)也是使用十进制实数来表示个体，表达式为

$$x_i' = x_i + \sqrt{f(x)} \times N_i(0,1) \tag{7.4}$$

其中，$f(x)$ 表示个体的适应度，新的个体是在旧的个体基础上加了一个有关适应值的随机数。

进化编程只有突变操作，没有类似交叉或重组的遗传算子。为了增加个体的自适应调整功能，在突变中引入了方差的概念，产生了元进化编程，表达式为

$$x_i' = x_i + \sqrt{\sigma_i} \times N_i(0,1) \tag{7.5}$$

$$\sigma_i' = \sigma_i + \sqrt{\sigma_i} \times N_i(0,1) \tag{7.6}$$

进化编程使用的是随机性的 q 竞争选择法。在进化编程中，父代和子代的个体数相同为 μ 个，总共 2μ 个，q 竞争选择法指的是在 2μ 个父代子代个体中，随机选择 q 个个体作为测试集，对于非测试集的其他某个个体，例如，个体 i，将个体 i 的适应值与测试集中的 q 个个体的适应值一一进行对比，记录个体 i 优于或等于测试集 q 个个体的次数作为个体 i 的分数。根据上述的方法对 2μ 个个体进行评分，每次一个循环都会重新选择新的 q 个个体作为测试集。

7.3 基于神经进化的深度学习模型

7.3.1 卷积神经网络

在卷积神经网络中以 ConvGP[12](Convolutional Genetic Programming) 为代表，它是一种利用遗传编程算法优化卷积神经网络进行图像分类的方法。与传统的卷积神经网络 (CNN) 相比，ConvGP 算法有高度的可解释性，可以自动进化网络的结构，有学习实例的能力。ConvGP 创新之处在于利用深度的遗传编程自动地进化在原始像素值上操作的程序，进而自动地检测图像中有意义的区域，在这个区域中提取特征，再构建更高级的特征，正确地为被检测的图像分配标签，并且整个过程并非黑盒子优化，是可以解释的。

ConvGP 将 CNN 图像分类过程的详细步骤合并为几个单一的组件，这样有可能在原始的图像提取出更加高阶的特征，并且整个过程没有人工的设置。因为 ConvGP 是通过 GP 进化卷积神经网络，所以整个计算机程序需要表示为一个树状结构，在初始阶段，树被随机地构建。在进化过程中，树通过交叉和突变操作被进化。保留每一代精英 (好的个体) 来确保一代中好的个体不会变差。到达第 50 代之后，可以认为进化完成了，最高表现的个体被返回。ConvGP 能够将图像分类的各个阶段合并到一个单独的分层树结构中，如图 7.1 所示。

第一层为卷积层，它的主要作用是用低级的特征表示来组成高级的特征表示，同时出现在卷积之后的池化函数主要用来降低图像的维度，进而提高图像特征提取过程的速度。

第二层为聚集层，它的主要作用是识别图像中的关键区域，利用一个适合的函数应用在关键区域，产生关键区域的特征表示。聚集层必须有，并且是固定单一高度的。

第三层为分类层，它将会输出一个数值，用来二分类一个实例，即该实例为正例还是反例。分类层也是必须有的，但是可以是任意高度。高度受树的最大深度的限制。

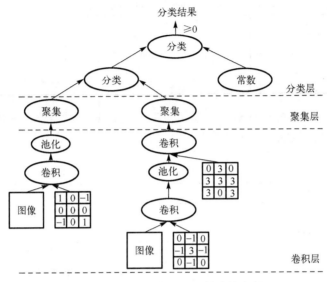

图 7.1　ConvGP 中的分层树结构实例

适应度函数用来判断出表现优秀的个体,也作为对分类准确度的一种测量标准,公式为

$$\text{Fitness} = \frac{\text{TP} + \text{TN}}{\text{Total}} \tag{7.7}$$

其中,TP 指分类为正例的数量,TN 指分类为反例的数量,Total 指全部实例的数量。

对于 GP 来说,每棵树的分支都由函数集和终止符集。在 ConvGP 中也是如此,其中函数集和终止符集如表 7.1 所示。

表 7.1 中主要有三部分,分别是 ConvGP 中的分层树中三层所对应使用的函数。在聚集层中, mean 函数的作用是总结整个区域;stdev 函数的作用是展示出区域内的变化;min 和 max 函数用来强调两个类别之间的不同。

表 7.1　函数集

函数	输入	输出
conv	(image, filter)	image
pool	image	image
mean		
stdev	(image, x_cord, y_cord, size,shape)	double
min		

函数	输入	输出
max	(image, x_cord, y_cord, size,shape)	double
+		
−	(double, double)	double
×		
/		

表 7.2 中的三部分同样对应分层树中的三层，其中，需要说明的是 x_cord 和 y_cord 表示的是图像的大小的百分比。

表 7.2　终止符集

终止	取值范围
image	$\{0, 1, \cdots, 255\}$
filter	$\{-3, -2, \cdots, +3\}$
x_cord	[0.05, 0.9]
y_cord	[0.05, 0.9]
size	[0.15, 0.75]
shape	{elp, row, col, rec}
constant	$\{-5, -4, \cdots, +5\}$

ConvGP 将 GP 与卷积神经网络的关键技术卷积与池化进行了结合用于图像分类，该方法大大减小了卷积神经网络所需的测试时间，并通过进化的方式发展一个程序学习卷积核的系数，检测对于图像有意义的区域，从检测到的区域提取特征并建立一个分类器，都优于大多数的图像分类方法。

除了 ConvGP 之外，CGP-CNN[13] (Cartesian Genetic Programming-CNN) 也是通过遗传编程优化卷积神经网络，原理与 ConvGP 类似，不同的是，CGP-CNN 采用了卷积块、张量连接等高功能模块作为节点函数。除了这两种基于 GP 的方法，还有利用 GA 优化卷积神经网络的方法 GeNet[14]，它通过一种特殊的编码方式将卷积神经网络表示为一个二进制字符串，再通过进化机制(突变、交叉、选择)来生成具有竞争力的个体并淘汰性能差的个体。图 7.2 是 GeNet 对 VGGNet[15]、ResNet[16]、DenseNet[17]三个经典卷积神经网络的二进制编码。

总体来说，不管是将卷积神经网络表示为二进制字符串或是表示为树状结构，大部分的基于神经进化的卷积神经网络都是通过进化计算或进化的思想对 CNN 的结构进行优化，对于权重的优化依然是反向传播算法具有优势，通过神经进化自动生成的卷积神经网络结构上具有多样性，性能上具有更大的潜力。

卷积神经网络常用于图像分类等有关机器视觉的任务。为了直观地认识神经进化对深度学习模型起到的优化作用，主要将上述提及的三个基于神经进化的卷积神经网络模型（ConvGP、CGP-CNN、GeNet）在 CIFAR-10 数据集下与其他常用的一般的卷积神经网络（AlexNet、GoogleNet）进行性能比较。

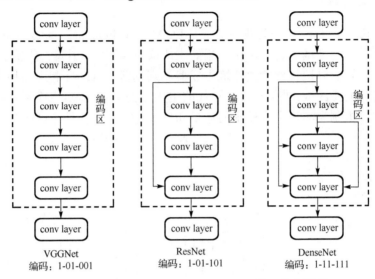

图 7.2　VGGNet、ResNet 和 DenseNet 的二进制编码

CIFAR-10[18]数据集由 60000 幅像素为 32×32 的彩色图像，其中，50000 幅用于训练，10000 幅用于测试，共有 10 个种类，每类有 6000 幅图片，CIFAR-10 是图像分类、图像识别等任务常用的数据集。

表 7.3 是各卷积神经网络模型在 CIFAR-10 中的表现。

表 7.3　各卷积神经网络模型性能对比

模型	错误率/%
AlexNet[19]	19.6
GoogleNet[20]	12.9
ResNet[16]	6.61
VGG[15]	7.94
ConvGP[12]	5.61
CGP-CNN (ResNet)[13]	5.98
GeNet[14]	5.39

从表 7.3 中可以看到，基于神经进化的三个模型的性能与传统的四个模型相比，图像分类的错误率更小。这说明通过进化计算自动生成的网络结构比人工设置的网络结构更具有优势。同时，通过神经进化优化得到的卷积神经网络训练时间更短，

因为通过进化得到的网络学习能力更强，可以在较短的时间里学习到测试样本中的关键特征，模型的可解释性也更高。

7.3.2 生成式对抗网络

在生成式对抗网络中，最为典型的就是 EGAN（Evolutionary Generative Adversarial Networks）[21,22]，它是基于生物进化思想的生成式对抗网络。不同于传统的 GAN[23,24] 利用预先设定好的对抗目标函数训练生成器和判别器，EGAN 利用三种不同的生成对抗目标作为突变函数，进化一代又一代的生成器去适应环境（生成更真实的图像）。EGAN 的评价机制为测量生成样本的质量和生成样本的多样性，同时只留下表现好的子代，用于以后的训练。图 7.3 为 EGAN 的原理结构图。

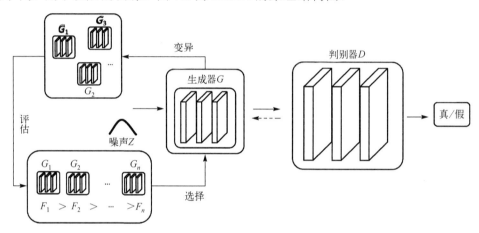

图 7.3　EGAN 结构图

（1）突变：初始情况下给定一个单独的 G，利用突变操作产生它的后代 $\{G_1, G_2, \cdots\}$。突变操作具体指利用一些变异函数对父代生成器进行复制并稍作修改，一次突变操作即可产生一个后代。

（2）评估：通过适应度函数来评估后代的表现，适应度函数由当前的环境（判别器）决定。EGAN 的适应度函数主要是通过两个特性来对生成器进行评估：生成器的质量 F_q 和生成样本的多样性 F_d，对应公式为

$$F_q = E_z[D(G(z))] \tag{7.8}$$

$$F_d = -\log \left\| \nabla_D - E_x[\log D(x)] - E_z[\log(1 - D(G(z)))] \right\| \tag{7.9}$$

$$F = F_q + \gamma F_d \tag{7.10}$$

（3）选择：根据后代的适应值对后代进行选择，移除表现差的后代，剩下的部分用来进化下一代，同时循环以上步骤。

每次进化循环后，为了可以辨别出真实样本 x 和生成器生成的虚假样本 y，判别器需要自动更新，更新方式如下

$$L_D = -E_{x \sim p_{\text{data}}}[\log D(x)] - E_{y \sim p_g}[\log(1 - D(y))] \tag{7.11}$$

EGAN 的另一大创新点在于它整合了三种不同的变异函数，分别是最小最大突变（Minimax Mutation）、启发式突变（Heuristic Mutation）、最小二乘突变（Least-squares Mutation），主要目的是缩小生成样本分布与真实数据分布之间的距离，即使生成器生成的样本更接近真实样本。整个突变的过程如图 7.4 所示。

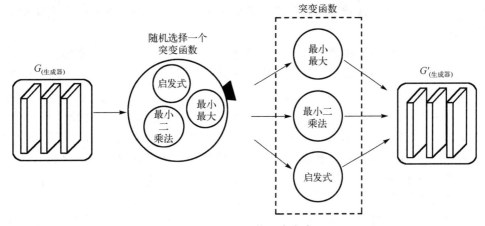

图 7.4　EGAN 的三个突变

1. 最小最大突变[25]

当生成分布与真实数据分布几乎重叠，也就是判别器无法分辨真实样本和生成器生成的假样本时，最小最大突变提供了有效的梯度，可持续地缩小生成分布与真实数据分布之间的 JS 散度[26]。最小最大突变的目的在于最小化判别器判断正确的可能性，对应公式为

$$M_G^{\text{minimax}} = \frac{1}{2} E_{z \sim p_z}[\log(1 - D(G(z)))] \tag{7.12}$$

2. 启发式突变[27]

不同于最小最大突变，启发式突变的目的在于最大化判别器判断错误的可能性。启发式突变与最小最大突变互补，当判别器完全可以判断出生成器生成的假样本时，仍然可以为生成器提供有效的梯度，避免了梯度消失，对应公式为

$$M_G^{\text{heuristic}} = -\frac{1}{2} E_{z \sim p_z}[\log(D(G(z)))] \tag{7.13}$$

3. 最小二乘突变[28]

最小二乘突变与启发式变异类似，当判别器明显优于生成器时，可以避免梯度消失。最小二乘突变不会在生成器生成明显错误样本时指定一个极高的损失，也不会当判别器无法分辨时指定一个极低的损失，因此在一定程度上最小二乘突变可以避免模型坍塌，对应公式为

$$M_G^{\text{least-square}} = E_{z \sim p_z}[(D(G(z)) - 1)^2] \tag{7.14}$$

由此可见，将最小最大、启发式、最小二乘这三种突变的同时提供给生成器突变并产生后代，可以有效地避免传统 GAN 在训练中经常遇到的梯度消失和模型坍塌的问题。

总之，EGAN 的生成器可以视为一个进化群体，判别器可以看成环境。不同于传统对抗生成式网络中的双人游戏利用一个固定静止的对抗训练目标，EGAN 根据"适者生存"法则，只有表现良好的子代才可以存活并参与未来的对抗训练，同时对于每个进化的步骤，生成器利用不同的突变(对抗目标)去适应当前的环境，允许算法整合不同的对抗目标标准并生成最有竞争力的解决方案。因此，在训练的过程中，EGAN 不仅最大化地抑制了传统的 GAN 中受单独个体目标限制而出现的梯度消失和模型坍塌的问题，而且还利用进化的思想去搜寻一个更好的解决方案，获得的生成器具有更好的性能。

在生成式对抗网络模型分析时，本节主要通过分析生成式对抗网络最终生成的图像是否可以以假乱真。本节主要对 EGAN 模型生成的图像进行展示分析，将 EGAN 分别在两个图像数据集进行了测试训练，分别是 CelebA 和 MNIST。

CelebA[29]是香港中文大学收集制作的大型人脸数据集，拥有超过 20 万的名人图像，此数据集中的图像覆盖了大量的姿势变化和杂乱背景，每个图像都有 40 个相关的属性注释。图 7.5 是 EGAN 在 CelebA 数据集训练下生成的人脸图像。

图 7.5　在 CelebA 数据集下 EGAN 生成的人脸图像

MNIST 是由 LeCun 等收集的手写体数字数据库，包括了 0～9 的各种数字手写体，训练集有 60000 个示例，测试集则有 10000 个示例。图 7.6 是 EGAN 在 MNIST 数据集训练下生成的 0～9 的数字手写体。

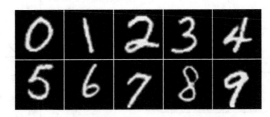

图 7.6　在 MNIST 数据集下 EGAN 生成的数字手写体

由此可见，不管 EGAN 生成的是人脸图像，还是数字手写体图像都具有以假乱真的视觉效果，说明通过神经进化最终训练得到的生成器可以更好地适应环境，也就是说对图像的泛化能力更强，在不同种类的图像样本训练下，都可以生成高质量图像。

7.4　进化式生成对抗网络

在不同的计算机视觉任务中，针对生成式对抗网络在训练中仍存在的问题，本节提出的进化式生成对抗网络 (Generative Adversarial Network with Evolutionary Generator，EG-GAN) 通过神经进化优化其训练过程，通过变异操作更新生成器的权重，交叉操作产生新的生成器个体，在一定程度上避免了传统 GAN 网络在训练中常遇到的梯度消失、模型坍塌以及过拟合的问题[30,31]。在接下来的小节中，将主要从 EG-GAN 模型的进化优化原理、网络架构、核心算法以及模型可视化进行详尽的分析与介绍。

图 7.7 为 EG-GAN 的结构框架图，主要体现了通过神经进化训练网络的过程和 EG-GAN 的网络结构。EG-GAN 的网络结构主要由生成器、匹配器、判别器三个部分组成。生成器以一幅图像与一幅 mask 作为输入，生成器的输出分别作为匹配器与判别器的输入，二者会分别从全局与局部评估生成图像的质量并反馈给生成器。图中蓝色箭头组成的循环表示变异过程，生成器会根据判别器的输出 $D(G(x))$ 选择 heuristic 或 minimax 变异函数作为自身的损失函数，因为 heuristic 和 minimax 函数在梯度上互补，所以变异操作在避免了在训练中出现梯度消失的问题，另外，因为生成器具有两个不同的目标函数，在一定程度上避免了单一目标函数可能会导致的模式坍塌。其次，图中的绿色循环表示交叉操作，性能优异的一对生成器个体通过交换彼此的解码器部分进而产生新的子代生成器个体，子代生成器可以看成父代个体的集成个体，这样的集成操作可以避免模型过拟合，同时避免性能优异的生成器

个体在变异的过程中丢失。接下来，将对上面提及的神经进化与网络结构的具体原理进行详细介绍。

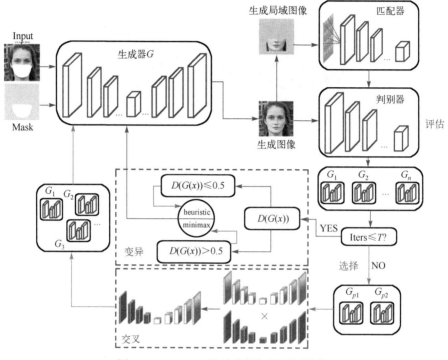

图 7.7 EG-GAN 的结构框架图（见彩图）

7.4.1 进化算子设计

在 EG-GAN 中，通过神经进化稳定地训练整个网络，具体原理为：将生成器视为种群中的"个体"，判别器与匹配器视为可以选择评估个体的"环境"，整个过程包括三个部分：变异、评估与选择、交叉。

（1）变异：变异函数的本质是两个不同的目标损失函数，分别为 heuristic 变异与 minimax 变异，旨在判别器与匹配器对生成图像每一次评估后对生成器的网络权重进行更新。

与传统生成式对抗网络使用单一的目标函数不同，EG-GAN 将 heuristic 变异与 minimax 变异结合作为生成器的目标函数（生成器的损失函数），一定程度上避免了 GAN 在训练过程中容易出现的梯度消失与模式坍塌问题。具体原理如图 7.8 所示：minimax 变异函数在判别器认为生成器生成的图像较好的情况下，即 $D(G(x))$ 大于 0.5 时，为生成器的权重更新提供有效梯度；heuristic 变异函数则在判别器认为生成器生成的图像较差的情况下，即 $D(G(x))$ 小于 0.5 时，为生成器的权重更新提供有效梯度。因此，本模型根据判别器输出的 $D(G(x))$ 决定生成器使用 minimax 变异还是 heuristic 变异作为生成器的目标函数：当 $D(G(x))$ 的值大于 0.5 时，选择 minimax 变异；当 $D(G(x))$ 的值小于等于 0.5 时，则选择 heuristic 变异，即可在全局为生成器网络提供有效梯度，防止 GAN 在训练的过程中梯度消失，同时指引模型向纳什平衡的趋势训练，稳定训练过程。

模式坍塌是在 GAN 训练中经常出现的另一个问题，具体表现为：尽管最终训练收敛，未出现梯度消失的问题，但是 GAN 只能生成某一种特定风格的图像，此时说明 GAN 出现了模式坍塌问题。导致模式坍塌的原因常归结于：当根据生成器生成的样本判别器给出的惩罚很大或很小的时候，GAN 会倾向于生成已经经过判别的安全样本，而不会尝试生成不同且真实的样本。从图 7.8 可以看出，通过结合两个变异函数，当判别器为生成器提供过高或者过低的反馈时，变异函数都可以提供良好的梯度来避免判别器总是对生成器生成的样本提供极端反馈，迫使生成器只倾向于生成安全且单一的某一种模式。因此，双目标的变异函数在一定程度上避免了模式坍塌的问题。

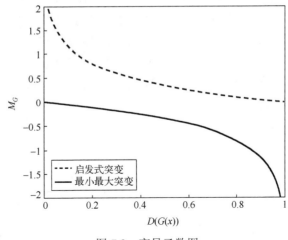

图 7.8　变异函数图

（2）评估与选择：在 EG-GAN 训练的过程中，利用最小化绝对误差（又称为 L_1 损失）反映生成样本与真实样本之间的差异，并作为评估生成器表现的标准

$$L_1 = \min \sum_{i=1}^{n} \left| x^i - G(x^i) \right| \tag{7.15}$$

其中，x^i 表示从真实数据分布中采样出的样本，$G(x^i)$ 则表示从生成的数据分布中采样出的样本，n 为样本个数。

选择 L_1 损失值最小的两个生成器个体作为一对父代，淘汰其余个体。根据群体规模可以选择保留一对以上的父代。

(3)交叉：EG-GAN 的生成器结构为编码器-解码器(Encoder-Decoder)的模式，因此交叉操作通过交换一对精英父代生成器 Decoder 部分的参数来产生新的子代生成器。为了避免频繁交叉操作造成生成器的性能震荡，生成器每变异迭代更新 T 次，才会执行一次交叉操作。引入交叉操作的目的在于发掘优秀生成器模型之间的共性，产生优秀模型的结合个体，子代个体可视为父代个体的集成模型，在一定程度上避免生成器对训练样本的过拟合，并使性能优异的生成器个体在参数更新的过程中不会消失，确保了优异个体在种群中的延续。

7.4.2　EG-GAN 模型

1. 生成器

EG-GAN 的生成器采用 Encoder-Decoder 的形式结构，直接对缺失部分的图像进行修复。其中，Encoder 模型在编码的过程中通过卷积层的下采样逐渐降低输入数据维度，而 Decoder 模型的反卷积层则通过上采样将降维得到的数据还原至相同的维度空间。为了避免图像的重要特征在编码解码过程中过度丢失，本节借鉴了 U-Net[32]中的镜像填充，如图 7.9 所示，U-Net 在 Encoder-Decoder 的结构基础上将 Encoder 过程中提取出的特征与 Decoder 还原的特征在通道维度上进行拼接，即添加一个跳跃连接将每个第 i 层和第 $n-i$ 层串联起来，其中 n 为总体的网络的全部层数，帮助 Decoder 更真实地与输入图像映射。

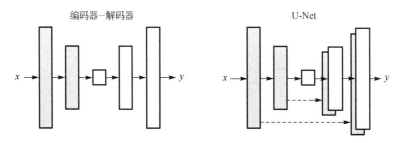

图 7.9　U-Net 网络结构图[32]

生成器网络中每一层的卷积与池化操作主要借鉴了 VGGNet 中的网络结构设置，在 VGGNet 中，卷积与池化操作交替进行，在卷积核个数会在每次池化操作后增加一倍，这样做的目的在于增加特征图的个数，使网络学习到图像中更多的特征，进而提高卷积神经网络在各类计算机视觉任务中的性能。VGGNet 放弃使用 AlexNet68 中 7×7 或 11×11 的大尺寸卷积核，通过 3×3 的小尺寸卷积核的串联来获得更大的感受野，并去除了局部响应归一化层(Local Response Normalization，LRN)，因为 Simonyan 等发现 LRN 层并没有带来性能的提升。总而言之，VGGNet 通过增加模型的深度有效地提升了模型的性能，使用小尺寸

的卷积核，网络更加简洁，成为目前卷积神经网络构架的主流之一。图 7.10 为
VGGNet 的网络结构图。

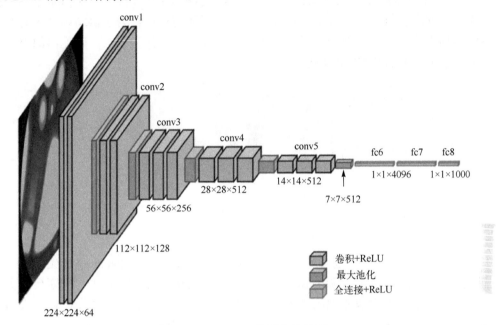

图 7.10　VGGNet 的网络结构图

图 7.11 为生成器的网络结构，EG-GAN 生成器的 Encoder 和 Decoder 部分分别
为六层卷积神经网络，在两者相连处具有四层卷积运算层运用于融合 mask 与受损
图像的编码。输入为一组图像输入对，由受损的图像和掩码图像 mask（由白色像素
填充遮挡区域形成）组成，两幅图像的大小全部为 256×256。其中，掩码图像起到
为网络输入遮挡区域的位置、形状的作用。在训练期间，由随机形状遮挡的人脸图
像和对应的掩码图像作为训练输入对。

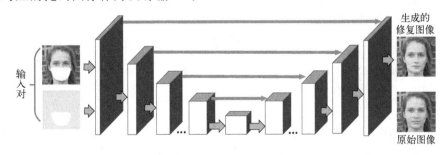

图 7.11　生成器的网络结构

2. 匹配器

图 7.12 为匹配器的网络结构，主要由六个卷积层构成，第一层由 64 个卷积核组成，后续卷积核会逐层翻倍以增加网络所能提取的特征。为了协助判别器对修复图像的局部进行判别，匹配器以生成器修复的局部图像作为输入，匹配器的整体框架采用了 PatchGAN[33]中的判别器的网络结构。

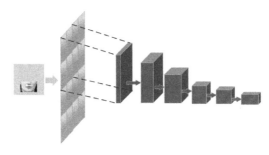

图 7.12　匹配器的网络结构

在传统 GAN 中，判别器通常输出一个 0～1 的标量，而 PatchGAN 先输出一个矩阵，在对矩阵中的元素求均值，以该均值作为 PatchGAN 的输出。L_1 与 L_2 损失在大多数情况下只能生成模糊的结果，为了生成高清的图像，PatchGAN 将注意力限制在图像的小区域上：首先，PatchGAN 将生成的图像分成大小为 $n×n$ 的 patch，n 的大小具体由修复部分的大小决定，然后一一判别每个 patch，因此会得到一个 $n×n$ 的矩阵，其中每个元素都为 1 或 0，代表对应 patch 的真伪，将矩阵中的元素求平均值即可得到最终的输出，其中 I 表示原始图像。PatchGAN 被证明可以很好地建模图像的马尔可夫分布，并且由于 PatchGAN 每次只对图像中的小部分进行计算，所以它的网络结构更小、参数更少、运行速度更快。

除了修复部分图像的真实性外，匹配器还会对修复部分图像的内容相关性进行判别，它通过点乘计算生成的修复图像与原图像对应位置像素值的差作为匹配器的损失，同时作为判别器的惩罚项，即

$$l_m = E_{G(x) \sim P_g}[m \cdot D_m(G(x) - I)] \tag{7.16}$$

其中，m 为掩码图像，I 表示原始图像，· 为点乘。

3. 判别器

在 EG-GAN 中，判别器主要从图像全局出发判断修复图像的真伪，判断生成的修复部分是否恰当融合，保证修复边界像素的连续性。判别器以生成器生成的完整的人脸图像作为输入，输出值为 $D_d(G(x))$，如图 7.13 所示。整个模型使用了 WGAN-GP[34]中判别器的网络结构。WGAN-GP 是 WGAN（Wasserstein-GAN）[35]的改进网络，

与 KL 散度、JS 散度相比，WGAN 的作者提出 Wasserstein 距离（W 距离）更适合 GAN 网络的训练。W 距离体现是从一个分布移动到另一个分布的最小距离，使用 W 距离而非 JS 距离避免了生成数据与实际数据分布之间在无重叠情况下导致无法训练的问题。WGAN-GP 与 WGAN 相比则是在目标函数中加入了梯度惩罚项，克服了 WGAN 进行截断时导致模型梯度消失或梯度爆炸的问题。在 EG-GAN 中，该梯度项由匹配器给出。

根据匹配器提供的惩罚项，判别器的损失函数为

$$l_d = \max_{D \in \omega} \{ E_{x \sim P_{\text{data}}} [D(x)] - E_{G(x) \sim P_g} [D(G(x))] - E_{G(x) \sim P_g} [m \cdot (D_m(G(x) - I))] \}$$

$$(7.17)$$

其中，P_{data} 为真实图像的数据分布，ω 为 1-Lipschitz 函数，指满足 $|f(x_1) - f(x_2)| \leq |x_1 - x_2|$ 的函数，该函数限制判别器的权值在 $C \sim -C$，C 为一个常数，当权重大于 C 时，该权重会被修剪为 C，同理，当权重小于 $-C$ 时，该权重会被剪裁为 $-C$，这样做的目的在于限定每个点的梯度不超过某个常数，避免梯度消失与梯度爆炸的问题。图 7.13 为判别器的网络结构。

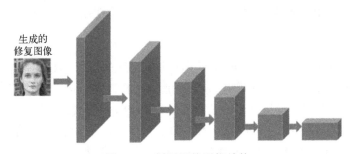

图 7.13　判别器的网络结构

生成的修复图像经过判别器与匹配器的共同判别后，分别得到的两个输出值 $D_m(G(x) - I)$ 和 $D_d(G(x))$，通过加权求和可获得最终反馈至生成器的输出 $D(G(x))$

$$D(G(x)) = \sigma D_d(G(x)) + \gamma D_m(G(x) - I) \tag{7.18}$$

因为修复部分图像的真实性对整张图像质量的影响更为重要，所以通过加权强化匹配器判别的结果，其中，设置 $\sigma = 0.35$，$\gamma = 0.65$。

4. EG-GAN 的训练算法

在 EG-GAN 的算法中，G 表示种群进化代数，N 表示每一代种群中生成器个数，T 表示变异操作的次数。在第一代时，会随机初始化整个网络的权重，EG-GAN 的 batch size 为 16，每次的迭代更新会从训练数据集中采样 16 幅图像，并对这些图像产生随机大小随机位置的 mask。当生成器生成图像后，图像会先被匹配器评估，再

输入判别器，匹配器的损失值会作为判别器的惩罚项帮助判别器同时考虑到生成图像修复局部的质量。通过 T 次的生成器参数迭代更新后，会通过 L_1 损失评估生成器种群中每个个体的性能，保留性能好的生成器作为下一代的父代个体，释放性能差的生成器个体的权重(淘汰)，降低显存占用。最后对保留下的生成器个体进行交义操作，生成新的子代生成器进行下一代的变异与迭代循环。在 EG-GAN 的训练中，一共经历了 60 代生成器个体的迭代进化。需要注意的是，在计算机硬件条件允许的情况下，可适当扩大种群规模 N，同时为了确保在进化过程中种群个数保持不变，可选择保留父代个体。

7.4.3 EG-GAN 的可视化分析

深度学习经常被研究人员称为黑盒算法，深度卷积神经网络通过逐层的卷积操作，可以使神经网络从简单的特征基元学习到更高级的语义特征，但是就卷积神经网络可以学习到这些特征的原因，目前无从解释，这给深度神经网络研究与发展带来了很大的挑战，因此对人工神经网络的可视化尤其重要。

为了进一步验证与讨论 EG-GAN 在各方面的原理与性能，本节通过 TensorBoard 将 EG-GAN 的模型及各类数据可视化，加深对模型的理解。

1. EG-GAN 模型的可视化

TensorBoard 的图仪表盘主要展示了所构建网络的整体结构，结构图主要包括两个部分：主图和辅助节点。主图主要显示了网络的整体结构，辅助节点则显示的是一些直接集成好的大粒度操作节点，例如，生成器、判别器、优化器等。

图 7.14 为 EG-GAN 的辅助节点图，图中主要展示了一些常用的辅助操作节点，例如 Adam 优化器、生成器网络(inpaint_net)、判别器网络以及两个梯度回传节点，同时，每个节点也会显示出对应的输入与输出。在 TensorBoard 的图仪表盘中可以看到梯度的节点，同时在主图中会体现出这些梯度是如何传递的，有利于研究人员对网络进行调试和对网络本身梯度流的理解，提高开发研究效率。

2. 生成器的输入输出

图像仪表盘是用来显示深度神经网络中输入输出的 PNG 格式图像数据文件。对于 EG-GAN，从 TensorBoard 的图像仪表盘可以观察到实时训练过程中当前迭代次数的输入图像以及生成的输出图像。图 7.15 显示的是在 EG-GAN 训练过程中，最后一代生成器种群中性能最优生成器的输入输出实验结果。

3. EG-GAN 中各函数值的变化

在 EG-GAN 中，标量仪表盘主要记录了模型中的各类损失函数的变化，包括用于评价生成器性能的 L_1 损失、生成器损失(G_loss)和匹配器的输出。

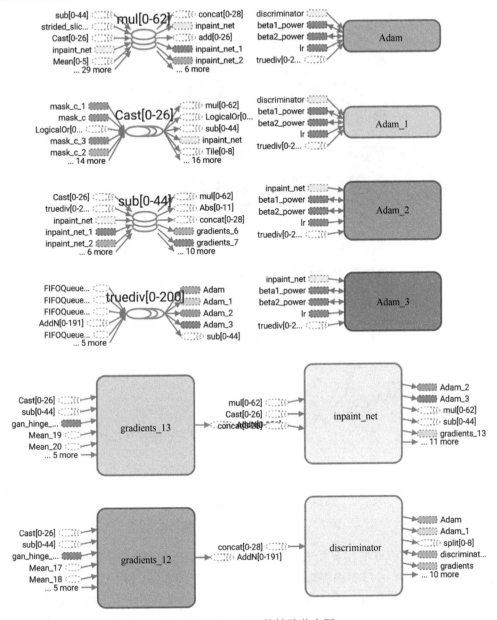

图 7.14　EG-GAN 的辅助节点图

图 7.16 为 L_1 损失随变异迭代次数的变化，已知 L_1 损失表示了生成图像与原图像在像素上的绝对平均误差，可见在 100k 次的变异循环后，损失值趋于稳定不再下降，说明生成器已经可以稳定地生成质量较好的图像。同时，一定的损失可以保证生成器具备一定的创造能力，避免模型过度拟合。

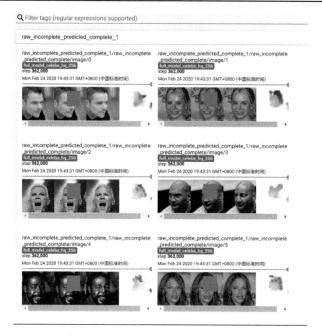

图 7.15　EG-GAN 的输入输出图像

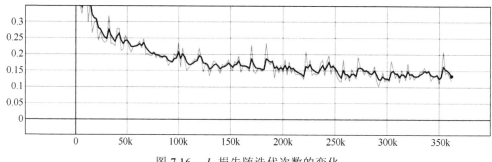

图 7.16　L_1 损失随迭代次数的变化

　　图 7.17 为生成器的损失随着变异循环次数的变化如图所示,同样是在 100k 的变异循环之后,生成器的损失值开始发生震荡,范围在[-1,1],这是两个变异函数联合作为生成器损失函数的结果。当生成器的损失出现在这一范围时,结合图 7.18 可知,判别器的输出在 0.5 左右,间接说明生成器生成的图像可以达到以假乱真的程度。

　　图 7.18 为匹配器的输出随着迭代次数的变化,可以看出从 25k 次以后,匹配器的输出基本保持在 0.95 以上;100k 次以后,匹配器的输出基本维持在 0.96 以上。说明从生成图像的局部出发,生成器在 25k 次的迭代更新后就可以生成局部合理的图像了。

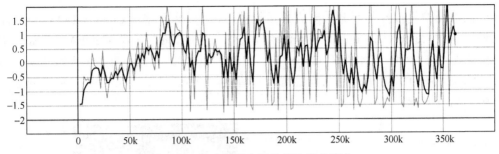

图 7.17　生成器损失随迭代次数的变化

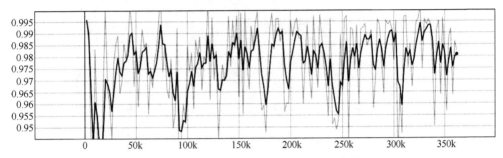

图 7.18　匹配器的输出随迭代次数的变化

7.4.4　图像修复应用

在本节中，主要围绕图像修复任务对 EG-GAN 模型展开了一系列的实验研究。在接下来的小节中，将主要针对数据集、评价指标以及各类相关实验进行详细介绍，进一步验证 EG-GAN 的性能。

1. 数据集的选择与生成

1）CelebA 人脸图像数据集

CelebA（Celebrity Faces Attribute）数据集由香港中文大学汤晓鸥研究小组收集并开放提供，其中包含 10177 位名人的 202599 幅人脸图像，所有图像对齐后的大小为 218×178，大部分情况下在使用该数据集时需要对图像进行裁剪以适合网络的输入。

2）CelebA-HQ 人脸图像数据集

本实验以 CelebA-HQ[36]作为 EG-GAN 模型的训练数据集。CelebA-HQ 是 Nvidia 在 2018 年通过训练一个超分辨率 GAN 来生成新型的高清 CelebA 人脸数据集，最高可将 CelebA 中图像的像素提升至 1024×1024。目前，CelebA-HQ 数据集吸引了很多研究人员开始使用高清图像训练优化各类神经网络，但是 Nvidia 并没有直接将生成的高清图像直接打包开源供研究人员们使用，所以想要使用 CelebA-HQ 数据集需要通过下载 CelebA_hq_deltas 等转化代码文件来生成。图 7.19 为 CelebA-HQ 数据集中的大小为 64×64、128×128、256×256、512×512、1024×1024 的高清人脸图像。因此，CelebA-HQ 数据集中的图像等宽高且清晰，更符合对图像处理、计算机视觉等任务的研究要求。

图 7.19　CelebA-HQ 数据集中的高清人脸图像

本实验中使用 CelebA-HQ 数据集中的人脸图像，大小为 256×256，训练集包含 24102 幅图像，测试集包含 2942 幅图像，并将整个模型部署运行在 Tensorflow 1.3、CUDNN 6.0、CUDA 8.0 的环境下，通过两块 GTX 1080 Ti GPU 同时运行，完成了 60 代生成器的进化。

2. 评估指标

对于图像修复任务通常使用两个定量指标来评价图像修复后的还原程度：峰值信噪比[37]（Peak Signal to Noise Ratio，PSNR）和结构相似性[38]（Structural Similarity Index Measure，SSIM）。

PSNR 是一种基于像素的图像还原度评价指标，是两幅相似图像之间的像素点间的一个最大信号值与误差（噪声）的比值，单位为 dB，两幅接近相等的图像的 PSRN 值趋于无穷大，因此 PSNR 值越大表示图像修复的质量越好。

$$\mathrm{MSE} = \frac{1}{H \times W} \sum_{i=1}^{H} \sum_{j=1}^{W} (X(i,j) - Y(i,j))^2 \tag{7.19}$$

$$\mathrm{PSNR} = 10\log_{10}\left(\frac{(2^n - 1)^2}{\mathrm{MSE}}\right) \tag{7.20}$$

其中，MSE（Mean Square Error）表示修复图像 X 与原图像 Y 的均方误差，H、W 分别为图像的高度和宽度；n 为一般取 8，即像素灰阶数为 256。

相比 PSNR 单从像素误差进行评价，SSIM 分别从三个方面评估两张图像的相似性，SSIM 值的范围为 0～1，值越大表示修复后的图像还原度越高。公式(7.21)、公式(7.22)和公式(7.23)分别表示从图像亮度、对比度、结构三个方面计算得到的相似性值，SSIM 值为三者的乘积，如公式(7.25)所示

$$l(X,Y) = \frac{2\mu_X\mu_Y + C_1}{\mu_X^2 + \mu_Y^2 + C_1} \tag{7.21}$$

$$c(X,Y) = \frac{2\sigma_X\sigma_Y + C_2}{\sigma_X^2 + \sigma_Y^2 + C_2} \tag{7.22}$$

$$s(X,Y) = \frac{\sigma_{XY} + C_3}{\sigma_X\sigma_Y + C_3} \tag{7.23}$$

$$\sigma_{XY} = \frac{1}{H \times W - 1}\sum_{i=1}^{H}\sum_{j=1}^{W}((X(i,j) - \mu_X)(Y(i,j) - \mu_Y)) \tag{7.24}$$

$$\text{SSIM}(X,Y) = l(X,Y) \times c(X,Y) \times s(X,Y) \tag{7.25}$$

其中，μ 分别表示图像的均值，σ 表示图像的方差，σ_{XY} 表示图像 X 与 Y 的协方差。

3. EG-GAN 实验分析

1）生成器进化

图 7.20 分别是 EG-GAN 在训练的过程中，在第 10 代～第 60 代对应生成器修复得到的图像。在第 20 代之前，生成器生成的图像存在明显的面部扭曲不自然与色彩的不匹配的问题；在第 20 代～50 代之间，生成器已经可以生成较自然的修复图像，但是在图像缺失部分的边缘存在较明显的色差；经过不断的演化选择，第 60 代的生成器修复的图像在缺失部分边缘实现了颜色的自然过渡与较高的图像还原度。

另外，可以通过 L_1 损失与生成器的损失(M_G)随代数的变化反映模型的性能，如图 7.21 所示。首先，L_1 损失反映了生成数据分布与真实数据分布之间的绝对误差，因此 L_1 损失越小表示生成器生成的图像质量越好。从图 7.21 中可以看出，在第 10 代之前 L_1 损失急剧下降，之后趋于稳定，这是因为对于图像修复任务而言，修复后的图像在像素级别一定与原图像存在一定的误差，这种误差也是需要的，它间接反映了训练出的生成器是否具有创造力。其次，根据生成器的损失值，可以推断出判别器对生成图像的评估情况，因为 EG-GAN 的生成器会依据判别器的输出选择 minimax 变异或 heuristic 变异作为损失函数。在图 7.21 中可以发现，当生成器损失

在 0.5~−0.25 震荡时，对应 $D(G(x))$ 的值在 0.5 左右震荡，说明对整个网络 GAN 网络趋近于纳什平衡。在图 7.21 中，从第 10 代以后生成器损失基本维持在 0.5~−0.25，说明生成器已经可以生成优质且稳定的修复图像。

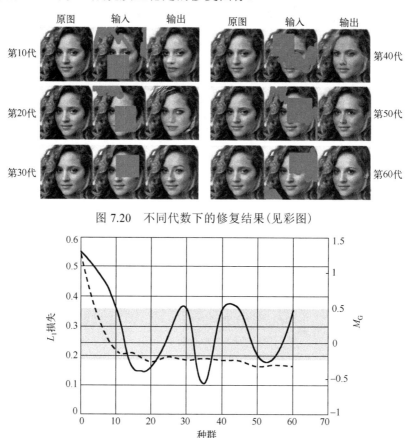

图 7.20　不同代数下的修复结果（见彩图）

图 7.21　不同代数下的 L_1 损失（虚线）与生成器损失（实线）

2）消融实验

为了证明引入进化与匹配器的有效性，通过控制变量分别设置具备不同的损失函数和优化方法的四个方法来对人脸图像进行修复，分别为 M1、M2、M3、M4，其中 M4 即本节中的模型 EG-GAN。

（1）对于 M1，在判别器中仅引入了判别器损失函数 l_d，在生成器中仅引入 heuristic 变异函数作为优化目标。

（2）对于 M2，在 M1 的基础上增加了 minimax 变异函数到生成器，通过两个变异函数的梯度互补作用优化生成器。

(3)对于 M3，在 M2 的基础上增加了匹配器及其损失函数 l_m 作为惩罚项进一步优化判别器。

(4)对于 M4，在 M3 的基础上增加了进化循环优化生成器的过程，即提出的方法 EG-GAN。

$$M1 : l_d + M_G^{\text{heuristic}} \tag{7.26}$$

$$M2 : l_d + M_G^{\text{heuristic}} + M_G^{\text{minimax}} \tag{7.27}$$

$$M3 : l_d + M_G^{\text{heuristic}} + M_G^{\text{minimax}} + l_m \tag{7.28}$$

$$M4 : l_d + M_G^{\text{heuristic}} + M_G^{\text{minimax}} + l_m + \text{Evo} \tag{7.29}$$

图 7.22 为不同方法下的图像修复结果，对比可知，仅在判别器和生成器损失函数的作用下并不能生成合理真实的修复图像，如图 7.22(c)和图 7.22(d)所示，可能是因为在 GAN 训练的过程中出现了模式坍塌或梯度消失等问题，以至于 GAN 的生成器无法拟合真实样本的分布，或判别器无法区分生成器生成的不合理的图像。当加入匹配器的损失协助时，生成器可以根据上下文语义在缺失区域生成真实合理的图像，但是生成的图像较模糊，并且在缺失区域边界存在颜色拼接不自然的问题，如图 7.22(e)所示。在图 7.22(f)中，具有进化选择机制的 EG-GAN 可使生成器生成更加清晰合理的修复结果。

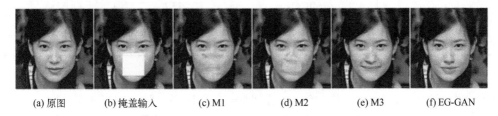

| (a) 原图 | (b) 掩盖输入 | (c) M1 | (d) M2 | (e) M3 | (f) EG-GAN |

图 7.22　不同方法的图像修复结果(见彩图)

表 7.4 为不同方法下计算得到的 PSNR 与 SSIM 指标，根据数据不难发现，通过增加优化目标和神经进化，最终得到的 EG-GAN 模型相比最初的 M1 模型在 SSIM 指标上提高了 4%，在 PSNR 指标上提高了 8dB 左右。

表 7.4　各方法下 PSNR 与 SSIM 对比

方法	M1	M2	M3	EG-GAN
SSIM	0.900941	0.913659	0.923995	0.949266
PSNR	26.50357	26.68998	29.37788	34.16005

3)模型对比

为了客观体现 EG-GAN 模型的性能，将 EG-GAN 模型与其他经典图像修复模型 CE(Context Encoder)、SIIGAN(Semantic Image Inpainting GAN)、ES-CAE (Evolutionary Strategy-CAE)进行了对比,分别让这些模型对同一幅图像进行修复,并对比图像结果,如图 7.23 所示,与其他的图像修复模型相比,EG-GAN 生成的修复结果更加清晰。同时,还对比了各个模型在该图像上测试得到的 PSNR 与 SSIM 指标,如表 7.5 所示。

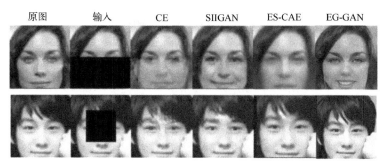

图 7.23　不同模型的图像修复结果

表 7.5　不同模型的 PSNR 与 SSIM 对比

数据集	模型	PSNR	SSIM
CelebA	CE	15.5	0.747
	SIIGAN	13.7	0.582
	ES-CAE	21.1	0.771
	EG-GAN	24.2	0.832

除此之外,为了研究不同尺寸的 mask 对 EG-GAN 图像修复性能的影响,以 8 个大小不同的正方形 mask 作为输入,同时编号为 1~8,EG-GAN 对这些不同尺寸大小的 mask 的修复结果如图 7.24 所示。对于没有遮挡到眼睛或只遮挡到一只眼睛的 mask1~mask6,EG-GAN 可以根据人脸的对称性,以图像中完整眼睛为依据还原出另一只眼睛;而对于 mask7 和 mask8,则需要模型具有一定的创造能力,很明显 EG-GAN 具备这样的能力。

图 7.24　不同尺寸 mask 下的图像修复结果

对于 PSNR 与 SSIM 指标而言,如图 7.25 所示,尽管在 mask 逐渐增大时,SSIM 和 PSNR 都会有一定程度的减小,但是 SSIM 相比 PSNR 变化幅度更小,因为 SSIM 偏向从图像结构层面表示修复后的图像与原始图像的不同,而 PSNR 则从像素层面进行比较,说明即使 EG-GAN 对大面积遮挡的 mask 不能在像素层面实现较高的还原,但是仍能实现较高程度的结构还原。

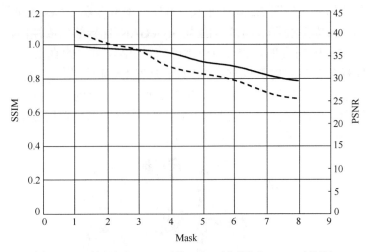

图 7.25　不同尺寸 mask 下的 SSIM(实线)和 PSNR(虚线)

本节还在戴眼镜的人脸图像上进行了实验,如图 7.26 所示。首先以镜框为 mask,测试 EG-GAN 对不规则形状 mask 的修复能力,输出结果如图 7.26(a)所示。其次,为了测试 EG-GAN 对左右对称的修复能力,分别在左右眼上设置 mask,输出的修复结果如图 7.26(b)和图 7.26(c)所示。该结果表明,EG-GAN 在修复不规则 mask 方面也具良好的性能,同时也进一步说明了 EG-GAN 学习到了人脸对称的特征,可以修复出同样戴有眼镜的另一只眼睛,而不仅仅只是一只眼睛。

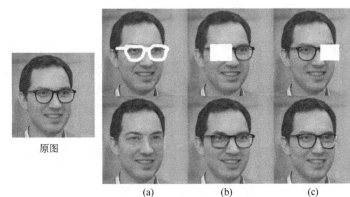

图 7.26　戴眼镜人脸图像的修复结果

4) 模型泛化能力

为了测试模型的泛化能力，判断模型是否对 CelebA-HQ 训练集中的数据过拟合，在 PubFig[39]人脸图像数据集上选取了一些图像对模型进行测试。因为不同数据集的图像具有不同的规格，在进行测试之前需要对图像大小进行修剪。首先，将图像剪裁为 256×256 大小以符合 EG-GAN 输入数据的要求，截除大部分的背景，遮挡人脸鼻子和嘴的部分，如图 7.27(a) 所示。另外，本节还在 StyleGAN[40]生成的非真实人脸数据集上对模型进行了测试。因为 StyleGAN 优异的生成性能，数据集中每幅图像都是非常清晰逼真的，以至于人眼都无法鉴别图像的真伪，同时像素高达 1024×1024,同样需要事先剪裁以符合 EG-GAN 的输入标准。如图 7.27(b) 和图 7.27(c) 所示，本节从中选取了训练数据集中少有的亚洲人和小孩的人脸图像，进一步体现模型的泛化能力。从测试结果可以发现，EG-GAN 对非训练数据集中的图像也可以生成质量较高的修复结果，模型具备泛化能力。

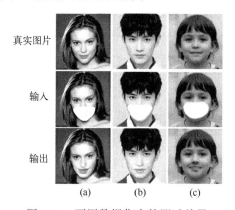

图 7.27　不同数据集中的测试结果

7.5　小　　　结

随着深度学习以迅猛之势发展到现在，神经进化也正在卷土重来，越来越多的学者开始思考：既然人工神经网络由人类大脑中的神经元激发而来，那么是否人工神经网络也可以像生物进化一样，通过慢慢进化最终使人工神经网络拥有类似人类的智能。因此，神经进化开始再次受到学者们的关注，出现了大量的与神经进化或进化计算相关的文献，它们中有很大一部分是将神经进化与各类深度学习模型结合。同时，实验也证明了基于神经进化的深度学习模型在各项任务中的执行力较传统的深度学习模型更强。总体来说，神经进化为深度学习的未来带来了更多可能，主要可以体现在自动生成或调节网络结构参数和自动设计数据集两个方面。

1. 自动生成或调节网络结构和参数

深度学习发展至今，学者们已经开始意识到了反向传播算法或梯度下降方法的局限性。学习的过程在人类的大脑中并非一个反向反馈的过程，而是一个不断添加新的神经连接的过程，简单地将一堆类似神经元的元素相互连接起来并让它们共享信号不一定是产生智能的真正的方法。神经进化的目标就是在计算机内触发类似进化的过程。当深度学习与神经进化融合起来的时候，神经进化的目标就是通过进化初步地构建神经网络：从每个神经元到每个神经元之间的连接以及这些连接上的权重。因此，基于神经进化的深度学习模型可以自动地生成或调节人工神经网络的结构和参数，通过初始随机产生多个简单个体，对他们进行突变重组等操作产生新的个体(繁殖)，再根据它们适应环境的情况(适应值)进行选择，留下精英个体继续循环以上过程，直到满足终止条件或得到最优个体。在整个过程中，是在整个解空间中进行搜索，避免了梯度下降导致的局部最优化。同时，整个进化过程是自动的，没有人工的参与和干涉，最终得到的人工神经网络完全由环境(所执行的任务)决定，这样得到的深度学习模型理应是最合适的，也拥有更大的潜力。

2. 自动设计数据集

深度学习能够得以成功也要归功于当今的大数据时代，大数据为深度学习的人工神经网络提供了大量的样本进行学习和训练。既然神经进化可以自动生成人工神经网络，那么神经进化也可以通过人工神经网络来自动设计数据集。在大数据时代，各大实验室或大学都有自己设计收集的数据集，例如，香港中文大学的人脸数据集CelebA、加拿大高等研究院的 CIFAR-10，设计收集这些数据集是一个非常大的项目，就目前而言，这些数据集都是通过研究人员一个个添加标签分类。随着神经进化与卷积神经网络更好的融合，成百上千的各类图像都可以通过卷积神经网络之类的图像分类模型进行分类和标注，那么便可以高效地自动设计制作数据集。同时，基于神经进化的生成式对抗网络也可以生成比较逼真的图像来充实真实生活中的图像，设计出真正的海量数据集。

参 考 文 献

[1] Lecun Y, Bengio Y, Hinton G. Deep learning. Nature, 2015, 521(7553):436-444.

[2] Dayhoff J E, Deleo J M. Artificial neural networks. Cancer, 2001, 91(S8):1615-1635.

[3] 蒋昌俊, 王俊丽. 智能源于人、拓于工. 中国工程科学, 2018, 20(6):93-100.

[4] Jiang C, Wang J. Intelligence originating from human beings and expanding in industry: a view on the development of artificial intelligence. Strategic Study of Chinese Academy of Engineering,

2018, 20(6):93-100.

[5]　Ketkar N. Stochastic Gradient Descent//Deep Learning with Python. New York: Apress, 2017: 113-132.

[6]　Floreano D. Neuroevolution: from architectures to learning. Evolutionary Intelligence, 2008, 1(1):47-62.

[7]　韩冲, 王俊丽, 吴雨茜, 等. 基于神经进化的深度学习模型研究综述. 电子学报, 2021, 49(2): 372-379.

[8]　Fogel D B, Fogel L J. An introduction to evolutionary programming//European Conference on Artificial Evolution, Berlin, 1995.

[9]　Andrew A M. Systems: an introductory analysis with applications to biology, control, and artificial intelligence. Robotica, 1993, 11(5): 489-489.

[10]　Beyer H G, Schwefel H P. Evolution strategies: a comprehensive introduction. Natural Computing, 2002, 1(1): 3-52.

[11]　Koza J R. Genetic Programming: on the Programming of Computers by Means of Natural Selection. Cambridge: MIT Press, 1992.

[12]　Evans B, Al-Sahaf H, Xue B, et al. Evolutionary deep learning: a genetic programming approach to image classification//2018 IEEE Congress on Evolutionary Computation, Rio de Janeiro, 2018.

[13]　Suganuma M, Shirakawa S, Nagao T. A genetic programming approach to designing convolutional neural network architectures//Proceedings of the Genetic and Evolutionary Computation Conference, Berlin, 2017.

[14]　Xie L, Yuille A. Genetic CNN//Proceedings of the IEEE International Conference on Computer Vision, Venice, 2017.

[15]　Simonyan K, Zisserman A. Very deep convolutional networks for large-scale image recognition. arXiv preprint arXiv:1409.2014:1556-1570.

[16]　He K, Zhang X, Ren S, et al. Deep residual learning for image recognition//Proceedings of the IEEE Conference on Computer Vision and Pattern Recognition, Las Vegas, 2016.

[17]　Huang G, Liu Z, van der Maaten L, et al. Densely connected convolutional networks// Proceedings of the IEEE Conference on Computer Vision and Pattern Recognition, Honolulu, 2017.

[18]　Krizhevsky A, Hinton G. Learning multiple layers of features from tiny images. Toronto: University of Toronto, 2009.

[19]　Krizhevsky A, Sutskever I, Hinton G. Imagenet classification with deep convolutional neural networks//Advances in Neural Information Processing Systems, Lake Tahoe, 2012.

[20]　Szegedy C, Liu W, Jia Y, et al. Going deeper with convolutions//Proceedings of the IEEE Conference on Computer Vision and Pattern Recognition, Boston, 2015.

[21] Wang C, Chang X, Xin Y, et al. Evolutionary generative adversarial networks. IEEE Transactions on Evolutionary Computation, 2018, 99:1.

[22] 王俊丽, 韩冲. 一种基于进化式生成对抗网络的人脸图像修复模型: CN202011326185.7.2021.

[23] Goodfellow I, Pouget-Abadie J, Mirza M, et al. Generative adversarial nets//Advances in Neural Information Processing Systems, Montréal, 2014.

[24] Toutouh J, Hemberg E, O'Reilly U M. Spatial evolutionary generative adversarial networks// Proceedings of the Genetic and Evolutionary Computation Conference, Prague, 2019.

[25] Wang J, Yu L, Zhang W, et al. Irgan: a minimax game for unifying generative and discriminative information retrieval models//Proceedings of the 40th International ACM SIGIR Conference on Research and Development in Information Retrieval, Tokyo, 2017.

[26] Lin J. Divergence measures based on the Shannon entropy. IEEE Transactions on Information Theory, 1991, 37(1): 145-151.

[27] Baur J, Maier K, Kunzer M, et al. Determination of the GaN/AlN band offset via the(-/0) acceptor level of iron. Applied Physics Letters, 1994, 65(17): 2211-2213.

[28] Mao X, Li Q, Xie H, et al. Least squares generative adversarial networks//Proceedings of the IEEE International Conference on Computer Vision, Venice, 2017.

[29] Liu Z, Luo P, Wang X, et al. Deep learning face attributes in the wild//Proceedings of the IEEE International Conference on Computer Vision, Santiago, 2015.

[30] Han C, Wang J L. Face image inpainting with evolutionary generators. IEEE Signal Processing Letters, 2020, 14(3):1-6.

[31] 韩冲. 进化式生成对抗网络模型及图像修复应用研究. 上海: 同济大学, 2021.

[32] Ronneberger O, Fischer P, Brox T. U-net: Convolutional networks for biomedical image segmentation//Proceedings of the International Conference on Medical Image Computing and Computer-assisted Intervention, Cham, 2015.

[33] Simonyan K, Zisserman A. Very deep convolutional networks for large-scale image recognition. arXiv preprint arXiv:1409.2014:1556-1570.

[34] Gulrajani I, Ahmed F, Arjovsky M, et al. Improved training of Wasserstein GANs//Advances in neural information processing systems, Long Beach, 2017.

[35] Arjovsky M, Chintala S, Bottou L. Wasserstein GAN. arXiv preprint arXiv:1701.07875, 2017.

[36] Karras T, Aila T, Laine S, et al. Progressive growing of gans for improved quality, stability, and variation. arXiv preprint arXiv:1710.10196, 2017.

[37] Hore A, Ziou D. Image quality metrics: PSNR vs. SSIM//Proceedings of the 20th International Conference on Pattern Recognition, Istanbul, 2010.

[38] Ledig C, Theis L, Huszár F, et al. Photo-realistic single image super-resolution using a generative adversarial network//Proceedings of the IEEE Conference on Computer Vision and Pattern

Recognition, Honolulu, 2017.

[39] Setty S, Husain M, Beham P, et al. Indian movie face database: a benchmark for face recognition under wide variations//Proceedings of the 4th National Conference on Computer Vision, Pattern Recognition, Image Processing and Graphics, Jodhpur, 2013.

[40] Karras T, Laine S, Aila T. A style-based generator architecture for generative adversarial networks//Proceedings of the IEEE Conference on Computer Vision and Pattern Recognition, Long Beach, 2019.

第8章 大数据资源服务技术

8.1 引　言

受全球信息化、人类社会发展和需求多样性、云计算和物联网等信息技术发展的推动，全球数据增长超越了历史上任何一个时期[1]。《福布斯》分析指出全球90%的数据都是在过去几年中生成的。其中，信息爆炸式地增长最为典型的当属互联网行业，而且这些信息和数据包括不同数据类型(结构化数据、半结构化数据和非结构化数据)。据统计，全球每个月发布10亿条Twitter信息和300亿条Facebook信息。而且现在越来越多新的科学研究领域，完全建立在大量数据的基础上，例如，系统生物学、宏生态学、基因组学、脑科学等。除此之外，全世界有着无数的传感器，随时测量和传递着有关位置、运动、温度、湿度等变化，产生了海量的数据信息。因此，大数据已经不同程度地渗透到工业、科技、交通、电力、医疗、金融、社保、国防、公共安全等人类社会的各个行业领域和部门。作为新一轮科技和产业竞争的战略制高点，大数据将推动整个信息产业的创新发展，促进社会生产力的发展，改善人们的生活和工作方式，成为推动世界经济增长和社会发展的重要动力[2]。

早在1980年美国社会思想家托夫勒的《第三次浪潮》[3]中就预言，"如果说IBM的主机拉开了信息化革命的大幕，那么大数据则是第三次浪潮的华彩乐章"。"大数据"一词首次正式被提出是在2011年麦肯锡全球研究院发布的研究报告[4]中，这份报告从经济角度讲解了处理这些数据能够释放出的潜在价值，引发全球对大数据的关注。当今数据正以前所未有的速度在不断地增长和累积，但是人类对这些数据的利用率却很低。学术界、工业界甚至于政府机构都已经开始密切关注大数据问题，并对其产生浓厚的兴趣[5]。微软研究院出版的 The Fourth Paradigm[6]一书中，图灵奖获得者、著名数据库专家Jim博士揭示了在海量数据和无处不在网络上发展起来的与实验科学、理论推演、计算机仿真这三种科研范式相辅相成的科学研究第四范式——数据密集型科学发现。最初的科学研究是以实验物理学为代表的实验科学；随后出现了运用了各种定律和定理，比如开普勒定律、牛顿运动定律等理论科学；而对于许多问题，理论分析方法变得非常复杂以至于难以解决，人们开始借助计算机仿真的方式来模拟现实世界，例如，模拟神舟飞船从发射到返回各个阶段的飞行状态，在这一阶段数据主要体现在计算机的输入和输出；当前，大数据的重要性正在不断凸显，数据已成为科学研究甚至是产业的源泉，因此以数据为中心，包括数据的识别与获取、数据的存储与分析、数据的交易与决策等主要内容的数据驱动式的研究方式正成为一种新型的科学研究思路。

本章其余小节的组织结构如下：8.2 节介绍了基于索引网络的大型数据资源服务框架；8.3 节指出爬虫限制与引导协议和分布式数据采集爬虫的任务调度策略，实现了大数据资源的有效勘探与优化开采；8.4 节介绍了面向大数据资源的索引网络模型，构建了完整的代数理论体系，解决了考虑内容语义的大数据组织模型及规范化问题，有效提升了智能信息服务的能力；8.5 节为本章小结。

8.2 大型数据资源服务架构

大数据技术及相应的基础研究已经成为科技界的研究热点，大数据研究作为一个横跨信息科学、社会科学、网络科学、系统科学、心理学、经济学等诸多领域的新兴交叉方向正在逐步形成。尽管大数据中几乎包含了所有的信息，但是由于大数据在数量、类型、动态特征等方面已大大超出了人类的认知，如何高效处理这么多的动态信息成为一个公认的难题。最近几年来研究者们已经提出了一些创新的方法来构建大数据平台，这些研究推动了大数据相关技术的发展和创新。Google 针对大数据问题提出了具有代表性的技术：Google 文件系统（Google File System，GFS）和 MapReduce 处理模型[7,8]。文献[9]和文献[10]指出 Hadoop 和 HDFS（Hadoop Distributed File System）已经发展成为大数据分析的主要平台。文献[11]提出了采用网格体系结构的方式来管理大数据的框架。文献[12]提出了包括数据的访问和计算、数据隐私和领域知识和大数据挖掘算法三个层次的大数据处理框架。目前已有的这些大数据分析平台的研究工作，侧重于大数据管理、处理、分析和可视化这几个部分中的一个或两个方面。但是，随着大数据爆炸式增长、多样化趋势等特征越来越显著，现有的方法本质上缺少对数据整体上的考虑，无法刻画和度量数据资源的总体分布和数据成分等特征。

基于这样的考虑，本章指出大数据分析的首要任务是通过数据"勘探"的方法，形成大数据资源宏观上的认识[13,14]。为此，本章提出了一个基于索引网络的大型数据资源服务框架，其中包括三个主要部分：数据资源识别和获取、数据资源存储和分析、构建网络信息服务平台，如图 8.1 所示。

1. 数据资源识别和获取

大型数据资源通常是分散的、异构的，而且由于数据量非常之大，数据完全获取的方式显然是不可能的，需要通过抽样的方法，获取少量有效样本以统计出总体的分布[15]。因此，在数据资源识别和获取这一层次，一方面，将通过探讨所访问的互联网资源的类型、数据成分、网络接口限制等特点，正确分析这些因素对于数据获取和分析的影响，建立符合大规模网络数据资源特性的统计模型；另一方面，将在综合考虑各种网络限制的基础上，通过数据资源勘探和探索等方法，引入拒绝抽样等技术确保样本单元的独立性。

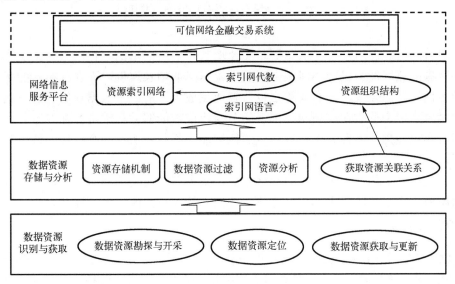

图 8.1　大型数据资源服务架构

2. 数据资源存储和分析

目前海量异构数据一般采用分布式存储技术[16]，如 GFS 和 HDFS，但它们仍不能解决数据的爆炸性增长带来的存储问题，静态的存储方案并不能满足数据的动态演化所带来的挑战。因此，在数据资源存储和分析这一层次，需要根据特定的数据资源建立相应的分析和存储的方法，一个良好的存储机制可以从多样化的方面支持资源分析。而资源分析的目的是提取数据资源之间的关联。其中，复杂数据分析方法有助于从多个数据源推断出的聚集的分析结果，侧重于结构化数据的数值型统计分析，而针对非结构化和半结构化数据，为了得到更有价值的数据信息分析结果，需要借助于机器学习等语义分析技术[17]，获取数据资源之间的语义和逻辑关系。

3. 构建网络信息服务平台

网页是互联网服务中最基本的资源，在信息呈现、支持应用程序和提供服务等方面发挥主导作用。每天都有众多的网页加入到互联网中，其中大部分是冗余的、无序的。因而从互联网上查找所需的服务资源是非常有挑战性的。为此，所在课题组之前已经对 Web 超链分析领域进行了深入的研究，并将网页之间的超链接视作现实世界的客观关系，并在此基础上提出建立基于网页的分类和超链接分析的索引网络模型[18]，并给出了其代数运算的定义，索引网络支持根据具体要求获取服务资源，以及寻找它们之间的语义关联,能产生更丰富的知识和有价值的信息服务。文献[19]对这一原型系统进行了更深入的探讨。

8.3　数据资源识别和获取

随着网络的急速发展,信息更是飞速增长,传统简单的单机网络爬虫及集中式网络爬虫的抓取能力已经不能跟上互联网上信息的增长速度。而在分布式的概念越来越多被提及的今天,分布式爬虫也自然而然成为了解决大数据量问题的方案。分布式爬虫由多个分散在广域网中部署的节点组成,能够并行地进行抓取工作,满足人们对爬虫能力的需要。由于各节点的抓取能力不同,所以一个良好的调度策略是必不可少的[20]。

近些年来,从单机多线程的网络爬虫,到大型分布式的网络爬虫,一个分布式爬虫如何工作主要取决于其调度算法。下面介绍比较主流的调度算法。

1.　哈希调度

哈希算法是网络爬虫中最常见的一种调度方式[21]。常见的哈希函数是一种映射关系,通过这种映射关系,将原本的字符串、数或其他信息转换为一个索引值[22]。由于哈希在数学上有很多研究,所以其应用也是十分常见。事实上,早期的爬虫系统大多都完全依赖这种方式。它将 URL(Uniform Resource Locator)作为输入,根据哈希函数得到的值作为调度的输出。这样的调度策略不仅非常容易部署,而且时间空间开销也非常小。与此同时,哈希函数数学上的随机性正好保证了爬虫节点间任务分配的均匀性。一些爬虫系统使用 MD5 作为哈希函数,它们认为 MD5 的特性完全适应于爬虫任务的调度[23]。一般而言,使用哈希调度的爬虫系统具有低鲁棒性和低可扩展性,不过也有不少研究致力于解决该问题[24,25]。不过哈希调度最大的问题是,它永远会平均地将任务分发出去,而不会考虑各节点间不同的抓取能力。

2.　集中式负载调度

很多爬虫系统采用了集中式调度的控制模式。以北大天网爬虫为例,它的总体框架是一个主从式的架构,即一个主节点和若干个从节点一起协同进行工作。其任务调度采用的调度模式是:主节点负责调度分发 URL,而从节点负责具体抓取 URL 的工作。每一个站点由一个爬虫程序负责,该站点上的所有 URL 都由该爬虫程序进行抓取。主控节点从若干个种子 URL 出发开始分配,对每一个所在站点还没有启动爬虫程序的 URL,会根据一定的负载平衡原则找到一个爬虫节点,将 URL 传输过去,并要求它开启一个新的爬虫程序。接下来所有该站点的 URL 都会被分发到该爬虫节点,并由该爬虫程序进行抓取工作。但是其中关键的负载平衡原则却往往不对外公开,因此一般只能借鉴其框架。除了北大天网爬虫以外,还有不少研究基于这种集中式调度模式。如一种基于优先队列的高性能并行爬虫调度方式被提出[26],能够很好地管理组织所有的 URL。不过这些方法普遍适应性较差,灵活性较低。

3. 根据网络位置进行调度

在大型的搜索引擎中,分布式爬虫必不可少地会被采用。而由于爬虫节点一般都被部署在全球各地,所以网络位置的计算相当重要。GNP(Global Network Positioning)算法[27]是一种基于绝对距离的网络距离预测算法,该算法将互联网模型映射为一个几何空间,并把互联网上每一个节点都映射到这个几何空间中对应的一点上去。通过这样的方式,任意两个节点的网络距离都可以通过这两个节点间被模型化的几何距离来进行估算。在一个基于 GNP 算法的分布式爬虫系统中[28],其调度策略的基本思想就是利用 GNP 算法,通过测量较少事先确定的几组网站与爬虫节点之间的网络距离,估算其他大量节点间的网络距离,最后利用预测得到的网络距离计算出爬虫节点抓取一个 URL 对应网页所需要的时间,并将网络传输所需时间开销最少的爬虫节点设定为该 URL 的调度对象。这样的调度方案有效地按照网络距离对爬虫任务进行了调度,而且也减少了大规模网络测量的时间开销。除此之外,也有不少基于各种测试来归纳网络距离的算法被提出[29]。然而,这样的算法显然只适用于非常大型的爬虫系统中,因为在一个较小的爬虫系统中,各爬虫节点到同一网站间的网络距离会几乎一致,从而导致算法失效。

8.3.1　爬虫限制和引导协议

随着互联网的飞速发展,通用网络爬虫已经无法满足人们的个性化需求,这很大一部分体现在抓取 Deep Web 信息上。Deep Web 是指那些隐藏在搜索表单之后,只有通过用户键入一系列关键词才可以查询已访问到的页面。近些年来,研究表明互联网上有很大一部分部分网页属于这种 Deep Web 网页,它们无法通过传统的依靠静态链接的方式访问到[30]。搜索引擎方面不断地对爬虫工作方式进行研究,尝试去抓取 Deep Web 网页。与此同时,拥有着各种数据的各大网站也希望它们的数据能够被搜索引擎收集,尝试着提供这些数据对外的访问接口。然而,Deep Web 网页的抓取仍然是个难题,截至目前,几乎还没有不需要人工介入的通用解决方案。目前该问题的解决方案大致分为以下三类。

1. 智能爬虫

这类方案是看起来最直接的解决方案,即希望通过爬虫解析搜索页来进一步获得 Deep Web 页面的访问入口。具体而言,爬虫首先需要在搜索页面中找到 Deep Web

网页的入口，它一般会以表单的形式出现。爬虫随后需要智能填充这一表单并提交给网站，从而得到表单返回的结果。返回的结果一般而言是一个 Deep Web 网页信息的列表，经过爬虫解析后最终得到这些 Deep Web 页面的访问链接。这种方式事实上就是模拟人工的表单操作方式，只不过用程序来代替人去执行。因此，这里将该类爬虫称为智能爬虫。一直以来，各种学习寻找查询接口表单的方法接连被提出[31,32]，用以在页面中理解和模型化查询接口。整体模式匹配的方法[33]也是一种常用的解决算法，这种算法尝试通过数据挖掘的方法一次性发现多个模式间的复杂匹配，从而来匹配查询接口。除了发现表单入口外，如何智能地填充表单也是近年来的一个研究热点。不过由于该问题的困难程度，如针对单一属性接口的关键词选择策略等各类算法往往只能适用于某一个方面，而应用时也会面临诸多限制条件，比如一种算法可能只能应用在某一领域的网站内。这种智能爬虫解决方案，无论是寻找 Deep Web 入口的算法还是模拟填充表单的策略都很难有一种全网普适的通用解决方案。

2. 开放 API

开放 API（Application Programming Interface）方式目前很流行，也普遍受到各大网站的欢迎和推崇。开放 API 一般通过开放平台对外公布，是服务型网站常见的一种应用[34]。网站方将自己的网站服务及数据封装成一系列 API 对外开放，供第三方开发者使用。对于网络爬虫来说，这也是一个获得网站数据的方式。但是，API 一般都会有所限制，比如在数据量上，对每一次的查询只返回 Top-N 的数据，在权限上，不同用户可访问的查询接口不同。除此之外，各个网站提供的 API 类型、数量等各项指标都不尽相同，因此网络爬虫几乎必须对每一个网站提供不同的抓取方案。当然，另一方面，如何利用有限的 API 资源获取到最多的数据也有着不少的研究，如王磊等提出了一种对开放 API 进行二次开发的方法[35]。不过，通过开放 API 抓取网站 Deep Web 数据的方案显然不能应用在抓取全网的通用爬虫中，因为就目前而言开放 API 没有一个统一的标准，各个网站的 API 都是独一无二的，无法复制的，通用爬虫无法通过某一种 API 接口获取到所有网站的 Deep Web 数据。

3. Onebox 方案

Onebox 方案，最早由 Google 提出，用以提供从外部源实时访问数据的接口或搜索应用接口。从最终呈现给用户的效果，即搜索引擎的搜索结果页上看，就是有的时候会有些查询结果单独被列出来放在搜索结果的最上部，这些被单独列出来的内容就被称为 Onebox。实现这种效果的方法事实上是搜索引擎在站长开放平台中将 Onebox 接口开放给那些拥有 Deep Web 数据的网站，让希望将自己数据放置于搜索引擎之上的网站根据接口编写代码和相关配置信息，从而搜索引擎在审核后在相应搜索结果中直接呈现相关应用或是结果,而不是传统的网页。后来,诸如阿拉丁计划[36]、框计算等概念被其他搜索引擎公司所提出,不过具体思想都与此类似,故在此一并合称为 Onebox 方案。这样的方式让搜索引擎收录到了那些原本无法抓取的 Deep Web 数据,但是对于网站方来说,需要大量的人工干预,因为针对每一个搜索引擎,网站方都必须根据其独特的接口分别编写不同的代码并提交不同的相关配置信息。而随着近年来越来越多搜索引擎的出现,该问题也显得尤为突出。因此,这类方案对于网站方来说,并不能算作一种合适的通用解决方案。

随着互联网的不断发展,许多网站采用了动态脚本的方式用于和用户进行交互,即 AJAX 方式[37]。通过在后台与服务器进行一些数据交换,AJAX 技术可以使网页实现异步更新。这意味着,在不重新加载整个网页的情况下,网页的某部分就可以直接进行局部更新。然而,AJAX 这种异步更新网页的工作方式,使得搜索引擎中传统的爬虫机制失效了。因为网络爬虫无法直接提取到网页中 AJAX 动态脚本所生成的内容,从而严重影响到搜索引擎的查询结果。

通用爬虫无法抓取到 AJAX 网页的原因在于 AJAX 页面的源代码中并没有包含全部页面内的数据内容,它包含的是超文本标记语言(Hyper Text Markup Language,HTML)和层叠样式表(Cascading Style Sheets,CSS)代码以及 JavaScript 代码所组成的 AJAX 引擎。而真正的页面内容则必须通过多次执行对 AJAX 引擎的 JavaScript 调用,并获取到服务器响应的数据,最后利用文档对象模型(Document Object Model,DOM)将多次获得的结果组合,动态生成最终呈现给用户的页面[38]。目前的 AJAX 爬虫大概分为两类。

1)智能爬虫

第一种方案是针对一个网页模板,人工解析该模板页面的源代码,获取到其有价值的数据所在的真正 URL,部署爬虫对这些 URL 进行抓取。人工解析的方式对需要采集的数据具有明显的针对性,可以使爬虫明确地抓取到所需要的信息。不过解析过程可能很复杂,且网站很有可能会轻易识别出该行为,并进一步对后续的抓取进行限制。另外,一旦网页模板进行了改版,针对其的爬虫也必须要随之改变,否则就会失效。最重要的是,这样的方案需要大量的人工介入,显然无法应用到通用爬虫中。

2)模拟浏览器

第二种方案即模拟浏览器的工作模式,爬虫完整地完成整个 AJAX 页面的生成过程,通过 HTML 源代码生成初始 DOM 树,并解析获得所有 AJAX 链接,依次访问并根据返回结果不断修改 DOM 树,最终获得真正的页面内容。近年来,有不少基于状态转换图的 AJAX 页面抓取算法被提出[39-40],还有一些动态页面信息抽取算法是基于树模型的[41]。同时也有不少研究者整合出了完整的爬虫方案,在传统网络爬虫功能的基础上,使其能够解释和执行 JavaScript 代码[42,43]。在此基础上,李华波等提出了一种双重消重策略，有效减少了该类算法的时间耗费[44]。但是由于这种模式本身完成了整个 AJAX 页面生成的过程，所以无论如何优化，这种方案控制流程都很复杂，最重要的是效率极低。而对于通用爬虫来说，抓取一个普通网页可能只需要半秒的时间，而抓取一个 AJAX 页面至少需要 5 秒，甚至更多的时间，这样的抓取速度是难以令人接受的。

8.3.2 分布式爬虫任务调度策略

系统采用主从式的爬虫架构，如图 8.2 所示。主节点为主控节点，负责 URL 任务的调度分发，从节点为爬虫节点，负责具体的抓取 URL 工作。

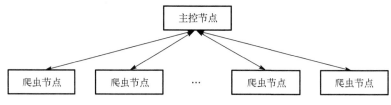

图 8.2 主从式爬虫架构

在主控节点，设计了一张节点表、三个 URL 队列以及一个调度模块和一个爬虫反馈模块。主控节点的调度流程如图 8.3 所示。

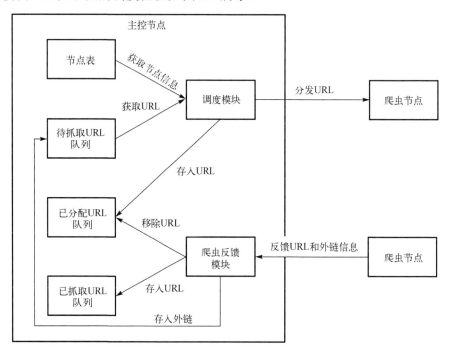

图 8.3 主控节点调度流程图

　　节点表中记录着各个爬虫节点的信息，包括节点 ID、主机地址、权值等。它必须动态更新信息以反映最新的爬虫执行状态和负载情况。一般来说有两种合理的更新方式。一种方式是每当一个爬虫节点进行了一次 URL 任务的反馈时附带提供给主控节点它最新的工作状态信息；另一种方式是每隔一段时间爬虫节点向主控节点报告一次它们最新的工作信息。两种方式可以根据具体情况进行选择。当系统因为完成所有任务或是管理员的维护干预而结束时，节点表会被记录至硬盘，以备后续使用。

　　这里三个 URL 队列分别是待抓取 URL 队列、已分配 URL 队列和已抓取 URL 队列。从种子 URL 开始所有新发现并等待抓取的 URL 会被放置在待抓取 URL 队列中。已分配 URL 队列则存放着那些已经被调度到爬虫节点进行抓取但还未返回抓取结果的 URL。而当 URL 抓取完成时，则会被存入已抓取 URL 队列中。调度模块首先从待抓取 URL 队列中取出一条 URL，再从节点表中取出各节点信息，并从中选择一个爬虫节点进行调度，将该 URL 分配给该爬虫节点，并将该 URL 存入已分配 URL 队列中。而当一个爬虫节点完成一条 URL 的抓取任务后，它会告知主控节点完成了哪条 URL，并且返回所有该 URL 对应页面中所有的外链。在收到爬虫节点的反馈信息后，爬虫反馈模块将从已分配 URL 队列中删除该 URL，并将其存入已抓取 URL 队列中，最后将该 URL 对应的外链去重后存入待抓取 URL 队列。

　　这里，采用了 Bloom 过滤[45]的方式进行去重。首先建立一张比特表，其中每一个比特都被初始化为零。随后需要设置一个哈希函数，用以将每一条 URL 映射成为比特表中的一个比特。同一条 URL 一定会被映射到同一个比特中。当一个 URL 需要去重时，首先利用哈希函数将其映射至一个比特，之后查看该比特的值，若为 0，即可认为该 URL 是一条新的 URL，最后将该比特置 1。否则，说明这条 URL 之前已经被抓取过，直接丢弃即可。当然这样的方式一定会遇到冲突的问题，为了减低冲突的概率同时保证去重过程的低时间开销，采用多次哈希的方式，对一条 URL 根据不同的哈希函数进行多次哈希。只有所有哈希结果都相同时，才认为两条 URL 是相同的。利用这种方式，可以保证当比特表相对 URL 数足够大时去重的准确性。

　　在这个调度过程中还会遇到一些问题。首先，必须保证队列的线程安全。其次，待抓取 URL 队列会增长迅速，很容易溢出。这里提供了两种较好的释放方法：一种方法是不断进行内外存的交换，这种方法可以很好地记录所有的 URL，但是很耗费时间，不过这个过程可以尝试在主控节点较空闲时完成；另一种方法是当队列快要溢出时，阻止所有尝试插入的新 URL，而在被消耗到一个较空的时候重新允许插入，这个方法会造成一些 URL 的丢弃，不过在后续的抓取过程中，这些 URL 很有可能会被重新发现，如果可以容忍这些页面可能的丢失，这会是一个简单的好办法。最后，每条 URL 应该关联一个深度值，当从一条 URL 发现一条同一网站的外链时，外链的深度将在原 URL 的深度值上加 1。当深度值到达一定的程度时，URL 对应的页面价值就被认为较低，可以直接丢弃。这样的方式还有一个好处，可以帮助避免一些爬虫陷阱。

在每个爬虫节点，设计了两个 URL 队列。一个是待抓取 URL 队列，另一个是抓取结果队列。接收模块在接收到主控节点发送的抓取命令后，将 URL 取出存入待抓取 URL 队列中。每个工作线程负责具体的抓取工作，一旦空闲则尝试从待抓取 URL 队列中取出一条，开始具体的抓取工作。抓取完毕后，URL 和其对应页面中的外链信息将会一起存入抓取结果队列中。发送模块则会按一定时间间隔将所有抓取完毕的 URL 以及其对应页面中的外链信息一并反馈给主控节点。爬虫节点的工作流程如图 8.4 所示。

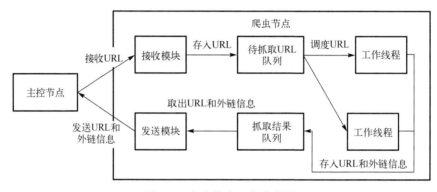

图 8.4　爬虫节点工作流程图

一般来说，一个主控节点可以轻松支持数百个爬虫节点，这样的爬虫架构足够完成大多数的爬虫任务。如果要应用到大规模的分布式系统中，可以在本系统之上增加一个调度层，该调度层主要用于按照网络延迟信息进行任务调度。在这种规模的爬虫系统中，上述的整个爬虫系统可以视为其中的一个爬虫节点。

假设一个爬虫任务需要平均在 t_1 ms 的时间内抓取 u 条 URL，而一个爬虫节点平均需要 t_2 ms 的时间去完成一个任务。那么爬虫系统所需要的爬虫节点数为

$$x = \left\lceil \frac{t_2 \times u}{t_1} \right\rceil \tag{8.1}$$

举例来说，假设目前需要抓取的几个网站平均每小时会更新 50000 个网页，一个爬虫节点需要 500ms 的时间去抓取一个网页，那么为了及时抓取所有的这些网页，爬虫系统所需要的节点数根据公式(8.1)可以计算得到为 7 个。这样，爬虫系统配置 7 个节点即可完成所需要的爬虫任务。

除了节点的计算性能及带宽之外，t_2 的大小还和工作线程数有关。图 8.5 展示了它们之间的关系。同样完成 10 万条 URL 任务，开启不同线程的爬虫节点花费的时间明显不同。

从图 8.5 中可以看出，在开启 512 线程时爬虫系统完成所有 URL 抓取任务的时间最少。不过该值在不同性能的爬虫节点上可能不尽相同。因此确定爬虫系统的每个节点应该开启多少线程也是相当重要的。一种简单的方式是让管理员根据经验人工设置线程数。这种方式虽然简单但显然比较粗糙，因为管理员给一批相似的节点一般都会设置同一个值。另一种方式是设计一个小程序用来

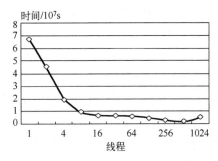

图 8.5　线程数和完成任务时间的关系图

测试开启不同线程时的任务完成效率，并智能地选择最合适的线程数。这种方式就相对比较复杂，测试时也会有很多因素需要考虑。不过一个爬虫节点只需要在接入爬虫系统之前进行一次测试即可，因此测试所带来的时间开销还是可以接受的。

1. 负载均衡策略

设计负载均衡策略时可以考虑的因素有 CPU 性能、CPU 使用率、内存使用率、传输时延等，但这些因素最终会体现在时间上，因此采用时间这一指标作为负载均衡的衡量标准，也是确定权值时的一个重要组成部分。根据一个爬虫节点之前的运行情况，可以判断出它之后可能的运行状况。

具体来说，对于一个爬虫节点，假设它已完成的任务数是 n 个，一共花费的总时间是 $t$ms。这里的时间包括从主控节点分配出任务至该爬虫节点直至该节点反馈完毕为止，这样传输时延也会被计算在内。那么这个爬虫节点平均完成一个任务需要花费的时间 $\bar{t}$ 为

$$\bar{t} = \frac{t}{n} \tag{8.2}$$

其中，假设已分配给该爬虫节点但仍未完成的任务数是 m 个，那么该爬虫节点完成剩余任务所需要的时间就是 $\bar{t} \times m$，即

$$T = \frac{t}{n} \times m \tag{8.3}$$

显然，随着剩余任务数 m 的增加，T 值也会增加，这意味着该节点完成剩余任务需要的时间越多。为了让所有爬虫节点尽可能在同一时间完成各自的任务，主控节点就应该给该节点分配更少的任务以达到负载均衡。也就是说，T 值增加时，权值 W 应该则应该减少。因此，对 T 取倒数，得到

$$W = \frac{1}{T} \tag{8.4}$$

将公式(8.3)代入公式(8.4)中，得到

$$W = \frac{n}{t \times m} \tag{8.5}$$

由于节点可能处于空闲状态，所以 m 值可能为零，而在公式(8.5)中，m 在分母的位置。因此为了让分母不为零，使用 $m+1$ 替换 m，这样可以得到

$$W = \frac{n}{t \times (m+1)} \tag{8.6}$$

其中，t 值和 n 值表示节点花费的总时间和完成的总任务数。那么随着 t 值和 n 值的不断变大，平均时间 n/t 一定会趋向稳定。然而，这并非所期望的，因为权值趋于稳定时，节点当前的状态就无法在权值中体现出来。由于希望权值能够反映出一个节点的当前情况，所以，借鉴了滑动窗口的概念，对权值进行了修改。假设只考虑最近 k 个任务的完成状态，在这 k 个任务中，t_i 为最近第 i 个任务完成的时间，那么权值 W 为

$$W = \frac{k}{\sum_{i=1}^{k} t_i \times (m+1)} \tag{8.7}$$

其中，k 值可以根据实际的爬虫环境进行设定。在本节中，将其设置为100。

2. 调度策略

为了实现负载均衡，提出了一种基于加权轮叫算法的调度策略。选用加权轮叫作为调度算法主要考虑以下方面。

1）简单高效

爬虫调度算法部署在系统的主控节点，是整个系统运转的核心。若每次调度都需要较多的时间，爬虫节点就有可能闲置从而导致资源浪费，因此，算法必须做到简单高效。除了每个爬虫节点对应的一个权值外，加权轮叫算法只需两个简单变量，并且可以在 $O(x)$ 时间内完成一次调度，这里的 x 指爬虫节点数。

2）支持权值动态变化

在本爬虫系统中，爬虫的调度和反馈是异步进行的。每当爬虫节点进行一次反馈时，权值都会更新。因此能够支持动态权值的调度算法一定会比一段时间取一次权值的算法更为合适。在加权轮叫算法中，所有用到的节点对应权值都是直接从节点表中取得的，这意味着每次取得的权值都是当前最新的值，因此调度更为准确。一般来说，许多其他的算法会将权值降序排列以获取最大的权值。但是一旦权值发生了变化，那些算法就需要重新对这些权值进行排序。而加权轮叫算法不需要像那些算法一样维护一个序列，因此更高效，更能适应权值的动态变化。

3) 可以预估权值的变化趋势

在分布式环境中，节点间的通信会遇到许多问题，比如网络时延甚至网络中断。因此一个好的算法应该能够根据目前的权值大致估计后续权值的变化趋势，并据此进行调度，而不是完全依赖爬虫反馈时的权值更新。而在加权轮叫算法中，设定阈值的更改与各爬虫节点对应的权值变化趋势是相匹配的，这意味着即使爬虫节点短时间没有更新权值，算法也能较准确地进行分配任务。

4) 低权值的爬虫节点不会饿死

和其他大多数调度问题一样，爬虫任务调度也会面临低权值节点可能饿死的问题。无论一个节点的权值多低，它也应该在不断工作，而不是被闲置，否则就造成了资源的浪费。在加权轮叫算法中，不论权值高低，每一次阈值从最大值减少到零(或小于零)的一系列分配过程中，各爬虫节点都会得到调度的机会。这使得在权值更新不及时的情况下，低权值的爬虫节点也不会饿死。

所谓加权轮叫算法，其实就是轮流询问每个爬虫节点，其权值是否符合条件，若符合条件则分配给它一个 URL，询问完毕后无论是否符合都继续询问下一个爬虫节点，如此不断循环进行下去。算法首先会选择当前所有爬虫节点中最大的权值作为该轮的阈值。当询问到的权值不小于该阈值时即视为符合条件，进行调度，否则视为不符合条件，不进行调度。当一轮所有节点都询问完成后，阈值将自减，然后继续下一轮的询问。当阈值减至零(或小于零)时，重新设定其为当前所有爬虫节点中最大的权值。

接下来给出一个示例来说明算法如何工作。假设有三个爬虫节点 A、B 和 C，它们的权值分别为 2、4 和 3。这里若设置步长 s 为 1，那么阈值的初值就是 4。现在开始第一轮的询问，A 小于 4，因此跳过，B 大于等于 4，因此被选中得到调度机会，而 C 没有。接着第二轮询问开始，阈值变为了 3，询问 A，跳过，询问 B 和 C，都得到了调度。如此不断询问，直至阈值减至零时，一共进行了 2+4+3=9 次调度，得到调度的节点依次是 BBCABCABC。在这所有的 9 次调度中，权值为 2 的 A 节点得到了 2 次调度的机会，权值为 4 的 B 节点得到了 4 次调度的机会，权值为 3 的 C 节点则得到了 3 次调度的机会。注意到，当阈值从 4 减至 3 的时候，若 A 节点的权值在此时变为 3，而 C 节点的权值变为 2，那么 A 就会得到调度，而 C 则没有。

注意到，这里的权值 $W(N_j)$ 对于一个爬虫节点而言即是公式(8.7)中的 W，分子 k 为 100，分母是完成这 k 个任务的时间之和。一般来说，完成一个任务花费的时间是 500～5000ms，因此分母就会大于分子，于是权值 W 就会是一个在(0,1)区间的小数，并不能适用于加权轮叫算法，因此必须将其做出一些改变。首先让原来的权值 W 乘以一个系数 a，接着对它进行取整操作，这样权值 W 就会在零到一个正整数的区间内进行变化。这样，权值 W 为

$$W = \left\lceil \frac{a \times k}{\sum\limits_{i=1}^{k} t_i \times (m+1)} \right\rceil \tag{8.8}$$

其中，a 值可以根据爬虫的情况进行设定。在本节中，将 a 设定为 300000。当 m 为零时，W 会在 120 左右浮动。当有更多 URL 任务时，该值可以相应地调大。

在本节中，步长 s 被置为 1。这里给出一个例子来解释为何如此设置。假设给两个爬虫节点分配任务，第一个节点平均每 2.3s 能完成一个 URL 任务，第二个节点平均需要 3.3s 才能完成一个 URL 任务，那么它们的权值就会根据公式(8.8)被初始化为 130 和 90。当步长 s 被置为 1 时，在阈值从最大值减至零的过程中，第二个节点就会被调度 90 次，第一个节点则是 130 次。这意味着分配给第一个节点和第二个节点的任务数之比是大约 3.3:2.3，是符合预期的。换句话说，在本调度策略中，权值可以被理解为在一轮调度中分配给该节点任务的数量，这也是加权轮叫算法用在此处的合理之处。

不过调度中还有一个问题，当所有的爬虫节点都在满负荷运作时，它们的权值都会变为零。如果一个节点完成了一些任务从而使得权值变为了某正整数，那么主控节点就会立刻将 URL 不断地调度给该爬虫节点直至该节点的权值重新变为零。当任务数或节点数较少时，这就会直接导致负载不那么均衡。在这种情况下，需要另外增加一个措施来帮助负载均衡，即限制给同一个节点连续分发任务的数量，称为辅助负载均衡策略。具体而言，可以记录已连续分发的任务数和节点 ID。当分发一个新的 URL 任务时，比较该节点是否是上一次调度的节点，若是则将任务数加 1，否则就将连续分发的任务数清零并记录新的节点 ID。这样，主控节点就不再会无限制地持续分配给同一个节点任务。由此，调度中的误差变得更小，爬虫系统的负载也就更为均衡。

5) 错误恢复机制

本系统的错误恢复机制可以分为两个部分，分别为针对爬虫节点的错误恢复机制和针对 URL 的错误恢复机制。

当一个爬虫节点突然宕机时，主控节点也应该能实时捕捉到这一情况，并对这个系统出现的错误进行恢复。一般可以考虑的方案是心跳机制。不过本节在实现时采用了 socket 的方式，直接捕捉 socket 抛出的 IO 异常就能捕捉到节点断开连接的情况，接着继续查找出已分配 URL 队列中所有分配给该爬虫节点的 URL，并将它们重新进行分配。这样，针对爬虫节点的错误恢复机制就完成了。

另外，本节监控了已分配 URL 队列，当一条 URL 长时间在队列中时，就认为该 URL 未被及时反馈，出现了一些状况，比如在传输过程中丢失了。因此需要对其重新分发。值得注意的是，这条 URL 实际上已被分发出去了两遍，若第一遍其实没有丢失，而在重新分发以后被找回了，那也无关系。因为当第二次反馈给主控节点该 URL 完成信息时，爬虫反馈模块会去尝试删除已分配 URL 队列中的该 URL，而该 URL 其实已在第一次反馈时已经移除了，因此尝试失败，系统会直接忽略该 URL。这样，针对 URL 的错误恢复机制也就完善了。

3. 实验与分析

实验采用了四台计算机以搭建分布式环境。其中两台计算机的 CPU 是 Inter(R) Core(TM) 2 Duo CPU P7450 @ 2.13GHz，内存是 2GB，操作系统为 Windows XP Professional SP3 x86，网络带宽为 10M 光纤。另外两台计算机的 CPU 是 Inter(R) Xeon(R) CPU E3-1230 V2 @ 3.30GHz，内存为 8GB，操作系统为 Windows 8.1 Professional x64，网络带宽为 20M 光纤。程序语言采用 Java。

在实验中，爬虫系统中共有四个爬虫节点。主控节点分别使用四种调度策略对四个爬虫节点进行任务调度。前两种为提出的调度算法，第一种没有采用辅助负载均衡策略，称之为原系统，第二种则采用了辅助负载均衡策略，称之为改进系统。第三种调度算法为最大权值调度算法，它永远会调度给当前权值最高的节点，第四种调度算法则是一个哈希算法。对前三种调度策略，让爬虫节点分别每 100ms 和每 10ms 进行一次反馈，这样一共有七种调度方式，分别用这七种调度方式进行实验，实验一共分配 5000 条 URL，并计算所有任务完成时每个节点完成抓取这些 URL 任务的时间及完成的任务数。实验结果如图 8.6 所示，其中四个节点已经分别按它们的处理速度进行了排序。

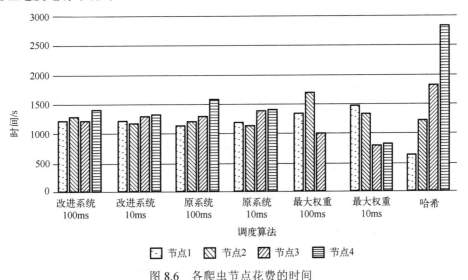

图 8.6　各爬虫节点花费的时间

本系统及最大权值调度算法相比哈希算法明显花费了较少的时间完成实验。原因是，哈希算法会随机向各个节点进行调度而不管各节点的抓取能力如何。各个爬虫节点都被分配了差不多的任务数，高性能节点自然会比低性能节点更快地完成任务，这也使得整个系统花费了更多的时间完成实验。而在本系统和最大权值调度算法之间，可以看到，本系统耗时最多的节点和耗时最少的节点间相差的时间只有200多秒，而最大权值调度算法相差的时间近千秒。显然，本系统相差的时间少了许多，表明本系统的负载平衡性能良好。注意到，最大权值调度算法在 10ms 反馈间隔时的表现还不错，然而在 100ms 反馈间隔时却相当较差，这是因为最大权值调度算法一直选择最大权值的爬虫节点进行调度直到该节点的权值变化成为不是最大的为止，而 100ms 的反馈间隔时主控节点就会分发大量的任务给权值最大的爬虫节点。不过在本系统中，即使反馈间隔时间较长，本系统的负载依然足够平衡，这正是因为本系统的调度算法可以预测权值变化的趋势。

除此之外，比较一下原系统与改进系统。改进系统花费了较少的时间完成整个实验，各节点间花费的时间也更均匀，尽管两个系统之间只有些微小的差距。也说明了加入到系统中的辅助负载均衡策略对减小误差起了作用。系统限制了连续分发给同一个节点任务的最大数目。这也意味着无论节点性能或反馈间隔如何，节点间的最大误差同样被限制了。

8.4　网络大数据索引网络体系

8.4.1　资源索引网络模型

本节以大规模网页数据资源为例，提出了基于分类的网页索引网络模型[46-48]。索引网络模型从纵横两个方面对网页类以及它们之间的语义关联进行组织：层次之间的树状结构刻画不同粒度的网页类之间的父子隶属关系；同层中的网状结构刻画同一个粒度的网页类之间由超链接生成的语义关联。设置网页类的不同粒度，目的是使得基于索引网络模型的网络信息服务应用更加灵活化。类之间的语义关联则常常用做推理相关的互联网服务应用。索引网络模型能够刻画网页类以及网页类之间的语义关联，是一种能够支撑包含语义关联式信息查找的网络信息服务应用的网页组织和管理模型，为构建智能型的网络信息服务提供底层的网页资源组织模型。

本节对索引网络模型的基本单元——网页类的形成、操作、性质等讨论；分别定义了基于分类的网页单层索引网络和基于分类的网页层次索引网络；并给出索引网络模型的构建以及更新算法。然后从索引网络构建规则、语义关联图、索引网络三个层次上，分别定义了一组操作算子，构成索引网络代数。

在本节中，Ω 代表全集，包含了互联网络上所有的网页。Q 表示一个网页域，为一个网页的集合。本节基于一个网页域定义一个索引网络。P 表示一个网页；c_i 表示第 i 个网页类的描述；Q_i 代表第 i 个网页类；e_{ij} 代表从 Q_i 到 Q_j 的语义关联强度。$p \in c_0$

表示网页 p 满足第 i 个网页类的描述 c_i；也就是说，p 是网页类 Q_i 的一个实例。θ 代表一个阈值；由于互联网络上存在很多垃圾链接，当两个类之间的语义关联大于阈值 θ 时，才认定两个类之间有某种语义关联存在。

$$\mathbf{N}^+ = \{1, 2, 3, \cdots\}, \quad \mathbf{N}_m = \{1, 2, \cdots, m\}$$

1）网页类

网页域 Q 在网页类描述 c_i 上的映射得到网页类 Q_i，映射函数用 $Q(c_i)$ 来表示。网页类 Q_i 被定义为

$$Q_i = \{p \mid p \in Q \wedge p \in_I c_i\}$$

公式的含义等同于判断一个网页 p 是否符合一个网页类描述 c_i。对于网页类，以下性质是成立的。

性质 8.1（网页类）：

① $Q(\varnothing) = \varnothing$；

② $\neg Q_i = Q(\neg c_i) = Q - Q_i$；

③ $Q_i(c_j) = Q_j(c_i)$；

④ $Q_i(c_k) \blacksquare Q_j(c_k) = (Q_i \blacksquare Q_j)(c_k)$。

其中，$\blacksquare$ 可以表示交、并、差操作的任意一种。

2）单层索引网络

（1）基于分类的网页单层索引网络。

定义 8.1：单层索引网络被定义为一个三元组 $N_S = (Q, C^*, G_0)$。 其中

① $Q = \{p_1, p_2, \cdots, p_n\}$，$n \in \mathbf{N}^+$，代表了一个网页域；

② $C^* = \{c_1, c_2, \cdots, c_m\}$，$m \in \mathbf{N}^+$，代表了一个网页类描述的集合；

③ $G_0 = (V, E_0)$，G_0 是一个语义关联图。其中，$V = \{Q_i, i \in \mathbf{N}_m\}$。$Q_i = \{p \in Q \mid p \in_I c_i\}$，$Q$ 代表一个网页类的集合；$E_0 = \{(Q_i, Q_j) \mid e_{ij} \geqslant \theta, i, j \in \mathbf{N}_m\}$，$E_0$ 代表一个有向边的集

$$e_{ij} = \begin{cases} \dfrac{\sum\limits_{p_x \in Q_i, p_y \in Q_j} L(p_x, p_y)}{|Q_i|}, & i \neq j \\ 0, & i = j \end{cases} \tag{8.9}$$

$$L(p_x, p_y) = \begin{cases} 1, & p_x \text{ 与 } p_y \text{ 有超链接} \\ 0, & \text{其他} \end{cases} \tag{8.10}$$

其中，G_0 是一个有向图。有向边 e_{ij} 的值代表了从 Q_i 到 Q_j 关联的语义关系的强弱程度。e_{ij} 的值越大，说明从 Q_i 到 Q_j 的语义关联越强。

由定义 8.1 可知，当 Q 和 C^* 确定之后，G_0 也就能够被推导出来。G_0 代表一个语义关联图，它的顶点代表网页类，有向边代表网页类和网页类之间的语义关联。

（2）网页分类。

网页类是语义关联图的基本单元，依据不同的数据组织需求，网页类可以由不同的方式得到。例如，本节建立关键词、网页、领域之间的关联，那么一个网页类就表示一个领域。当然，也可以说，主题是用一个网页类表示的。基于分类的网页索引网络中，网页类的粒度设置是一个非常重要的问题。

网页冗余、散乱地分布在互联网络之上。为了约束一个索引网络中网页类的合适粒度，解决相应的冗余问题；同时，使得一个类别中的网页具有相似的互联网络语义环境，保证类与类之间的语义关联具有单一的物理含义。本节给出了网页类别划分的原则，即类中的网页具有相似的内容 Similar-function(a,b)，并且它们和其他网页的关联关系也相同 Similar-context(a,b)。

当定义了网页类和网页类之间的语义关联之后，按照这种关联组织起来的索引网络中类的最小粒度也是确定的。在此基础之上，本节给出了最小粒度的判定方法，针对两个具体原则，分别从类中网页的相似度及它们与其他类的关联来进行判定。对已有的网页类，若不满足最小粒度的判定准则，则可以将其进行分解得到符合要求的网页类。网页类的粒度约束的示意过程如图 8.8 所示。

一般情况下，经过网页分类算法，本节能得到具有相似内容的网页类；利用网页类之间语义关联的定义，本节将这些网页类进一步划分，得到最小粒度的网页类。

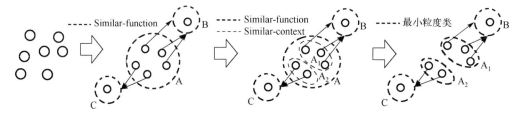

图 8.8　网页类的粒度约束满足的过程示意图

首先，针对不同的网页类型，需要给出不同的网页分类方法。比如，网页可分为三类：有主题网页（topic）、Hub 网页（hub）、图片网页（pic）。主题型网页相对 hub 型网页，包含更多的文本描述。例如，一个具体的新闻网页就是典型的有主题网页。hub 类网页指专门用来提供网页导向的网页，因而是超链接聚集的网页。一般情况下，网站的首页属于 hub 类型网页。导航网页也属于 hub 类型的网页。比较而言，门户网站的锚文本种类庞杂，条目众多。图片类网页是指网页的内容是通过图片的形式体现的，其中文字很少，大多仅仅是对图片的一个说明。借用 HTML 解析器来计算网页的信噪比，用以判断出网页的类别。对于主题型的网页，直接利用网页中的文本进行分类；对于 hub 类型的网页，利用与之关联的网页的域名分为导航网页或者网站首页，再依据网站的标题、关键词等对网页进行分类；对于图片类型的网页，只能依据图片的描述文本对其进行分类。

其次，利用网页类之间语义关联的定义，将这些网页类进一步划分，得到最小粒度的网页类。最小粒度网页类的判定准则如下。

判定准则：设定 $G = (V, E)$ 为一个语义关联图，网页类 $Q_i \in V$，如果 $\forall Q_i \in V, e_{ij}$ 和 e_{ji} 都满足 n-度均匀分布，那么，网页类 Q_i 对于该语义关联图 G 是一个最小粒度的类。

定义 8.2（n-度均匀分布）：设定 $G = (V, E)$ 为一个语义关联图，网页类 Q_i，$Q_j \in V$。当 $e_{ij} \geq \theta$ 时，如果 Q_i 中的任意 $n \times |Q_i|$ 个网页中，至少包含一个网页存在一条到 Q_i 中网页的超链接。那么，e_{ij} 满足 n-度均匀分布。

以上定义中，n 为一个变量，$0 < n < 1$，用来约束网页类粒度的大小。

3）层次索引网络

以不同的粒度来定义网页类，并且把这种层次粒度结构添加到单层索引网络中，得到了层次索引网络。

定义 8.3：定义层次索引网络为一个三元组 $N = (Q, S, G)$。其中，$S = (C^*, R)$；$G = (V, F, E)$。

① Q 代表一个网页域；

② $S = (C^*, R)$ 表示一个层次索引网络的构建规则，其中

（a）C^* 为一个网页类描述的集合；

（b）$R = \{(c_i, c_j)) \mid \forall p \in \Omega, p \in_I c_j \Rightarrow p \in_I c_i, i, j \in \mathbf{N}_m\}$；$R$ 包含了层次索引网络中的所有网页类和网页类之间的父子关联。

③ $G = (V, F, E)$ 代表一个语义关联网络。其中

（a）V 代表一个网页类的集合；

（b）$F = \{(Q_i, Q_j) \mid (c_i, c_j) \in R; i, j \in \mathbf{N}_m\}$；$F$ 是一个网页类之间的父子关联集合，包含了 V 中存在的、所有的网页类之间的父子关联；

（c）$E = \{(Q_i, Q_j) \mid e_{ij} \geq \theta, Q_i, Q_j \in V\}$；$V = \{Q_x \in V \mid \nexists Q_y \in V \rightarrow (Q_x, Q_y) \in F, x, y \in \mathbf{N}_m\}$。

其中，E 是一个网页类之间的语义关联集合，包含了 V 中所有叶子类之间的语义关联。

定义 8.3 中，Q、C^* 和 V 的形式化定义如定义 8.1 中所示。Ω 代表了互联网络上面所有网页的全集。针对索引网络生成规则 S，如果给定 C^*，R 能够通过定义 8.3（2）推导出来。G 定义了一个语义关联图，它由 Q 和 S 共同生成。V 定义了 G 中所有叶子网页类的一个集合；其中，不包含 V 中的任何其他网页类定义为叶子网页类。单层

索引网络是层次索引网络的一个特殊情况。在单层索引网络中，网页类之间的父子关系不存在，所有的网页类都可以被看成叶子网页类。

(1)索引网络的构建。

当构建一个索引网络时，需要定义网页类的集合以及网页类之间语义关联的生成规则。依据层次索引网络的定义可知，同层之间网页类之间的语义关联可以由给定的规则计算得出。但是，让用户人工定义网页类以及网页类之间的父子关系集合，工作量巨大，也是不可行的。实际上，索引网络中包含的网页类以及网页类之间的父子关系，也可以由半人工或者全自动化的方式得到。

本节给出单层索引网络的初始化过程，基于网页类别和超链接的语义关联图构造算法如算法 8.1 所示。

算法 8.1　基于网页类别和超链接的语义关联图构造算法

输入：网页集 Q，主题集 $C^* = \{c_1, c_2, \cdots, c_m\}$

输出：$G = (V, E)$

1.　初始化，$E = \varnothing; V = \{Q_1, \cdots Q_i, \cdots Q_m\}; \forall Q_i \in V, Q_i = \varnothing; i < i \leqslant m$
2.　**for** 每个 $p_i \in Q$，判断 p_i 是否满足 c_j
3.　　**if** $p_i \in_I c_j$
4.　　　添加 p_i 到 Q_j
5.　　**end if**
6.　**end for**
7.　$\forall Q_i, Q_j \in V$，计算 e_{ij}
8.　**if** $e_{ij} \geqslant \theta$
9.　　将 e_{ij} 添加到 E
10.　**end if**

---

(2)层次索引网络的更新。

由于互联网络的开放性属性，互联网络上面的网页处于不断变化的状态中。为了保证较好的信息服务的质量，索引网络中的网页信息必须与互联网络上面的信息保持一致。因此，给出索引网络的更新算子是有必要的。本节给出了两个索引网络的更新算子，并给出了对应的实现算法。

定义 8.4：设 $N = (Q, S, G)$ 是一个索引网络；若加入一个新增网页集合 $\varDelta$，那么，更新后的索引网络 $\bar{N} = (\bar{Q}, S, \bar{G})$，其中

① $\bar{Q} = Q \cup \varDelta$；
② $\bar{G} = (\bar{V}, \bar{F}, \bar{E})$，其中
$\bar{V} = \{\bar{Q}_i, i \in \mathbf{N}_m\}$；

$\bar{Q}_i = \bar{Q}_i \bigcup \{p \mid p \in \varDelta \wedge p \in_I c_i\}$;

$\bar{F} = \{(\bar{Q}_i, \bar{Q}_j) \mid (c_i, c_j) \in R, i, j \in \mathbf{N}_m\}$;

$\bar{E} = \{(\bar{Q}_i, \bar{Q}_j) \mid e_{ij} \geq \theta, \bar{Q}_i, \bar{Q}_j \in \widetilde{V}\}$;

$\widetilde{V} = \{\bar{Q}_x \in \bar{V} \mid \nexists \bar{Q}_y \in \bar{V} : (\bar{Q}_x, \bar{Q}_y)) \in \bar{F}, x, y \in \mathbf{N}_m\}$ 。

简要地说，当索引网络的网页域新增加一个网页集合 $\varDelta$ 时，能够得到一个基于网页域 $Q \bigcup \varDelta$ 的索引网络。具体的更新过程如算法 8.2 所示。

算法 8.2 通过扩展网页域更新索引网络

输入：$N = (Q, S, G)$，网页集合 $\varDelta$

输出：$\bar{N} = (\bar{Q}, S, \bar{G})$

1. 初始化条件：$\bar{V} = V$，$\bar{F} = F$，$\bar{E} = E$，$\bar{Q}_l = Q_l$，$V_{pi} = \varnothing$，$\bar{Q} = Q \bigcup \varDelta$
2. **for** $\forall p_i \in \varDelta$
3.   **for** $\forall c_i \in C^*$
4.   **if** $p_i \in_I c_i \wedge \bar{Q}_i \neq \varnothing$
5.   将 p_i 添加到 $\bar{Q}_i$；将 $\bar{Q}_i$ 添加到 V_{pi}
6.   **end if**
7.   **if** $p_i \in_I c_i \wedge \bar{Q}_i = \varnothing$
8.   将 $\bar{Q}_i$ 添加到 $\bar{V}$；添加 p_i 到 $\bar{Q}_i$；添加 $\bar{Q}_i$ 到 V_{pi}
9.   **for** $\forall \bar{Q}_j \in \bar{V}$
10.   **if** $(c_i, c_j) \in R$
11.   将 $(\bar{Q}_i, \bar{Q}_j)$ 添加到 $\bar{F}$
12.   **end if**
13.   **if** $(c_j, c_i) \in R$
14.   将 $(\bar{Q}_j, \bar{Q}_i)$ 添加到 $\bar{F}$
15.   **end if**
16.   **end for**
17.   **end if**
18.   **end for**
19. **end for**
20. **for** $\bar{Q}_i \in \bar{V}$
21.   **if** $\forall \bar{Q}_j \in \bar{V}, (\bar{Q}_i, \bar{Q}_j) \notin \bar{F}$
22.   添加 $\bar{Q}_i$ 到 $\widetilde{V}$
23.   **end if**
24. **end for**

25.   **for** $\forall p_i \in \Delta$ 获取所有链接

26.   **for** $\forall \bar{Q}_i \in V_{pi}$

27.   **if** $\bar{Q}_i \in \tilde{\bar{V}}$

28.   **for** $\forall \bar{Q}_j \in \tilde{\bar{V}}, j \neq i$

29.   Tem $= e_{ij} \times |Q_i|$

30.   **for** $\forall p_j \in$ 所有 p_i 超链接

31.   **if** $p_j \in \bar{Q}_j$

32.   Tem=Tem+1

33.   **end if**

34.   **end for**

35. $e_{ij} = \dfrac{\text{Tem}}{|\bar{Q}_i|}$

36.   **end for**

37.   **end if**

38.   **end for**

39. **end for**

40. **for** $\forall p_i \in \Delta$

41.   **for** $\forall p_j \in$ 获取的所有指向 p_i 的超链接

42.   **for** $\forall \bar{Q}_j \in V_{pj}$, $\bar{Q}_i \in V_{pi}$

43.   **if** $\bar{Q}_j \in \tilde{\bar{V}}, \bar{Q}_i \in \tilde{\bar{V}}, i \neq j$

44. $e_{ji} = (e_{ji} \times |Q_j| + 1) / |\bar{Q}_j|$

45.   **end if**

46.   **end for**

47.   **end for**

48. **end for**

49. **return** $\bar{N} = \{\bar{Q}, S, \bar{G}\}$

算法 8.2 包含了五个步骤。第一步完成算法中变量的初始化(第 1 行);第二步完成语义关联图中每个网页类的更新(第 2~19 行);第三步更新语义关联图中的叶子网页类集合(第 20~24 行);第四步(第 25~39 行)和第五步(第 40~48 行)来完成类与类之间语义关联关系的更新。假设变量 m 代表索引网络中网页类的数目,集合中最大的网页出度为 o,集合中最大的网页入度为 q。算法 8.2 中,步骤 2~步骤 5 的复杂度分别为 $O(|\Delta|m^2)$、$O(m^2)$、$O(|\Delta|m^2o)$、$O(|\Delta|(|Q| + |\Delta| + qm^2))$,因此,算法 8.2 的整体复杂度为 $O(n^4)$。

类似地,当需要删掉网页域中的某些网页时,同样能够对索引网络进行更新。

定义8.5：设 $N=(Q,S,G)$ 是一个索引网络；需要从网页域 Q 中删掉一个网页集合 Δ，那么，更新后的索引网络 $\bar{N}=(\bar{Q},S,\bar{G})$，其中

① $\bar{Q}=Q-\Delta$；

② $\bar{G}=(\bar{V},\bar{F},\bar{E})$，其中

(a) $V=\{Q_i-\Delta|c_i\in C^*\}$；

(b) $\bar{F}=F\bigcap(\bar{V}\times\bar{V})$；

(c) $\bar{E}=E\bigcap(\bar{V}\times\bar{V})$。

索引网络中网页域的不断变化，会导致语义关联图中类与类之间语义关联强弱的改变。由于互联网络的开放性，其上的网页处于不断更新状态。在实际应用中，如果要确保类与类之间的关联程度是实时的，本节中讲到的两种更新算子是非常必要的。在更新算子定义中，只反映出了关联有无的变化；但是，在更新算法中，本节具体给出了类与类之间关联程度的变化实现过程。

8.4.2　索引网络代数

在 8.4.1 节中提出了基于分类的网页索引网络模型。索引网络模型是基于网页分类和超链接统计分析而构建的一种网页组织模型，生成了能够刻画网页类之间的现实关联的语义关联图。面向主题的探索式搜索、个性化搜索等基于语义关联图构建智能型网络信息服务应用的过程中，需要完成从语义关联图中提取网页/子图结构，或者将两个索引网络合并为一个索引网络等操作。

1.　索引网络构建规则之间的操作

实际应用中，索引网络中的构建规则可能会被人为地变更。用户可以把多种规则进行组合生成一种新的规则。因此，定义针对 C^* 的操作算子是必要的。实际上，当使用不同的形式化方法去描述一个网页集合时，针对 C^* 的操作的形式化方法是不一样的。因此，在规则层的操作算子的定义依赖于具体的应用场景，并且由网页类的抽象描述形式决定。

后台数据库需要被整合的应用场景很多，例如，上海市互联网信息中心关注整个上海市的互联网建设情况；北京市互联网信息中心关注整个北京市的互联网建设情况；每个行政区域只需要建立局部的网页数据库，并进行分析就好。中国互联网信息中心关注整个国家的情况，需要把各个行政区域的数据库进行整合分析。再例如，国美在线合并了库巴网之后，这两个电商平台后台的数据库的整合也是必需的。此外，想要分析两个行政区域互联网建设情况的差异性，需要定义后台数据库的比对操作算子，如差、对称差等。虽然，整节以互联网络之上最常见的资源——网页为对象，对索引网络的构建、操作进行说明。实际上，所提索

引网络的抽象概念，以及索引网络的单网、多网等操作算子，同样适用于互联网络上其他类型的资源。

考虑到基于不同分类体系构建的索引网络进行合并的情况，在这种场景下，两个或者多个索引网络需要被整合成一个新的索引网络。依据不同的合并需求，定义了叠加和、共性和、乘积三个不同的运算，分别以不同的合并方式来整合多个索引网络。其中，叠加和是一种全包含式的索引网络合并方式，合并后的索引网络包含了原网中所有存在的网页、网页类以及网页类之间的语义关联。共性和是一种保守的合并方式，本着"大家都认为是对的，才是对的"理念，抽取多个索引网络中的公共部分，形成一个新的索引网络。乘积是一种集思广益类型的合并方式，求取多个索引网络中的属性并集，利用这个属性并集形成新的索引网络生成规则，进而形成一个新的索引网络。

考虑到对多个索引网络模型的分析对比，定义了索引网络的差和对称差两个操作算子。差操作展现了一个索引网络对比另一个索引网络的不同之处，目的是提炼出一个数据库不同于另一个数据库的区别。对称差操作展现了两个索引网络的不同程度，目的是提炼出多个数据库中的非公共特性集合。直观地来说，上海市互联网信息中心与北京市互联网中心后台中网页索引网络的差，展现出了上海市互联网络不同于北京市互联网络的特征。而两个后台中网页索引网络的对称差，展现出了互联网络的区域化特征。

2. 语义关联图的查询优化

索引网络模型是一种网页的组织和管理模型。为了给基于索引网络模型开发面向主题的探索式搜索、基于语义关联图的个性化搜索等提供代数运算支撑，利用相关操作算子，从网页索引网络中提取满足需求的网页集合或者子网结构。用户在语义关联图中提取信息时，往往同时借助于多个针对语义关联图或者索引网络的操作算子，这样的过程可以被表达成一个由操作算子组成的复合函数。实际上，同一种信息提取需求，可以通过不同的过程完成，即可以表示成不同的复合函数。评估并选取计算代价最小的操作过程是非常有必要的。类似于关系数据库的查询优化规则，本节讨论并给出操作算子之间的等价转换准则，旨在帮助用户寻找高效的复合函数，减少语义关联图中信息提取的代价。

一旦指定网页域 Q 和网页类集合 C^*，索引网络所能够产生的语义关联图也就唯一确定了。语义关联图从关键词、网页、网页类三个层次对互联网上的网页进行组织，形成一个后台数据库。网络信息服务应用依据数据需求，访问后台数据库，从语义关联图中抽取一个子关联图，向用户提供服务。本节给出一个从语义关联图中提取子图的算法，如算法 8.3 所示。具体地，使用投影和限制操作，算法从语义关联图 G 中提取子图 $\bar{G}$。子关联图提取算法能够为网络信息服务包括搜索导航、推荐系统、信息检索等应用提供支撑。

算法 8.3　语义关联图 G 提取子图算法

输入：$G = (V, F, E)$，约束条件 X，投影条件 Y

输出：$\bar{G} = (\bar{V}, \bar{F}, \bar{E})$

1.　初始化 $\bar{V} = \varnothing, \bar{E} = \varnothing, \bar{F} = \varnothing, i = 0, j = 0$

2.　**while** ($i \leqslant |V|$) **do** $i{+}{+}$

3.　　**if** Q_i 满足 Y

4.　　　添加网页类别 Q_i 到 $\bar{V}$

5.　　　**while** ($j \leqslant |Q_i|$) **do** $j{+}{+}$

6.　　　　**if** p_i 满足 X

7.　　　　　标记 p_i

8.　　　　**end if**

9.　　　**end while**

10.　　　$j = 0$

11.　　**end if**

12.　仅保留所有标记的网页

13.　**end while**

14.　**while** ($Q_i \in \bar{V}, Q_j \in \bar{V}$) **do**

15.　　**if** $(Q_i, Q_j) \in E$

16.　　　添加 (Q_i, Q_j) 到 $\bar{E}$

17.　　**end if**

18.　　**if** $(Q_i, Q_j) \in F$

19.　　　添加 (Q_i, Q_j) 到 $\bar{F}$

20.　　**end if**

21.　**end while**

22.　**return** $\bar{G} = (\bar{V}, \bar{F}, \bar{E})$

算法 8.3 包含两个主要步骤。其中，步骤 1(第 2~13 行)的目的是提取满足条件的网页类以及网页。步骤 2(第 14~21 行)的目的是提取满足条件的网页类之间的父子关系，以及网页类之间的语义关联。设 h 表示存在于网页类中的网页的最大数目值，m 表示网页类的特征向量维度的最大值。算法 8.3 中，步骤 1 的算法复杂度为 $O(mh)$；步骤 2 的算法复杂度为 $O(m^2)$，因此，算法 8.3 的整体算法复杂度为 $O(m^2)$。

8.5　小　　结

当今人类社会的各个行业，如工业、科技、交通、医疗、金融等领域和部门都产生了大量的数据信息，这些大数据已成为一种资源，几乎包含了所有需要的信息，蕴含着巨大价值。但是正是由于这些大数据的广度和容量，以及这些数据的多源异构的本质对数据收集、存储和处理，特别是数据分析与计算带来了非常大的困难。大数据分析与处理已经成为科学研究、商业活动、日常生活中的一个核心问题。本章中介绍了课题组前期在数据资源获取、勘探、分析等方面开展的工作。

参 考 文 献

[1]　IDC. Digital universe study: extracting value from chaos, 2011.

[2]　李国杰, 程学旗. 大数据研究:未来科技及经济社会发展的重大战略领域. 中国科学院院刊, 2012, 27(6):647-657.

[3]　Toffler A. The Third Wave. New York: William Morrow and Company, 1980.

[4]　Manyika J, Chui M, Brown B, et al. Big data: the next frontier for innovation, competition, and productivity. http://www.mckinsey.com/Insights/MGI/Research/Technology and Innovation/Big data The next frontier for innovation, 2011.

[5]　蒋昌俊,刘关俊,闫春钢,等.一种基于大数据的用户行为认证方法及系统: CN201710306325.6. 2017.

[6]　Hey T, Tansley S, Tolle S. The fourth paradigm: data-intensive scientific discovery. Proceedings of the IEEE, 2011, 99(8): 1334-1337.

[7]　Sanjay G, Howard G, Leung S T. The Google file system//Proceedings of the ACM SIGOPS Operating Systems Review, New York, 2003.

[8]　Jeffrey D, Sanjay G. MapReduce: simplified data processing on large clusters//Proceedings of the USENIX Symposium on Operating Systems Design and Implementation, Vancouver, 2004.

[9]　Olofson V, Eastwood M. Big data: what it is and why you should care. IDC, 2012.

[10]　Ferguson M. Architecting a big data platform for analytics. A Whitepaper Prepared for IBM, 2012.

[11]　Garlasu D, Sandulescu V, Halcu I, et al. A big data implementation based on grid computing// Proceedings of the Roedunet International Conference(RoEduNet), Sinaia, 2013.

[12]　Wu X D, Zhu X Q, Wu G Q, et al. Data mining with big data. IEEE Transactions on Knowledge and Data Engineering, 2014, 26(1): 97-107.

[13]　蒋昌俊. 大数据的勘探与分析的若干思考//国家自然科学基金委双清论坛报告, 上海, 2013.

[14]　蒋昌俊. 互联网非合作环境下大数据的探析问题. 中国科学院学术论坛报告, 北京, 2013.

[15]　蒋昌俊, 喻剑, 丁志军, 等. 基于数据资源分布的跨域方舱计算系统及方法: CN2020 10436180. 3.2020.

[16]　蒋昌俊, 闫春钢, 王鹏伟, 等. 云边协同环境下的数据分存方法、系统、介质及终端:CN2021

10190341.X. 2021.

[17] Wang J, Han D, Yin J, et al. ODDS: optimizing data-locality access for scientific data analysis. IEEE Transactions on Cloud Computing, 2017, 8(1): 220-231.

[18] Jiang C J, Ding Z J, Wang P W. An indexing network model for information services and its applications//Proceedings of the 6th IEEE International Conference on Service Oriented Computing and Applications, Koloa, 2013.

[19] Deng X D, Jiang M, Sun H C, et al. A novel information search and recommendation services platform based on an Indexing Network//Proceedings of the 6th IEEE International Conference on Service Oriented Computing and Applications, Tokyo, 2013.

[20] Ge D J, Ding Z J, Ji H F. A task scheduling strategy based on weighted round robin for distributed crawler. Concurrency and Computation: Practice and Experience, 2016, 28(11): 3202-3212.

[21] Bashe C J, Johnson L R, Palmer J H, et al. IBM's Early Computers. Cambridge: MIT Press, 1986.

[22] 严蔚敏, 吴伟民. 数据结构: C 语言版. 北京: 清华大学出版社, 1997.

[23] Cho J, Garcia-Molina H. Parallel crawlers//Proceedings of the 11th International Conference on World Wide Web, New York, 2002.

[24] Singh A, Srivatsa M, Liu L, et al. Apoidea: a decentralized peer-to-peer architecture for crawling the world wide web//Proceedings of the SIGIR Workshop on Distributed Multimedia Information Retrieval, Rome, 2004.

[25] Xu X, Zhang W Z, Zhang H L, et al. A forwarding-based task scheduling algorithm for distributed web crawling over DHTs//Proceedings of the Parallel and Distributed Systems (ICPADS), Beijing, 2009.

[26] Marin M, Paredes R, Bonacic C. High-performance priority queues for parallel crawlers//Proceedings of the 10th ACM Workshop on Web Information and Data Management, Chongqing, 2008.

[27] Ng T S, Zhang H. Towards global network positioning//Proceedings of the 1st ACM SIGCOMM Workshop on Internet Measurement, California, 2001.

[28] Liu S, Xu X, Li D, et al. A GNP-based scheduling strategy for distributed crawling//Proceedings of the International Conference on Web Information Systems and Mining, Chengdu, 2009.

[29] Zhang W, Di W, Wei Y. An application-level network performance measure method for distributed information retrieval//Proceedings of the International Conference on Computer Science and Service System(CSSS), Berlin, 2011.

[30] Cafarella M J, Halevy A, Madhavan J. Structured data on the web. Communications of the ACM, 2011, 54(2): 72-79.

[31] Raghavan S, Garcia-Molina H. Crawling the hidden web//Proceedings of the 27th International

Conference on Very Large Data Bases, London, 2001.

[32] Cope J, Craswell N, Hawking D. Automated discovery of search interfaces on the web// Proceedings of the 14th Australasian Database Conference, Paris, 2003.

[33] 邵秀丽, 刘一伟, 刘磊. Deep Web 中整体模式匹配方法的研究. 南开大学学报: 自然科学版, 2013, 45(5): 24-31.

[34] 裴珊珊, 叶小梁. 国外 Open API 发展现状及趋势研究. 情报科学, 2009, (12): 1896-1900.

[35] 王磊, 李浙昆, 谭毅, 等. UG/Open API 对 UG 二次开发技术研究. 机电产品开发与创新, 2007, 19(5): 105-106.

[36] 李瀛寰. "阿拉丁计划": 再造百度. 公关世界, 2009, 2(4): 38-39.

[37] Qurashi U S, Anwar Z. AJAX based attacks: exploiting web 2.0//Proceedings of the International Conference on Emerging Technologies(ICET), Shanghai, 2012.

[38] Duda C, Frey G, Kossmann D, et al. AJAX crawl: Making AJAX applications searchable// Proceedings of the IEEE International Conference on Data Engineering, Singapore, 2009.

[39] 郭浩, 陆余良, 刘金红. 一种基于状态转换图的 AJAX 爬行算法. 计算机应用研究, 2009, 26(11): 4266-4269.

[40] Frey G. Indexing AJAX web applications. Zurich: Swiss Federal Institute of Technology, 2007.

[41] Mesbah A, Bozdag E, van Deursen A. Crawling AJAX by inferring user interface state changes// Proceedings of the International Conference on Web Engineering, Beijing, 2008.

[42] 邵辉, 李芳. 基于树模型算法的动态网页信息抽取研究和实现. 计算机应用与软件, 2007, 24(10): 99-100.

[43] 夏冰, 高军, 王腾蛟, 等. 一种高效的动态脚本网站有效页面获取方法. 软件学报, 2009, 20(1): 176-183.

[44] 罗兵. 支持 AJAX 的互联网搜索引擎爬虫设计与实现. 杭州: 浙江大学, 2007.

[45] 李华波, 吴礼发, 赖海光, 等. 有效的爬行 AJAX 页面的网络爬行算法. 电子科技大学学报, 2013, 42(1): 115-121.

[46] Debnath B, Sengupta S, Li J, et al. BloomFlash: bloom filter on flash-based storage// Proceedings of the International Conference on Distributed Computing Systems, Istanbul, 2011.

[47] Sun H C, Jiang C J, Ding Z J, et al. Topic-oriented exploratory search based on an indexing network. IEEE Transactions on Systems, Man, and Cybernetics: Systems, 2016, 46(2): 234-247.

[48] 蒋昌俊, 丁志军, 王俊丽, 等. 面向互联网金融行业的大数据资源服务平台.科学通报, 2014, 36: 3547-3553.

[49] Jiang C J, Sun H C, Ding Z J, et al. An indexing network: model and applications. IEEE Transactions on Systems, Man, and Cybernetics: Systems, 2014, 44(12): 1633-1648.

第 9 章 智 能 交 通

9.1 引　　言

交通问题已成为世界各大城市的共同难题。当前城市交通服务系统存在的问题有：① 交通信息服务能力较低，局限于若干路口路段，不能满足密集型的、全区域、实时性交通信息服务需求；② 依赖于信息技术的交通管理水平有限，经常凭经验或感觉进行管理决策；③ 条块分割严重，交通资源不能有效共享，信息孤岛林立。其主要原因是传统智能交通系统(Intelligent Transportation Systems，ITS)技术无法满足日益增长的交通服务需求。国外著名的智能交通系统，如澳大利亚的悉尼自适应交通控制系统(Sydney Coordinated Adaptive Traffic System，SCATS)、日本的汽车信息与通信系统(Vehicle Information and Communication System，VICS)、英国的绿信比周期与相位差优化技术(Split Cycle Offset Optimizing Technique，SCOOT)等，大多采用小型服务器或机群计算、定点数据采集、局部范围服务、单一交通流诱导等技术，无法进行深度计算和广域服务，不适用于我国交通国情[1]，特别是像北京、上海等特大型城市的复杂交通情况。因此，急需一种能满足城市交通服务需求的先进计算技术来提升现有智能交通系统的服务能力。

本章其余小节的组织结构如下：9.2 节主要概述智能交通系统的背景与国内外现状；9.3 节主要介绍以 GPS(Global Positioning System)数据为主的多源交通数据集成与融合的分布式处理技术；9.4 节主要介绍利用流动车 GPS 数据的动态路况建模技术及其路况预测方法；9.5 节主要介绍动态网络最优出行方案决策的高效计算技术；9.6 节为本章小结。

9.2　智能交通系统

智能交通系统[2-5]是在较完善的道路设施基础上，通过先进的信息技术、数据通信技术、电子传感技术、计算机处理技术等及其相互集成，运用于地面交通的实际需求，建立起全方位、实时、准确、高效的地面交通系统，实质上就是利用高新技术对传统的交通系统进行改造和提升而形成的一种信息化、智能化、社会化的新型交通系统，是城市交通进入信息时代的重要标志。

ITS 的服务领域有：先进的交通管理系统、出行信息服务系统、商用车辆运营系统、电子收费系统、公共交通运营系统、应急管理系统、先进的车辆控制系统。它能够使交通基础设施能发挥出最大的效能,主要表现在:提高交通的安全水平;减少堵塞,增加交通的机动性;降低汽车交通对环境的影响;提高道路网的通行能力以及提高汽车运输生产率和经济效益[6]。日本、美国和欧洲等发达国家和地区开始大规模地进行道路交通运输智能化的研究[2]。

日本的 ITS 主要是实施和推广三个系统:即由巡航辅助公路系统(Advanced Cruise-Assist Highway System,AHS)和安全车系统(Advanced Safety Vehicle,ASV)组成的智能诱导系统(Smart Cruise System,SCS)、电子收费系统(Electronic Toll Collection System,ETC)和汽车信息与通信系统[7]。

美国的 ITS 代表性系统有 TRAVTEK 系统[2],TRAVTEK 以实时路线引导和服务信息系统实用化为目的,由交通管理中心、信息与服务中心、装有导航装置的车辆组成。交通管理中心进行道路交通信息的收集、管理及提供,同时还进行系统运行所必需的信息管理;信息服务中心收集观光设施、旅馆、饭店等为对象的各种服务信息;车载导航装置由车辆位置测定、路线选择及接口三种功能构成,可显示交通堵塞地段、事故及施工等信息的奥兰多地区的地图、按驾驶员需要进行的路线引导及提供服务的文字信息等。美国的 ITS 主要面对高速公路研制和开发智能交通系统,主要功能包括:交通流量实时监控、交通流量的统计分析、交通流的诱导、可视化的动态交通电子地图。宗旨是为大众提供普及和开放式的服务。

我国是当今世界上公路建设速度最快的国家,通过多年来中国交通领域科技界和工程界的不断努力,在中国高等级公路建设的带动下,中国在 ITS 的开发和应用方面也取得了相当的进展。

ITS 的开发与应用涉及多个部门。为了便于协调,科技部组织交通部、公安部、建设部、国家技术监督局等有关部门,筹建了中国 ITS 政府协调小组,总体规划包括道路、铁路、水运、民航在内的中国 ITS 发展战略、标准制定和人才培训,组织 ITS 关键技术的攻关和示范工程[4]。

科技部在"十五"国家科技攻关重大专项中安排了"智能交通系统关键技术开发和示范工程"项目,在城市智能化交通管理、公共交通系统、交通信息服务、跨省市高速公路联网收费、高速公路智能化管理以及智能交通系统的产业化和基础性工作等方面开展科技攻关和应用示范。"十一五"期间,863 计划支持的综合交通运输和服务的网络优化与配置、智能化交通控制、综合交通信息采集与处理及协同服务等各项技术取得了新进展。"十二五"期间,交通领域 863 计划对智能车路协同、区域交通协同联动控制等智能交通技术进行了部署[8]。

目前,上海已形成由铁路、水路、公路、航空、管道五种运输方式组成的、具有相当规模的综合交通运输网络。上海港是中国最大的枢纽港,上海水路航运发达,上海铁路通过沪宁、沪杭铁路与全国陆路干线相连,上海公路通过沪嘉、沪宁和沪杭高速公路及四条国道与全国公路网衔接。上海智能交通的发展目标是建成城市交通信息共享交换平台,基本实现各类交通信息的有效共享与充分利用,建成多层次、多手段的交通信息发布体系,大大降低出行者的出行时间[9]。

　　未来的 ITS 将运用各种信息技术等相关领域内的技术手段,需实现各种方式的地面交通以及与之相关的空中和海洋交通运输的一体化;整个交通运输系统应具有良好的使用性能和优质的服务性能;在出行时间、出行费用及出行安全等方面需深度计算技术支持;需要广域服务技术以支持交通信息共享和使用,增强良好的交通出行体验。

9.3　多源交通数据集成与融合

　　多源交通数据融合处理是综合利用交通数据和提供交通信息服务的基础,快速进行数据融合对交通数据实时动态反映起着重要影响。单机串行方法不能满足海量 GPS 数据的处理。交通信息网格的数据融合主要包括实时数据与地图数据的融合、多源 GPS 数据的融合等,主要采用分布式处理技术。本节主要介绍以 GPS 数据为主的多源交通数据集成与融合的分布式处理技术。

　　城市交通数据包括流动车辆的 GPS 数据、交通线圈采集数据、视频数据等动态采集的数据,以及电子地图、车辆信息、公交线路等静态数据。所涉及的数据具有种类多、来源多、数据量大等特点。本节涉及的动态交通数据目前主要来源上海 4000 辆出租车和 150 公交车 GPS 采集的流动车数据。GPS 数据可能来源不同的出租车公司或公交公司,而且 GPS 数据一般是每隔 10～30s 采集一次。因此,需要研究流动车 GPS 数据的无线接入与数据传输技术;多源交通信息的异构集成与统一访问技术;实时的和历史的交通信息重组以及多源数据的分布式融合技术等。

9.3.1　多源交通数据的获取与预处理

　　在上海这样的城市中,每天都有上万辆车在采集数据 GPS 数据。按照 10s 采集一次数据,每次采集数据为 70 字节,数据量为 TB 级以上(不考虑索引的存储容量)。由于这些 GPS 数据中包含了车辆位置、行驶速度、方向、时间等信息,所以可以通过进一步处理这些数据来反映道路的拥挤情况[10,11]。

　　每辆车上 GPS 终端接收来自卫星的车辆信息,并将接收到信息每隔 10s 通过移动通信网络以短消息方式向相应车辆所在公司的数据库系统发送。在信息中心的监控下,这些原始数据通过简单对象访问协议(Simple Object Access Protocol,SOAP)封装以可扩展标记语言(Extensible Markup Language,XML)方式传送到分布式数据处理节点,被融合处理后存入数据库。

　　利用流动车辆 GPS 数据进行深度加工(如路况建模)之前要进行预处理。预处理的目的是要得到时间与速度的二维散点图。这里的速度是车辆在某个路段关于时间的通行速度。预处理的过程主要有以下过程。

首先，对原始数据要进行纠偏处理。由于从卫星采集到的车辆的经纬度存在误差，本来在某个路段上的车辆，在电子地图上可能不在道路上或在不正确的路段上。一次位置纠偏首先要确定车辆在正确的路段上。同时，还要确定车辆是在正确的路段方向上。这是因为，一条双向道路在不同的时段，两个方向的交通流状态可能是不一样的。纠偏之后的数据，包含路段的标识号、路段方向(0 表示上行，1 表示下行)、通行速度和时间。所有的数据被存入数据库。

其次，将纠偏后的数据进行分组。分组主要根据路段的标识、方向和时间来进行。也就是将某天、某个路段、某个方向的记录作为一组，将这一组记录的时间与速度值作为考察对象。

最后，对分组的数据进行离散化处理。将一天分为 n 个时间段，如每个时段为 15min。计算每组数据中每个时间段内的速度均值，以此作为在某个时段内的路段平均通行速度。这样，一个路段某天某个方向上关于时间与速度的散点图就形成了。当然，要串行地处理所有 GPS 数据需要相当长的时间。在交通信息网格中需要利用高性能机器对 GPS 数据进行分布式并行深度处理。

9.3.2　分布式异构数据融合

国外早在 80 年代中期就已开始研究分布式异构数据库系统[12]集成技术，国内随后也开始了相应的研究。早期的解决方案多采取多数据库或联邦数据库的方式，并研发了多个实验性的系统。著名的有 HP 公司数据库技术部开发的 Pegasus，UniSQL 公司开发的 UniSQL/M，美国南加州大学开发的安全信息管理系统等。由于多数据库或联邦数据库的解决方案[13]是将所有的局部模式一次集成为一个单一静态的全局模式，具有难以加入新的数据源、难以满足集成用户的多视角要求等缺陷。

从 90 年代起，国际上提出了异构数据源集成系统的(Intelligent Integration of Information，I3)[14]解决方案。这种解决方案采取三层软件结构，最上层是应用；中间层称为"协调器"，用以冲突消解和执行查询；下层称为"包装器"，用以封装和转化局部数据源。著名的基于 I3 方案的系统有斯坦福大学的 TSIMMIS，IBM 公司的 Garlic[15]，法国国家信息与自动化研究所的 DISCO 等。由于异构数据源集成系统还有一些难题尚未完全解决(如语义冲突的消解，查询优化等)，国外研发的系统基本上都带有实验性质或是针对具体的项目和应用，商业化的产品虽然也有少数几个(如 IBM 的 DataJoiner)，但都不是很成功[16]。

数据网格也称为数据密集型计算网格，也就是通过网络进行远程数据快速、安全地存取和管理海量数据，从而到达数据共享的目标。这些数据可能由一个组织产生，一处存储不下，分散在多点进行存储；或者是来源于多个组织的自治的分布式数据库,它们不能提供简单方式的数据共享。数据网格就是通过一套完整的数据分布与集成机制及相应的技术,实现密集型数据的访问与管理。数据网格除了一般网格所应具备的基本服务外,还应具备面向数据管理的功能,为用户提供透明的远程访问、传输、存储等管理数据界面[17]。

在 GT3[18]中,已经包含了用来构建数据网格的若干组件,包括高层服务和核心层服务。核心层服务包括存储系统、元数据仓库、资源管理、安全、工具服务等。高层组件包括了副本管理、副本选择等服务[19]。

为适应网格环境中海量数据传输的需求,Globus 对标准的文件传输协议(File Transfer Protocol,FTP)协议[19]进行了扩充,形成了网格文件传输协议(Grid File Transfer Protocol,GridFTP)及其相应的工具和应用程序编程接口(API)函数。利用 GridFTP 可以实现网格环境下数据安全传输、高效迁移功能,支持并行数据传输、条块数据传输、部分文件传输、缓冲区大小自动协商、出错重传等服务。

在 Globus 中,辅助存储全局访问(Global Access to Secondary Storage,GASS)提供了远程文件访问功能,为用户提供网格环境下的远程输入输出手段。通过 GASS 进行文件读写时,首先将远程文件复制到本地,然后进行读写。如要结束读写操作,对于读来说,只需关闭副本文件并删除;但对于写操作来说,在关闭并删除本地副本之前,必须将本地副本写回远程文件中。

在智能交通系统中,涉及的交通数据种类繁多,有地感线圈流量数据、视频集图像、GPS 数据、电子地图、车辆相关信息等。同时,涉及的交通管理部门和车辆运营公司也较多,如交警队、交通局、建委、车租车公司、公交公司等,他们的信息管理系统的数据库也不同,成为事实的信息孤岛,难以统一使用各类数据资源。而上述的相关技术并不能完全满足交通信息网格对数据的集成与融合处理的需求,尤其是交通信息网格使用海量异构的流动车(出租车、公交车等)GPS 数据来反映交通流特征的高性能处理需求[20,21]。

9.4 动态路况建模与预测

大多数的智能交通系统关于交通流模型是通过道路感应线圈采集的数据而建立的。但是这些模型智能反映部分路段的路况信息。由于车辆具有大范围的流动性,可以弥补道路感应线圈不能全覆盖路网的缺陷。利用大规模流动车辆 GPS 数据来反映全区域动态交通信息是交通信息网格的一大特色。因此,快速准确利用 GPS 数据反映全局路况对实时路况的预测、出行方案的决策等服务的准确性起着重要作用。本节主要介绍利用流动车 GPS 数据的动态路况建模技术及其路况预测方法。

交通信息网格中实时路况、路况预测以及动态出行方案等服务都需要有相应的路况变化规则作为支持[22,23]。动态路况模型是路况预测、出行方案的基础。合理与准确的路况模型对交通诱导起着极其重要的影响。实时的和历史的路况服务是交通信息网格的主要应用服务。因此，如何利用海量的 GPS 数据建立相应路况模型是体现交通信息网格动态服务的关键。本节主要研究了两种建模方法，一种基于非线性回归方法，另一种是主曲线方法。同时，根据海量数据的特点，研究并提出基于网格环境下的分布式建模并行算法，包括分布式处理组织结构、数据调度策略以及算法实现等方面的研究。另外，利用非线性时间序列构造技术，提出了邻域差值路况预测算法，并通过公交车到站时间预测验证了该方法具有较高的预测准确度。

　　在智能交通系统中，挖掘出交通路况规律为出行者提供较准确的实时路况或路况预测是一个重要问题[24-27]。大多数的智能交通系统关于交通流模型是通过道路感应线圈采集的数据而建立的。但是这些模型智能反映部分路段的路况信息，而无法得到无线圈路段的路况。

　　然而，当前高质量的交通信息服务需要可靠的而且更为全面的交通数据[28,29]。如果单纯依赖道路感应线圈，这种需求是很难实现的。目前，大城市的车辆运营商正通过流动车辆数据(Floating Car Data，FCD)来提供车辆调度服务。FCD 是通过装配在车辆上的 GPS 终端采集来自卫星的关于车辆的位置、速度、方向等的数据。由于车辆可能广泛地、随机地分布在城市的路网上，这些 GPS 数据可能反映道路的交通流情况，所以，利用 FCD 建立的路况模型可以反映全区域的动态路况。

　　建立路况模型的方法有多种，包括概率统计方法、线性或非线性回归法、神经网络、主曲线方法等其他方法。一般的统计方法[30]比较简单，但可能反映的规律比较粗糙。在回归方法中，回归函数必须要预先设定，这在具有明显的数据分布规律情况下比较实用。神经网络方法[31]也许是一种能找到非线性数据分布规律的有效方法，但是对于大规模的数据样本空间来说，这种方法的学习时间可能会很长。主曲线方法[32]是近几年来新型的一种数据建模方法，这种方法一般不需要关于数据分布的先验知识，只是从数据本身来找出相应的数据分布规律曲线，但这种方法可能未必能找出数据规律曲线，其计算时间也比一般的回归方法要长。对于大规模的交通数据建模，不仅需要考虑建模的效果，还要考虑建模的效率。一般情况下，这种数据处理需要并行计算环境及其相应的算法来支持。

　　路况预测的效果决定了动态出行方案决策结果的准确度。路况预测是指对道路拥堵情况的预测。表征交通路况特征的参数有很多，包括交通流量、交通密度、路段平均车速等。常见的预测方法有基于线性理论的方法、基于非线性理论的方法、基于混合理论的方法和交通流仿真等方法[33]。然而在城市交通中，由于引起路况变化的因素较多，仅依赖预测模型或历史路况都不能准确地预测动态路况，必须将准确的路况模型和合适的预测模型相结合。

9.4.1 基于主曲线方法的路况建模

1. 主曲线的概念

主曲线(Principal Curves)方法[34]是 Hastie 于 1989 年提出的。主曲线是第一主成分的非线性推广。第一主成分是对数据集的一维线性最优描述，而主曲线强调寻找数据分布的"中间"并满足"自相合"的光滑一维曲线[33]。

假设 X 是 d 维空间上具有连续概率密度 $h(x)$ 的随机向量，记 G 是 $\mathbf{R}^d$ 上 λ 参数化的可微的一维曲线族 G。这些曲线是互不相交或互不正切的。

定义 9.1：若曲线 $f \in G$ 且数据点 $x \in \mathbf{R}^d$，投影指标 $\lambda_f : \mathbf{R}^d \mapsto \Lambda_f, \Lambda = [a,b]$ 定义为

$$\lambda_f(x) = \max_{\lambda}\{t : \|x - f(\lambda)\| = \inf_{\tau \in [a,b]}\|x - f(\tau)\|\} \tag{9.1}$$

其中，$\|x - f(\lambda)\|$ 是 x 到曲线 $f(\lambda)$ 的欧氏距离。

定义 9.1 表明投影指标 λ_f 是最靠近数据点 x 的最大 λ 的值。

定义 9.2：一条曲线 $f \in G$ 如果满足

$$E(X \mid \lambda_f(X) = \lambda) = f(\lambda), \ \forall \lambda \in \Lambda_f \tag{9.2}$$

那么它是自相合的。

定义 9.3：光滑曲线 $f(\lambda)$ 如果满足以下条件，那么它是一条主曲线

① f 是非自相交的；

② f 在 $\mathbf{R}^d$ 的任何一个有界子集中长度有限；

③ f 是自相合的。

直观上看，自相合意味着 f 上的每个点是投影到其上的所有点的平均(在 X 的分布上)。这样，主曲线就是一条光滑的自相合曲线，穿过数据分布"中间"并且提供了对数据良性的一维非线性概括。

2. 主曲线算法

基于自相合性，Hastie 开发了一个创建主曲线的算法[34]。Hastie 算法迭代运行投影步和期望步，直至收敛为止。在投影步，计算数据到曲线的投影指标。在期望步，生成一条新曲线，对前一步曲线的每个点 $f^{(j)}(t)$，新曲线的一个点被定义成投影到 $f^{(j)}(t)$ 的数据点的期望。当数据集 X 的概率分布可知时，创建主曲线的步骤如下。

步骤 1 $j = 0$ 时，令 $f^{(0)}(t)$ 为数据集 X 的第一主成分线。

步骤 2(投影步) 对所有 $x \in \mathbf{R}^d$，设置

$$t_{f^{(j)}}(x) = \max\{t : \|x - f(t)\| = \min_{\tau}\|x - f(\tau)\|\} \tag{9.3}$$

步骤 3（期望步）　令 $f^{(j+1)}(t) = E[X|\ t_{f^{(j)}}(X) = t]$。

步骤 4　如果 $1 - \dfrac{\Delta(f^{(j+1)})}{\Delta(f^{(j)})}$ 小于某个阈值，则停止；否则，令 $j = j+1$，返回步骤 1。

3. 利用主曲线建立路况模型

对于给定的 n 个数据点 $(t_i, v_i)(i = 0,1,\cdots,n-1)$，利用 Hastie 算法可以建立相应的主曲线。这里的 v_i 是在 t_i 时刻的速度。图 9.1 和图 9.2 是利用主曲线方法建立的 5227 号路段两个方向上关于时间-速度的主曲线。与图 9.1 和图 9.2 中利用非线性回归方法建立的曲线相比，两者之间的曲线基本一致，都能够反映出上下班高峰时段的拥堵情况。但是主曲线方法不需要知道有关数据的先验知识，如数据的分布。只要给出 n 个数据点，就可以建立相应的主曲线。而回归方法需要知道数据点的分布，通过确定多项式合适的阶使得拟合出来的曲线符合实际情况。

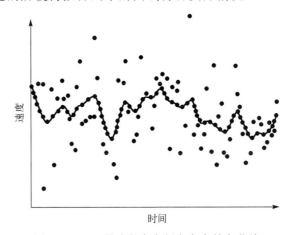

图 9.1　5227 号路段在上行方向上的主曲线

事实上，主曲线最终是通过一些关键点组成的线段合成的。如何将曲线转化为时间与速度关系的路况模型还需对主曲线做进一步的处理，以得到相应的路况规则。

首先将速度划分为 n 个区间，如 $[0,5),[5,10),\cdots,[115,120),[120,+\infty)$，每个速度区间记为 $vs_i(i = 0,1,\cdots,n-1)$。然后选择一个起始时间 t_0（如第 420 分钟）和终止时间 t_m（如第 1140 分钟）。根据主曲线中关键点的时间顺序，依次扫描这些点对应的速度值。如果相继的点的速度值同属于一个速度区间 vs_i，那么将对应的时间归并到时间区间 $ts_i = [t_i, t_j](i \geq 0, j > i)$。如果在 t_i 时刻的速度值属于另外一个速度区间 vs_j，则时间区间 TS_i 形成，并开始另一个时间区间 TS_j 的归并。重复这个过程直到终止时间 t_m。最后，基于主曲线的从时间 t_0 到 t_m 的路况规则就可以产生了。假定有 k 个合并好的区间 $[t_0,t_1),[t_1,t_2),\cdots,[t_{k-1},t_k)$，并且每个时间区间 TS_i 对应了不同的速度区间，那么就

有 k 条规则 $[t_i, t_{i+1}) \rightarrow \mathrm{vs}_i (i = 0, 1, \cdots, k; j = 0, 1, \cdots, n-1)$。当然，如果有两个时间区间 $[t_i, t_{i+1})$ 和 $[t_h, t_{h+1})$ 对应速度区间同属一个，那么对应的规则就是 $[t_i, t_{i+1}) \vee [t_h, t_{h+1}) \rightarrow \mathrm{vs}_i$。

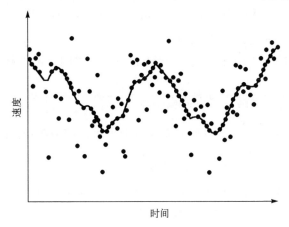

图 9.2　5227 号路段在下行方向上的主曲线

9.4.2　基于非线性时间序列路况预测

1.　邻域差值法路况预测模型

仅利用大规模历史数据构造出来的路况模型并不能准确反映出实时的交通路况。交通信息服务网格的交通路况预测方法之一是采用邻域差值法，即首先根据实时采集的 GPS 数据构造出当前时刻的前 d 个时段状态，并与所预测路段的路况模型的 d 个时段状态进行差值比较和路况模型调整，然后计算出下一个时段的路况。设某路段当前路况是关于 t 的当前车辆速度状态，可用 d 维向量 $X(t)$ 表示，记为 $X(t) = (x(t), x(t-\tau), \cdots, x(t-(d-1)\tau))$。

设已知该路段路况模型为 $Y(t)$，则 $Y(t) = (y(t), y(t-\tau), \cdots, y(t-(d-1)\tau))$ 是一个关于 t 的历史车辆速度状态。下一个时段路况预测值为 $y'(t+\tau) = y(t+\tau) + \Delta(t)$，$\Delta(t)$ 为 $X(t)$ 与 $Y(t)$ 的差值。

2.　当前状态模型构造

邻域差值法的基础是混沌时间序列重构[35]，其关键数据有采样间隔 $\Delta\tau$、延迟时间 τ、嵌入维 d 等，也就是说，需要确定"当前状态"的时间跨度。这里采样间隔 $\Delta\tau$ 为采集 GPS 数据的时间间隔。下面介绍构造 d 维的当前状态[36]。

假设已观测到一维时间序列 $\{x(i\Delta\tau)\} = \{x_i\}$（$1 \leqslant i \leqslant N$）。利用时延技术生成 d 维向量簇

$$X_1 = (x_1, x_{1+p}, \cdots, x_{1+(d-1)p})$$

$$X_2 = (x_{1+j}, x_{1+j+p}, \cdots, x_{1+j+(d-1)p})$$
$$\vdots$$
$$X_k = (x_{1+(k-1)j}, x_{1+(k-1)j+p}, \cdots, x_{1+(k-1)j+(d-1)p})$$
(9.4)

其中，取延迟时间 $\tau = p\Delta\tau$，嵌入维 d，数据长度 $N = (k-1)j + (d-1)p$，通常可取 $j=1$。延时法重构技术的关键在于选择合适的延迟时间。可以利用以下三个原则确定延迟时间。

(1)根据自相关函数第一零点或极小点确定[35]。

估值 $R_x(\tau) = \dfrac{1}{N-p}\sum\limits_{i=1}^{N-p} x_i x_{i+p}$ 第一零点或极小点，使 $x(t)$ 和 $x(t+\tau)$ 相关性最小。

(2)根据互信息的第一极小点确定[37]。

若时间序列幅度 $a_0 \leqslant x(t)$，$x(t+\tau) \leqslant a_n$，将 $[a_0, a_n]$ 分为 n 个子区间 $[a_0, a_1]$，$[a_1, a_2], \cdots, [a_{n-1}, a_n]$。定义 $\{x(t)\}$ 的概率分布

$$P_i(x(t)) = \frac{S(a_{i-1} < x(t) \leqslant a_i)}{k}, \quad i = 1, 2, \cdots, n$$
(9.5)

其中，$S(\cdot)$ 为满足不等式的所有样点个数，定义条件概率分布

$$P_j(x(t+\tau)\,|\,x(t)) = \frac{S(a_{j-1} < x(t+\tau) \leqslant a_j \,|\, a_{i-1} < x(t) \leqslant a_i)}{\sum\limits_{i=1}^{n} S(a_{i-1} < x(t) \leqslant a_i)}, \quad j = 1, 2, \cdots, n$$
(9.6)

用 Shannon 熵 $H(x(t)) = -\sum\limits_{i=1}^{n} P_i(x(t))\ln P_i(x(t))$ 描述 $\{x(t)\}$ 的整体不确定性。在 $\{x(t)\}$ 条件下，$\{x(t+\tau)\}$ 整体不确定性为

$$H(x(t+\tau)\,|\,x(t)) = -\sum\limits_{j=1}^{n} P_j(x(t+\tau)\,|\,x(t))\ln P_j(x(t+\tau)\,|\,x(t))$$
(9.7)

则定义互信息为

$$I(x(t), x(t+\tau)) = H(x(t+\tau)) - H(x(t+\tau)\,|\,x(t))$$
$$= H(x(t)) - H(x(t)\,|\,x(t+\tau))$$
(9.8)

上式说明 I 越小，$x(t)$ 和 $x(t+\tau)$ 相关程度越小，因此可用 I 的第一极小点来确定 τ。

(3)根据联合熵第一极大点确定[38]。

设联合概率分布为

$$P_{ij}(x(t), x(t+\tau)) = \frac{R(a_{i-1} < x(t) \leqslant a_i, a_{j-1} < x(t+\tau) \leqslant a_j)}{k}, \quad i, j = 1, 2, \cdots, n$$
(9.9)

其中， $R(\cdot)$ 为满足不等式的所有数据对个数。那么在 $(x(t), x(t+\tau))$ 平面上使该联合概率尽量均匀，使得 Shannon 联合熵 $H(x(t), x(t+\tau)) = -\sum_{i=1}^{n}\sum_{j=1}^{n} P_{ij}(x(t), x(t+\tau))\ln P_{ij}(x(t), x(t+\tau))$ 最大，即 $x(t)$ 和 $x(t+\tau)$ 的总体不确定性最大。

对于维数的确定可采用 Grassberger 方法[39]，即给定较低维的嵌入空间（如 $n = 2$），由 $\{x_i\}$ 构造 n 维嵌入向量 $X_i = (x_i, x_{i+p}, \cdots, x_{i+(n-1)p})$，计算嵌入向量的关联积分

$$C(\varepsilon, n) = \frac{1}{N^2}\sum_{i,j}\theta(\varepsilon - \|X_i - X_j\|) \tag{9.10}$$

其中，$\theta(\cdot)$ 为 Heaviside 函数 $\theta(y) = \begin{cases} 0, & y < 0 \\ 1, & y \geq 0 \end{cases}$。关联积分表示两个点位于 ε 邻域内的概率。

定义序列的相关维

$$D_c(n) = \lim_{\varepsilon \to 0}\lim_{N \to \infty}\frac{\log C(\varepsilon, n)}{\log \varepsilon} \tag{9.11}$$

在 ε 较小的区域内，对于确定的 n，$\log C(\varepsilon, n)$ 与 $\log \varepsilon$ 近似呈线性关系，直线的斜率就是 $D_c(n)$。增加 n，$D_c(n)$ 随 n 增加而增加，且增加率下降。n 增加到一定时 $D_c(n)$ 收敛于饱和值 D，获得 D 的最小的 n 就是嵌入维 d。

3. 路况预测算法

设已知该路段路况模型为 $Y(t)$，则预测方法步骤如下。

步骤 1   根据以上方法构造出路段当前的状态可用 d 维向量

$$X(t) = (x(t), x(t-\tau), \cdots, x(t-(d-1)\tau)) \tag{9.12}$$

步骤 2   根据 Y 及当前状态的取样时段，可得

$$Y(t) = (y(t), y(t-\tau), \cdots, y(t-(d-1)\tau)) \tag{9.13}$$

步骤 3   计算 $Z(t) = X(t) - Y(t) = (z(t), z(t-\tau), \cdots, z(t-(d-1)\tau))$。

步骤 4   计算 $E(t) = \sum_{i=0}^{d-1}\frac{z(t-i\tau)}{d}$。

步骤 5   计算 $t+\tau$ 时的预测值 $y'(t+\tau) = y(t+\tau) + E(t)$。

4. 预测算法实验

公交车的行车路线是固定的，因此，其到站时间预测的准确度取决于该线路的路况预测。在本测试中路况预测算法采用以上的算法。选择测试线路为 72 路下行线，

测试的电子站牌为伊犁路站点(见图 9.3 和图 9.4)；笔记本通过 CDMA 无线上网，在电子站牌下登录系统后，在电子地图上显示公交到站的预测时间，并监测线路上的公交车是否发送数据，并记录；观察电子站牌上的到站预测时间；目测并记录公交车到站的实际时间；将记录的结果(见表 9.1)进行比较。

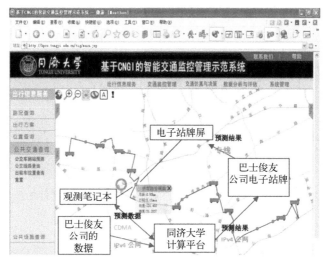

图 9.3　72 路公交下行线到站时间预测(笔记本终端)

图 9.4　72 路公交到站时间预测(电子站牌和公交车)

表 9.1　72 路公交车下行线伊犁路站点到站时间观测

序号	实际到站时刻	电子站牌显示屏				备注
		记录时间	距离/m	显示时间/min	车辆标识号	
1	15:33:23 (停车 10s)	15:25:20	1590	8	130222	到站时没有 GPS
		15:30:25	640	3		
		15:33:23	120	<1		
2	15:43:10 (停车 10s)	15:36:07	1570	8	130019	15:37:53，8117 即将 到站(切换)
		15:40:12	650	3		

序号	实际到站时刻	电子站牌显示屏				备注
		记录时间	距离/m	显示时间/min	车辆标识号	
2	15:43:10 （停车 10s）	15:42:10	330	1	130019	15:37:53，8117 即将到站（切换）
		15:43	100	<1		
		15:44		即将到站		
3	15:45 （停车 7.52s）	15:44:49	570	3	130750	到站时有一条 GPS 数据
		15:45:32	130	<1		
4	15:55:43 （停车 7.64s）	15:46:50	1910	10	130173	到站时有一条 GPS 数据
		15:51	1090	6		
		15:53:30	550	3		
		15:55:06	150	<1		
		15:55:54	0	0		
5	16:53:21 （停车 11.65s）	15:57:15	1930	10	130283	
		15:55:15	1820	8		
		15:50:15	920	3		
		15:53:15	150	<1		
6	16:19 （停车 8.57s）	16:12	1830	10	130097	
		16:15:20	1210	6		
		16:19:05	110	<1		
7	16:27 （停车 11.11s）	16:19	1830	10	130187	
		16:27	0	0		
8	16:29:48 （停车 15.50s）	16:28:36	790	4	130201	
		16:29:58	0	0		
9	16:35 （停车 12s）	16:31:10	1260	7	130482	
		16:33:10	500	3		
		16:35:00	120	<1		
		16:36:04	0	0		
10	16:40（未停）	16:36:40	1500	8	130582	到站时有 GPS 数据
		16:40	0	<1		
11	16:56:50 （停车 6.36s）	16:51		7	130218	到站时没有 GPS 数据
		16:54	560	3		
		16:56:50		<1		
		16:57:00	0	<1		
		16:57:17	0	0		
12	17:02:31	16:57:40	1390	7		
		16:59:50	670	3		

续表

序号	实际到站时刻	电子站牌显示屏				备注
		记录时间	距离/m	显示时间/min	车辆标识号	
12	17:02:31	17:01:40	150	<1		
		17:02:10	0	<1		
		17:02:17	0	0		
13	17:09:17 (停车 5s)	17:03:45	1460	8	130097	到站时没有 GPS 数据
		17:05:14	840	4		
		17:09:17	150	<1		
14	17:15 (停车 9.90s)	17:09:32	2070	11	130313	到站时有 GPS 数据
		17:13:00	590	3		
		17:15:50	200	<1		
15	17:22 (停车 13s)	17:17:26	1010	5	130183	这两个间隔之间是 5s
		17:21:50		10	130222	
		17:22	120	<1		
		17:22	0	<1		
16	17:30:23 (停车 10.89s)	17:22:45		10	130114	到站时有 GPS 数据
		17:23:36	1620	9		
		17:28:00	580	3		
		17:30:20	0	<1		
		17:30:40	0	0		
17	17:38 (停车 4s)	17:31:00	1840	10	130019	
		17:35:28	640	3		
		17:38:20	0	<1		
18	17:42 (停车 10s)	17:41:44	660	3	130750	到站时有 GPS 数据
		17:42:40	110	<1		
		17:42:50	0	0		
19	17:53:04	17:46:10	1820	10	130173	
		17:50:17	760	4		
		17:52:50	140	<1		
		17:53:04	0	<1		
		17:53:14	0	0		
20	17:55:28	17:54:06	280	<1	130421	
		17:55:26	0	0		
21	18:04:34	17:56:08	1560	8	130283	到站时有 GPS 数据
		18:00:10	1080	6		
		18:02:10	560	3		

续表

序号	实际到站时刻	电子站牌显示屏			车辆标识号	备注
		记录时间	距离/m	显示时间/min		
21	18:04:34	18:03:45	150	<1	130283	到站时有 GPS 数据
		18:04:07	0	<1		
		18:04:25	0	0		

本测试共观测了 25 辆车到达站点的实际时间与预测时间,其中有效观测数据如表 9.1 所示,另有 4 辆车的观测数据无效。从观测表中可以看出,系统预测的到站时间与实际到站时间相比,误差控制在 1min 之内,预测的有效率为84%,误差在 1min 内的准确率为100%。电子站牌上显示的时间是否清零,取决于公交车到站时是否发送了到站的 GPS 数据。另外,到站时间预测得是否准确还取决于公交车是否按照指定的频率发送 GPS 数据。在交通网格系统中,公交车指定的发送频率是 20s 一条。实际上,大部分的公交车都是按照这个频率发送的,少数车辆发送的 GPS 数据不正常(4 辆车,事后调出历史数据比较,发现 4 辆车载整条线路上只发送了 0～4 条 GPS 数据),造成预测的误差很大。

综上所述,以上的路况模型及预测算法具有较高的准确度。

9.5 动态网络最优出行

最优出行方案是交通信息网格最重要的交通信息服务之一。虽然目前已经有许多交通信息服务系统正在发挥作用,如停车诱导、路况告示、公交换乘等,但是这些服务系统只能把已知数据机械地告知最终用户。而用户真正需要的往往是能够根据当时实际情况,智能化地帮助他们选择出行方案的系统。本节主要研究适合网格环境下的最优出行模型及其相应的串行算法和并行算法,以及变权路网下的最优出行模型及算法等。

有向网络的最短路问题有许多实际应用[40,41],如在交通系统中,求两点之间的车辆最短运行时间(或最小费用)路径。在通信系统中也有类似的最短传输路线问题。经典的静态最短路径算法已经十分完善,被认为几乎已达到理论上的时间复杂度极限。在经典问题中,弧的权(长度或费用)是事先给定且固定不变的。但是,在实际问题中,这些弧长可能发生变化。例如,在交通和通信出现拥堵时,线路的运行时间会变长;在生产系统中,受资源供应的影响,作业时间也会延长或缩短。特别是近年来,由于分布式计算及任务调度[42]、网络通信,尤其是智能交通系统迅速发展,变权网络上的最短路算法的研究受到了越来越多的关注[43-45]。

为了提高最短路算法的效率，出现了多种近似算法，如限制区域搜索、限定方向搜索等，可以减小搜索范围和提高搜索效率，甚至降低算法的复杂度。但是这些近似方法比较适用于以弧的几何长度作为权值的网络，而对于一般的网络会导致较大的误差。例如，城市交通网，在拥堵的情况下几何距离已不再是出行者选择路径的唯一标准。还有学者引入了人工智能中启发式搜索策略[46-49]——A*算法或 B*算法的思想，这两种算法的关键之处都是要定义当前节点的估价函数，对某些网络而言，也是比较困难的。例如，交通网络，传统的做法是把当前节点到终点的直线距离作为估价函数，在实时复杂的路况下是不太适用的。除此之外，还有利用遗传算法等优化方法[50-56]。在城市智能交通研究中，用户的最优出行路线查询技术是研究的重点之一，而当前基于 Web 的最优路线查询面临的主要问题是需要对大量并发的用户查询进行及时的响应，其中最优路径的计算效率是一个关键。而且，最短路径问题求解根据路网规模或求解动态路线的难度，已经从单纯串行算法扩展到并行算法[57,58]，以获得较快的求解响应时间。

在交通路网中，由于每条道路或是双向的，或是单向，对于双向道路，可以看成是两条单向道路，所以，交通路网可以抽象成一个有向图。交通网络最短路问题描述如下。

给定一个有向图（交通路网）$G = (V, R)$，其中，$V = \{1, 2, \cdots, n\}$ 为节点集（路口集），$R = \{(i, j)| \ i, j \in V\}$ 为有向弧集（路段集），弧 $(i, j) \in R$ 的权（弧长）为 $c_{ij}(t) \geq 0$。设 $o, d \in V$ 为指定的出发点和目标点。从 o 到 d 的路径 P 的长度定义为 $l(P) = \sum_{(i,j) \in P} c_{ij}(t)$，则最短路问题是：求一条 o-d 路 P 使其长度 $l(P)$ 为最小。

若 $c_{ij}(t) \geq 0$ 随时间变化是不变的，则称 $G = (V, R)$ 为静态网络。若 $c_{ij}(t) \geq 0$ 随时间变化是可变的，则称 $G = (V, R)$ 为动态网络或变权网络。因此，最短路径决策问题分为静态网络最短路和动态网络最短路两大类。

常见的最短路径决策方案有最短行程、最短时间、最小费用等。最短行程通常属于静态方案，因为选择路径时把路网中路段的长度作为权值，不考虑车流和拥塞的情况。用经典的 Dijkstra 最短路算法，可以得到从指定起点到其余各点的最短路径。虽然 Dijkstra 算法的复杂度为 $O(n^2)$，但是，对于大规模的路网，在实际应用中该算法面临着计算响应时间较长的问题。

由于现代城市交通拥塞的程度比较严重，出行者更关注出行时间的长短，所以，考虑交通路网的拥塞性，研究动态路网下的最短时间出行路径，更具有实际的应用价值。动态路网下的最短时间出行路径决策问题，需要考虑交通路网的车流及其拥塞情况，路网的边的权值在不同时刻是动态变化的，即交通路网是一个变权网络。然而，要求解变权网络下的最短行程时间路径，其算法的时间复杂度远比静态网络的算法复杂度高得多。

狭义的最小费用出行路径决策问题，一般指出行路径的最小出行费用，即出行所用的费用最小。广义的最小费用出行路径决策，一般考虑了出行路径长度、时间、花费、换乘次数等约束条件。显然，约束条件越多，最小费用出行路径的计算复杂度也就越高。可以说，最短行程和最短时间是最小费用问题的两个特例。

9.5.1 动态最短路算法

1. 降序时间的最短路算法

假设出行时间被离散化为 $[0, M-1]$，$d_{ij}(t)$ 为边 (i, j) 的时间权值，$\pi_i(t)$ 为从节点 i 到目标点 q 在 t 时刻出发的最短行程时间，那么定义 $\pi_i(t)$ 为

$$\pi_i(t) = \begin{cases} \min_{j \in A(i)} (d_{ij}(t) + \pi_j(t + d_{ij}(t))), & i \neq q \\ 0, & i = q \end{cases} \tag{9.14}$$

这就是 Cooke 和 Halsey 在 1966 年提出的优化条件[59]。1993 年 Ziliaskopoulos 和 Mahmassani 利用这个优化函数设计了具有时间复杂度为 $O(n^3 M^2)$ 和 $O(nmM^2)$ 的算法[60]。

但是 Chabini[61] 做了一个假定，如果出发时间大于或等于 $M-1$，那么认为这时动态出行时间问题等同于一个静态出行问题。也就是说，$M-1$ 时刻以后的出发，各边时间权值是不变的。因此，时间标签 $\pi_i(t)$ 可以按照出发时间以降序的方式进行设置。

步骤 1 初始化

$$\pi_i(t) = \infty, \ \forall i \neq q, \ \pi_q(t) = 0, \ \forall t < M-1$$

$$\pi_i(M-1) = \text{StaticShortestPaths}(d_{ij}(M-1), q)$$

$$/ / \pi_i(t) = \pi_i(M-1), \ \forall t \geqslant M-1$$

步骤 2 计算 $\pi_i(t)$

$$\text{for } t = M-2 \text{ DownTo } 0 \text{ do}$$

$$\text{for}(i, j) \in A \text{ do}$$

$$\pi_i(t) = \min(\pi_i(t), d_{ij}(t) + \pi_i(t + d_{ij}(t)))$$

上述步骤计算出了所有点在任意时刻出发到到达同一个目标点的最短行程时间，其时间复杂度为 $O(\text{SSP} + nM + mM)$。SPP 为静态网络的最短路时间复杂度。

2. 时间依赖网络最优路径求解算法

设 $f_i(t)$ 表示从节点 v_i 在时间 t 出发到达目的地节点 v_N 的时间。建立一个队列

List，$R^{-1}(j)$ 表示弧 (v_i,v_j) 的起点 v_i 的集合，$\text{succ}(i)$ 表示节点 v_i 的后继节点。$S=\{t_0,t_0+\Delta,t_0+2\Delta,\cdots,t_0+(M-1)\Delta\}$。

文献[62]指出了时间依赖网络的优化条件，即对于每一个节点 v_i，每一个时间 $t\in S$，各节点的标记集合 $f_i(t)$ 表示从节点 v_i 在 t 时刻出发到达目的节点的最小时间的充分必要条件是对于所有的弧 $(v_i,v_j)\in R$，都有 $f_i(t)\leqslant g_{ij}(t)+f_i(t+g_{ij}(t))$。

根据该优化算法所提出的时间依赖网络最优路径算法(Shortest Path Algorithm in Time-Dependent Networks，SPTDN)[62]。

步骤 1　进行初始化

对于所有节点 $v_i,t\in S$

　　函数 $f_i(t)=\infty;f_N(t)=0$

　　if $t+g_{ij}(t)>t_0+(M-1)\Delta$ Then $g_{ij}(t)=\infty$

建立一个列表 List，将目标节点 v_N 插入 List

步骤 2　while List 不空时 do

从 List 中选取首节点 v_j 作为当前节点，并把该节点从 List 表中删除

for 每一个节点 $v_i\in R^{-1}(j)/v_N$ do

　　for 每一个时间 $t\in S$ do

　　　　if $f_i(t)>g_{ij}(t)+f_i(t+g_{ij}(t))$ then

　　　　　　$f_i(t)=g_{ij}(t)+f_i(t+g_{ij}(t))$

　　　　　　$\text{succ}(i)=j$

如果对所有的时间 t，$\{f_i(t_0),f_i(t_0+\Delta),f_i(t_0+2\Delta),\cdots,f_i(t_0+(M-1)\Delta)\}$ 中至少有一个被改变，则将节点 v_i 插入 List 中。

以上算法求解时间依赖的网络的最小时间路径的复杂性是 $O(nmM^2C)$，其中，n 是网络的节点数，m 是弧的数目，M 是时间段数目，C 是所有弧中最大的权值。

9.5.2　动态最短路的启发式算法

1. 启发式模型

在基于离散时间动态变权的网络中，如果考虑具有赶超行为的对象，要求解出发点到目标点的最短行程时间的路径，那么根据 9.5.1 节的算法，计算时间复杂性是相当高的，求解时间很长。虽然最优算法能够得到一个最优解，但在实际要求具有实时反应的点播系统中是无效的。因此，如何在一个导航服务的系统中提供一种最短行程时间的有效求解算法呢？

目前，大多数的求解最短路径的启发式算法主要应用在静态网络中，用来求解最短距离的路径。本节提供的一种基于变权网络的最短行程时间路径的启发式求解算法可以得到一个有效的解。其基本思想是，充分考虑当前点与待选点之间，以及

待选点与目标点之间的路况变化情况。利用下一个点到目标点之间的最短距离作为选择启发步。但评估函数为根据各路段路况分布函数，待选点到目标点的最短距离路径实际可能所用的时间。所有起始点到待选点实际花费时间与待选点到目标点的评估时间之和中选择最小的一个，对应的待选点为当前点继续考虑下一步的待选点，直到选到目标点为止。

假设网络是连通的，根据以上基本思想，启发式模型为

$$f_t(i) = \min\left\{g_t(i) + \sum_{j,k \in \mathrm{SP}(i,n)} h_{t_j}(j,k)\right\}, \quad i,j,k \in V \tag{9.15}$$

其中，$g_t(i)$ 从起始点开始，在 t 时刻到达待选点 i 时所用的实际时间。$\mathrm{SP}(i,n)$ 表示待选点 i 到目标点之间的最短距离路径的节点集。$h_{t_j}(j,k)$ 是路段 (j,k) 关于到达时刻 t 的一个分布函数，表示在 t_j 时刻到达该最短距离路径上的路段 (j,k) 上所用的时间。$f_t(i)$ 为在 t 时刻经过节点 i 的起始点到目标点的估算行程时间。

2. 算法设计

设 $V = (1,2,\cdots,n)$ 为网络节点集，$h_t(j,k)$ 为路段 (j,k) 行程时间关于到达时刻 t 的分布函数。S 为动态路径节点偏序集。设节点 1 为出发点，节点 n 为目标点，从节点 1 出发时刻为 t_0。

根据公式 (9.15)，基于变权时间动态网络的最短行程时间的启发式算法（Heuristic Shortest Time Algorithm in Dynamic Network，HSTDN）如算法 9.1 所示。

算法 9.1　基于变权时间动态网络的最短行程时间的启发式算法

1. 初始化：$S = \{1\}, i = 1, t = 0, K = V \setminus \{1\}$，所有 $f_t(i) = \infty$

2. 计算目标点到其他所有点的最短距离路径 $\mathrm{SP}(i,n)$

3. 开始搜索

4. **while** $i \neq n$ **do**

5. 　　**for** 所有 $j \in \mathrm{succ}(i) \subseteq K$ **do**

6. 　　　　计算 $g_t(j) + \displaystyle\sum_{l,k \in \mathrm{SP}(i,n)} h_{t_j}(l,k)$

7. 　　　　$f_{t_0}(j) = \min\left\{g_{t_0}(j) + \displaystyle\sum_{l,k \in \mathrm{SP}(j,n)} h_{t_l}(l,k)\right\}$

8. 　　　　$t = f_{t_0}(j)$

9. 　　　　$i = j; S = S \cup \{i\}$

10. 　　　$K = K \setminus j \in \mathrm{succ}(i)$

11. 　　输出 S 和 t

12. **end**

---

3. 算法分析与检验

定理 9.1：算法 HSTDN 的时间复杂度为 $O(n^2)$。

证明　显然，算法第 2 行的时间复杂度为 $O(n^2)$。第 4 行的循环对 $n-1$ 个节点遍历了一遍，其中第 5～6 行中计算 $g_t(j) + \sum\limits_{l,k \in SP(i,n)} h_{t_i}(l,k)$ 时，扫描最短距离路径最坏情况下为 $n-1$ 个路段，故整个循环的最坏时间为 $O(n^2)$。因此，算法 HSTDN 的时间复杂度为 $O(n^2)$。

定理 9.2：算法 HSTDN 的解优于起始点到目标点最短距离路径的行程时间。

证明　设起始点到目标点的最短距离路径为偏序集 $P = \{1, i, \cdots, n\}$，即节点 i 为节点 1 的后继节点，并且该路径的行程时间为 T。设 $\forall j \in succ(1)$ 为节点 1 的后继节点，出发时刻为 t_0。对于算法 HSTDN 在考察节点 1 的后继节点 $j \in succ(1)$ 时，起始点到目标点经过 j 的估算行程时间为 $f_{t_0}(j) = \min\left\{ h_{t_0}(1,j) + \sum\limits_{l,k \in SP(j,n)} h_{t_i}(l,k) \right\}$。而走路径 P 的行程时间为 $T = h_{t_0}(1,i) + \sum\limits_{l,k \in SP(i,n)} h_{t_i}(l,k)$，显然 $f_{t_0}(j) \leq T$。由于算法 HSTDN 采用的是贪心策略，故有 $f_{t_0}(n) \leq f_{t_0}(k) \leq \cdots \leq f_{t_0}(j)$，其中，$P' = \{1, j, \cdots, k, n\}$ 为算法 HSTDN 的最终路径。算法 HSTDN 求解起始点到目标点的最短行程时间优于起始点到目标点的最短距离路径的行程时间。证毕。

为了检验以上算法的有效性，本节在 Intel Xeon CPU 2.80 GHz、8G 内存、Red Hat Linux 3.2.3-42 的环境中与 SPTDN 算法进行了比较实验。实验的路网采用上海市路网，路段权值函数通过流动车辆的 GPS 数据建模得到。实验结果如表 9.2 所示。

可以看出，算法 HSTDN 的解不是很稳定，有的与最优解误差较大，有的误差较小。但是从算法的执行效率方面看，算法 HSTDN 的计算时间远远高于 SPTDN 算法。算法 HSTDN 的执行一般在 2s 左右，而 SPTDN 算法一般需要若干个小时。

由于算法 HSTDN 采用的是一种局部最优贪心策略，所以，算法的解是一个近似解。虽然该算法的解不一定能提供最优解，但是根据定理 9.2，它的解要优于最短距离路径的行程时间。基于离散动态变权网络的算法 HSTDN 在实时交通导航服务中具有实际可应用的意义。

表 9.2　SPTDN 算法和 HSTDN 算法的效率的比较

起始点	目标点	SPTDN 算法时间/s	SPTDN 的行程时间/s	HSTDN 算法时间/s	HSTDN 的行程时间/s
419	1353	19439	1011	2.16	1045
832	8954	27784	1847	2.17	2302
852	8860	16449	1028	2.15	1498
5457	11581	17879	454	2.15	570

续表

起始点	目标点	SPTDN 算法时间/s	SPTDN 的行程时间/s	HSTDN 算法时间/s	HSTDN 的行程时间/s
3555	1038	18690	1225	2.14	1385
938	10003	12367	745	2.08	1146
1191	8021	15451	1027	2.18	2226
13636	6218	6942	2065	2.16	2789
4097	7321	6388	290	2.07	470
9856	5311	8577	463	2.05	495
9879	10265	15386	563	2.11	637
2357	12858	10104	2474	2.21	3745
4247	6609	16750	134	2.06	232
7961	554	25620	1818	2.14	1997
13175	8370	16912	2703	2.09	3993

9.6　小　　结

　　城市交通先进计算技术不仅能提升智能交通系统的服务能力，而且能提升交通出行体验水平和交通管理水平。以深度计算和广域服务为技术特征的交通信息服务网格是城市交通先进计算技术的体现，本章着重介绍了课题组前期的研究成果，包括多源交通数据集成与融合、动态路况并行建模与预测、动态路网出行方案决策等技术。

参 考 文 献

[1]　蒋昌俊, 曾国荪, 陈闳中, 等. 交通信息网格的研究. 计算机研究与发展, 2003, 40(12): 1676-1681.

[2]　朱茵, 王军利, 周彤梅. 智能交通系统. 北京: 中国人民公安大学出版社, 2013.

[3]　蒋昌俊, 闫春钢, 陈闳中, 等. 一种基于有色 Petri 网的城市交通系统建模方法及系统: CN201610399183.8. 2016.

[4]　蒋昌俊, 闫春钢, 张亚英, 等. 基于 Petri 网的道路交通建模方法、系统、介质及终端: CN202010500372.6. 2020.

[5]　Tan Z, Wang C, Yan C, et al. Protecting privacy of location-based services in road networks. IEEE Transactions on Intelligent Transportation Systems, 2021, 22(10): 6435-6448.

[6]　Li Z, Yang X, Jiang C. Tree-searching based trust assessment through communities in vehicular networks. Peer-to-Peer Networking and Applications, 2021, 14(4): 1854-1868.

[7] 杨兆升. 新一代智能化交通控制系统关键技术及其应用. 北京: 中国铁道出版社, 2010.

[8] 金茂菁. 我国智能交通系统技术发展现状及展望. 交通信息与安全, 2012, 30(171):1-5.

[9] 胡家伦. 上海智能交通发展战略的研究. 交通运输系统工程与信息, 2004, 4(3):16-20.

[10] Zhang Z H, Shi Y Q, Jiang C J. Parallel implementing of road situation modeling with floating GPS data. Lecture Notes in Computer Science, 2006, 3842:620-624.

[11] Zhang Z H, Jiang C J, Fang Y. Road situation modeling and parallel algorithm implementation with FCD based on principle curves//Proceedings of 8th International Conference on High-Performance Computing in Asia-Pacific Region, Beijing, 2005.

[12] 郑振楣, 于戈, 郭敏. 分布式数据库. 北京: 科学出版社, 1999.

[13] Haas L M, Lin E T, Roth M A. Data integration through database federation. IBM Systems Journal, 2002,41(4):578-596.

[14] I3 Glossary. http://www-db.stanford.edu/pub/gio/1994/vocabulary.html#i3.

[15] Josifovski V, Schwarz P, Haas L, et al. A new flavor of federated query processing for DB2// Proceedings of the 2002 ACM SIGMOD International Conference on Management of Data, Madison, 2002.

[16] 数据库. http://cs11.ustc.edu.cn/.

[17] 都志辉, 陈渝, 刘鹏. 网格计算. 北京: 清华大学出版社, 2002.

[18] Globus. http//www.globus.org/research.

[19] 徐志伟. 网格计算技术. 北京: 电子工业出版社, 2004.

[20] 张栋梁, 大规模交通流并行仿真研究. 上海: 同济大学, 2009.

[21] Jiang C J, Zhang Z H. Urban traffic information service application grid. Journal of Computer Science and Technology, 2005, 20(1):134-140.

[22] 蒋昌俊, 闫春钢, 张亚英, 等. 基于路网拓扑关系的速度预测方法、系统、介质及设备: CN202010513633.8. 2020.

[23] 蒋昌俊, 闫春钢, 张亚英, 等. 交通流预测方法、系统、存储介质及终端: CN202010393242.7. 2020.

[24] 章昭辉. 一种基于离散变权网络的动态最短路径快速算法. 计算机科学, 2010, 37(4):238-240.

[25] 蒋昌俊, 闫春钢, 丁志军, 等. 一种机会网络的相遇预测和距离感知的路由转发方法及系统: CN201710164228.8. 2017.

[26] 林澜, 闫春钢, 蒋昌俊. 动态网络最短路问题的复杂性与近似算法. 计算机学报, 2007, 30(4): 608-614.

[27] 林澜, 闫春钢, 辛肖刚, 等. 基于稳定分支的变权网络最优路径算法. 电子学报, 2006, 34(7): 1222-1225.

[28] 蒋昌俊, 陈闳中, 闫春钢, 等. 一种基于事件分类的交通元数据管理方法及系统: CN2016

10471006.6. 2016.

[29] 蒋昌俊, 闫春钢, 张亚英, 等. 交通数据填充方法、系统、存储介质及终端: CN202010393252. 0.2020.

[30] John A R. Mathematical Statistics and Data Analysis. Beijing: China Machine Press, 2003.

[31] 闪四清, 陈茵, 程雁. 数据挖掘——概念、模型、方法和算法. 北京: 清华大学出版社, 2003

[32] Zhang J P, Wang J. An overview of principal curves. Chinese Journal of Computers, 2003, 26(2):129-146.

[33] 陆海亭, 张宁, 黄卫, 等. 短时交通流预测方法研究进展. 交通运输工程与信息学报, 2009, 7(4): 84-91.

[34] Hastie T, Stuetzle W. Principle curves. Journal of the American Statistical Association, 1989, 84(406): 502-516.

[35] Packard N H, Crutchfield J P, Farmer J D, et al. Geometry from a time series. Physica Reviews Letters, 1980, 45(9): 712-716.

[36] 林澜. 智能交通系统动态网络流模型与优化算法研究. 上海: 同济大学, 2006.

[37] Fraser A M, Swinney H L. Independent coordinates for strange attractors from mutual information. Physica Review A, 1986,33(2): 1134-1140.

[38] 田玉楚. 基于信息熵的多维怪引子状态重构. 系统工程理论与实践, 1997, 17(5): 47-51.

[39] Grassberger P, Procaccia I. Measuring the strange attractor. Physica D, 1983, 9(1): 198-208.

[40] 徐爱功. 现代交通信息与线路诱导系统. 上海: 同济大学, 2001.

[41] Farver J, Chabini I. A vehicle-centric logic for decentralized and hybrid route guidance// Proceedings of Intelligent Transportation Systems, Shanghai, 2003.

[42] Wang S, Ding Z, Jiang C. Elastic scheduling for microservice applications in clouds. IEEE Transactions on Parallel and Distributed Systems, 2020, 32(1): 98-115.

[43] Pretolani D. A directed hypergraph model for random time-dependent shortest paths. European Journal of Operational Research, 2000, 132(2): 89-98.

[44] 石小法, 王炜, 卢林, 等. 交通信息影响下的动态路径选择模型研究. 公路交通科技, 2000, 17(4): 35-37.

[45] 张国强, 晏克非. 城市道路网络交通特性仿真模型及最短路径算法. 交通运输工程学报, 2002, 2(3): 60-62,80.

[46] 翁敏, 毋河海, 杜清运, 等. 基于道路网络知识的启发式层次路径寻找算法. 武汉大学学报(信息科学版), 2006, 31(4):360-363.

[47] 郑年波, 李清泉, 徐敬海, 等. 基于转向限制和延误的双向启发式最短路径算法. 武汉大学学报(信息科学版), 2006, 31(3): 256-259.

[48] 王凌, 段江涛, 王保保. GIS 中最短路径的算法研究与仿真. 计算机仿真, 2005, 22(1): 117-120.

[49] 董振宁，张召生. 随机网络的最短路问题. 山东大学学报(理学版)，2003，38(3)：6-9.

[50] 陈彦如，蒲云. 用遗传算法解决固定需求交通平衡分配问题. 西南交通大学学报，2000，35(1)：44-47.

[51] 滕继涛，张飞舟. 智能交通系统中车辆调度问题的遗传算法研究. 北京航空航天大学学报，2003，29(11)：15-16.

[52] 孙艳丰，William H K L. 基于遗传算法的城市交通运输网优化问题研究. 系统工程理论与实践，2000，7(1)：94-98.

[53] 陈艳艳，杜华兵. 城市路网畅通可靠度优化遗传算法. 北京工业大学学报，2003，29(3)：334-337.

[54] 黄辉先，史忠科. 城市单交叉路口交通流实时遗传算法优化控制. 系统工程理论与实践，2001，21(3)：102-106.

[55] 宾松，符卓. 求解带软时间窗的车辆路径问题的改进遗传算法. 系统工程，2003，21(6)：12-15.

[56] 杨新敏，孙静怡，钱育渝. 城市交通流配流问题的遗传算法求解. 昆明理工大学学报，2002，27(5)：144-147.

[57] Peeta S, Zhou C A. Distributed computing environment for dynamic traffic operations. Computer-Aided Civil and Infrastructure Engineering, 1999, 14(4):257-271.

[58] Chabini I, Jiang H, Macneille P, et al. Parallel implementation of dynamic traffic assignment models//Proceedings of IEEE International Conference on Systems, Man and Cybernetics, Washington, 2003.

[59] Cooke K L, Halsey E. The shortest route through a network with time-dependent internodal transit times. Journal of Mathematical Analysis and Application, 1966, 14(3):493-498.

[60] Ziliaskopoulos A K, Mahmassani H S. A time-dependent shortest path algorithm for real-time intelligent vehicle. Highway System Transportation Research Record, 1993, 1408(1):94-104.

[61] Chabini I. Discrete dynamic shortest path problems in transportation applications: complexity and algorithms with optimal run time. Transportation Research Record, 1997, 1465(1):170-175.

[62] 谭国真，高文. 时间依赖的网络中最小时间路径算法. 计算机学报，2002，25(2)：1-8.

第10章 智能交易

10.1 引　言

近年来，随着网络技术的发展，以及"互联网+"相关政策的支持，网络交易作为新的商业模式发展异常迅速。据中国互联网络信息中心统计，截至 2016 年 12 月，我国网络购物用户规模达到 4.67 亿[1]。团购、网上支付、互联网理财和在线旅游全面增长。然而，网络交易的安全可信问题也越发凸显。在各行业网站系统中，电子商务类网站存在高危因素比例最高为 26%[2]。2014 年因网络消费遭遇安全问题的网民达 8000 万人，占网民总数的 12.6%。49.0%的网民表示互联网不太安全或非常不安全[3]。国内外各大电子商务网站也频频出现各种技术问题、业务问题、安全事件等[4]。例如，众多的开源电子商务系统与第三方支付平台的流程缺陷[5]；2012 年某三方支付平台存在的安全隐患所导致用户资金损失；某 B2C（Business to Consumer）充值平台的缺陷使该商务网站受到重大损失；2013 年出现了"授权支付"及新形式的交易劫持；2014 年各大电子商务平台所暴露的各种安全问题也给网购带来了新的威胁，利用服务器程序与应用程序的接口实施恶意行为已成为新的趋势。同时，近年来以网络钓鱼为典型的社会工程学方法正在大面积地危害网络交易的健康发展。

在动态、开放的网络环境下，分布式网络交易系统之间的协作是通过各个主体的业务交互来实现的。网络交易系统结构多样，参与的主体众多，如银行、第三方支付平台、买方客户端、购物网站等。交易主体之间通过应用程序开放接口进行交互和通信，将其各自复杂的业务流程组合成完整的、松耦合的、更复杂的混合网络应用。在开放的网络环境下，这种整合和交互带来了更多的不确定性，从而产生了新的安全挑战。不同主体、会话之间的交互复杂，业务逻辑难以一致，内部数据状态难以协调；业务流程之间数据流、控制流和资金流的复杂联动会导致非常严重的问题，如交易属性的违反和巨大的经济损失。加上复杂多变的人为因素，不同主体的业务流程之间、不同会话之间、客户端和服务器之间交互所带来的业务逻辑错误，可以被恶意用户所发掘，即使传统的安全需求被满足（信息完整性，访问控制、安全策略等），恶意用户仍然可以通过一系列系统允许的行为实现恶意目的，获取非法利益。

网络交易流程的实体和方式不断发生变化，开放、动态的网络环境也使得网络交易系统面临的环境复杂多样。据艾瑞咨询统计，天猫、淘宝服务平台的第三方服务商数量已超过 2800 多个。阿里巴巴甚至提出"聚石塔"和"阿里无线百川计划"，增强与第三方业务的合作。多样化的系统结构和众多角色参与，使得不同主体之间的流程协作复杂，安全风险必然随之增加。因此，网络交易软件系统的流程设计和构造存在可信隐患会导致以业务流程为核心的网络交易系统在运行时出现不可预期的行为。

本章其余小节的组织结构如下：10.2 节主要介绍智能交易的现状、风险与应对措施；10.3 节对现有的身份认证技术包括数字证书技术进行了简单的回顾，并介绍本课题组研发的基于用户行为模式的相关技术和方法；10.4 节主要介绍网络交易监控平台的相关技术和架构，监控中心用于监控用户、商家和第三方支付公司进行在线交易时所产生的用户行为数据与软件行为数据，并采用多形式多种类多维度的表格与图形化的方式直观动态地展现数据；10.5 节为本章小结。

10.2　智能网络交易风险与应对措施

中国电子商务经过 20 年的发展，市场不断优化，电商巨头阿里巴巴、京东、唯品会等纷纷赴美上市。一方面，电商由综合网购不断向母婴、跨境、农村等细分领域发展；另一方面，线上线下结合、企业合纵连横、大数据技术的运用，都象征着中国电子商务走向生态化发展道路。而企业不断打通生态入口、产品、服务和场景，对自身生态体系内的资源重新整合[6]。

从宏观政策到企业促销，政府和企业合力推动消费升级。"十三五"规划从顶层设计明确了消费升级方向，强调以扩大服务消费为重点带动消费结构升级，引导消费朝着智能化、环保化、集约化、品质化方向发展。作为传统零售与信息消费相结合的产物，网络购物顺应了这一向新型消费升级的发展趋势。与此同时，电商平台营销方式多元化升级，从购物消费模式向服务消费模式延伸拓展。例如，在 PC 端和移动端引入媒体元素进行兴趣导购，拓展电商媒体化功能；探索视频电商导购模式，以短视频和直播为载体深挖网红效应的经济价值等[7]。

10.2.1　网络交易风险

随着网络购物的迅猛发展，网络交易软件系统的安全风险也凸显出来。许多电子商务软件的技术不够成熟和可靠，存在安全漏洞，极易被外来入侵者利用，从而导致巨大的经济损失[8]。据有关数据的统计，美国每年因为网络安全问题在经济上造成的损失就达到近百亿美元，而国内的情况也不容乐观[9-11]。

针对网络交易系统，微软研究院和印第安纳大学伯明顿分校联合研究团队，以及加州大学戴维斯分校研究团队曾做了大量的案例研究，发现了众多潜在的实际问题，并提出业务流程中的逻辑缺陷已愈发重要。图 10.1 和图 10.2 为一个真实的案例。图 10.1 为一个分布式网络交易业务流程示意图，由客户端、开源电子商务平台 NopCommerce 以及第三方支付平台 PayPal 组成。三方各自的业务流程组合成完整的网络交易流程，这样就容易导致各个主体互不了解内部状态，使整个交易过程的数据状态不一致，从而使得恶意用户有机可乘。图 10.2 为恶意用户的行为流程图。在该系统中，具有合法账号的恶意用户可以扮演不同身份，打开多个会话，通过调用分布式网络交易系统的开放接口来实现自己的恶意目的，从而违反相关交易属性，例如，交易完整性。最后实现的效果就是：只付一次钱，通过反复发送签名信息，得到任意多个同样价格的物品。

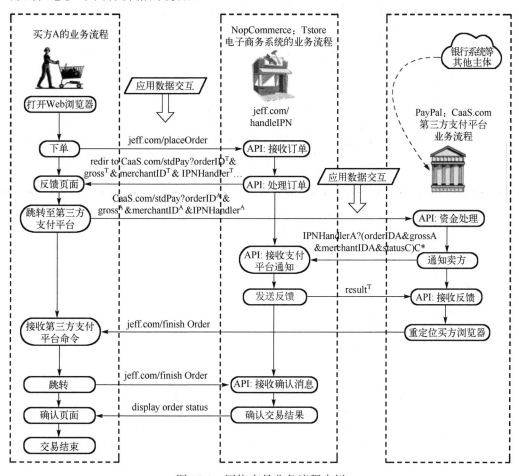

图 10.1　网络交易业务流程实例

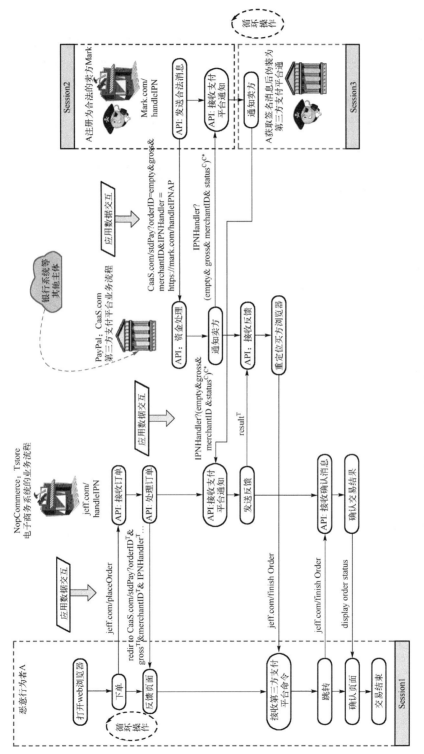

图 10.2　恶意行为流程图（见彩图）

上述问题可以归纳为交互行为安全问题。在当今的网络交易系统中，导致交互行为安全问题的缺陷和逻辑错误存在于设计阶段和应用层的业务流程当中，处于应用层的设计级别的缺陷和脆弱点已经是安全问题的一个主要来源。在系统模型设计阶段检测交易过程中的缺陷和逻辑错误，可以确保网络交易业务流程设计的安全性和可靠性。如果在系统实施之后发现错误，那么对现有系统的修改和补救将是代价高昂的，很可能会造成不可挽回的损失。在系统设计阶段，使用形式化方法进行建模和分析很有必要，基于严格的数学定义和分析可以最大程度地发现问题并解决问题，不仅能发现已知的缺陷，还能发现未知的缺陷，从而使得系统完备性大大提高。因此，面向交互行为安全研究基于形式化方法的网络交易业务流程模型及分析方法是当前面临的重要研究课题。

10.2.2 风险应对措施

针对网络交易系统的风险防范问题，国内外学者和产业界围绕业务流程建模与验证，以及业务系统安全等方面做了诸多研究[12-15]。

近年来，流程驱动的信息系统构建方式得到了越来越广泛的应用，业务流程模型对于软件系统的理解和准确设计有着重要的作用。其中，业务流程的重组与优化，一直是一个重要的研究方向。国内外学者围绕业务流程执行语言、过程挖掘、过程实例表示、功能正确性验证做了诸多的研究[16,17]。其中，Petri 网这一形式化工具被广泛应用于描述业务流程，解决 Web 服务组合中因交互行为不兼容而导致的死锁问题[18]。Petri 网还可用于对系统进行优化控制，保证资源分配合理，流程顺畅执行。业务流程的模型方法为网络交易系统的建模奠定了坚实的基础。

对于业务系统的安全性问题，国内外学者研究了如何将安全策略融入协作业务流程，以确保不同角色的访问控制权限与信息安全。还有学者针对业务流程中的访问控制和信息安全进行了研究，基于 Petri 网的可达性检测流程中的信息泄露，以确保敏感数据的安全。也有学者将签名引入业务流程，以保证信息完整性与数据私密性，或是针对业务流程的安全属性进行描述和定义，从而便于在设计与开发系统时，将安全性考虑进来，尝试从软件开发的角度来保障业务系统的安全[19,20]。课题组从安全策略出发，基于 Petri 网模型探索了不同交互系统的行为互模拟问题，讨论了有不同行为安全性策略而又完成相同功能的两个系统是否等价，用形式化方法刻画两个面向安全的交互式系统的行为等价性[21]；为了研究网络交易系统协同时的责任和义务问题，提出了标注 Petri 网（Labeled Petri Net，LaPN）模型[22]；同时，借鉴颜色网和谓词网的相关特点，提出了 EBPN（E-commerce Business Process Nets）模型，用于刻画电子商务业务流程的数据属性和恶意行为，并能够发现业务流程中的校验错误和逻辑缺陷[23-25]。

在业界，将传统安全技术融入交易流程也是保障用户支付安全的普遍做法。例如，网络交易平台多采用安全套接层（Secure Socket Layer，SSL）协议和安全电子交易（Secure Electronic Transaction，SET）协议作为底层协议[26]。除了 SSL，目前主要第三方支付企业还采取 OTP（One Time Password）和 PKI（Public Key Infrastructure）体系保障用户网上支付的安全。以上技术和方法主要针对身份认证，安全策略、安全协议、访问控制等传统安全问题。这些经典的安全性保障措施在网络交易过程保护方面无疑起着重要的作用。然而，网络交易系统中的交互行为安全问题源自主体之间的行为交互，用户可以在身份、权限合法的前提下，在系统行为所允许的范围内实施恶意行为。

对于网络钓鱼的防治，国内外业界和学术界也都有相关的研究[27,28]。在业界，有部署 SSL 服务器证书、GlobalSign-EVSSL 证书等数字证书的方法。也有黑白名单方法，比如 IE7.0、EarthLink 的 Scam2Block、PhishGuard、Netcraft 以及 Google SafeBrowsing on Firefox 等都使用了这种方法。阿里旺旺、腾讯 QQ、金山网盾、360 网盾、易宝支付等企业也都推出了相应的防钓鱼系统。在学术界，主要有针对邮件协议漏洞的方法、对比网页相似度的方法、基于面向文档模型对比的方法、判断发件人可信度的方法、URL 检测方法。这些技术和方法主要是利用黑白名单方式、页面对比和 URL 检测等技术，这与传统防病毒软件利用特征码反病毒类似。但是，黑名单具有一定的局限性，无法预防新的钓鱼攻击，更无法应对跨站钓鱼这种技术含量较高的钓鱼方式。

电子商务交易系统部署和调试完成之后，在其实际运行过程中要进行在线监测，实时监控用户交易行为，处理非法活动。现有的在线监测技术，主要包括基于截获器、基于 AOP（Aspect Oriented Programming）、基于监测 API、基于异常处理等在线监测技术。目前在网络化软件系统的运行过程中，还采用另一种监测技术——异常行为监控处理[29,30]。异常行为监控处理机制提供了处理系统或程序运行时出现异常情况的方法，提供了异常行为监控处理机制可以采用的模式：无条件转移模式、中断模式、重试模式、恢复模式。这种机制不仅在高级程序设计语言中得到应用，近年来研究人员开始在系统容错设计、工作流系统设计和执行、Web 服务或组件交互中引入异常处理和恢复机制。该机制是提高软件可靠性的有效手段，在错误检测、在线容错方面提供了一定的支持。

对用户行为的在线数据挖掘是及时发现欺诈事件的重要方法[31,32]。目前对用户行为信息的挖掘技术多是对一类用户进行建模，抽象出一类用户的偏好或消费习惯等行为特征。随着电子商务系统中用户个性化需求的增长，一种针对用户个体的行为、偏好等特征，对用户个体进行建模的研究逐渐被人们关注。这种方法一方面可以为用户提供更加精确的服务，另一方面也能根据用户以往的行为进行欺诈防范。

10.3　用户行为的风险防控

随着网络及电子商务的蓬勃发展，网银、支付宝等网上付费方式逐步成为人们网上购物的首选。然而，网上付费方式给人们带来方便快捷的体验的同时，也带来了许多网络安全隐患，给不法分子们提供了可乘之机。CSDN、人人网等用户账号泄露事件，对于网络交易安全更是一次极大的挑战。在所有的风险防控策略中，用户身份认证[33]是必不可少的一部分。身份认证的目的是尽可能确认用户的身份，以保证用户的成功访问和个人账户的私密性。现有的身份认证技术主要包括三类：①记忆信息，如密码、PIN(Personal Identification Number)等；②辅助设备，如 ID 卡、访问令牌、PC 卡、智能卡、无线识别代理等；③生物特征，如指纹、虹膜、掌纹、声音样本等，这些被称为生物识别技术。这些传统的身份认证技术各有优缺点：用户密码等信息难于记忆，同时容易泄露；ID 卡需要随身携带且易失窃或失效；生物认证需要额外的硬件设备，且成本较高，并有可能侵犯用户隐私。

本章对现有的身份认证技术，包括数字证书技术，进行简单的回顾，并介绍本课题组研发的基于用户行为模式的相关技术和方法。用户行为证书根据从用户电子交易日志中挖掘出的用户行为特征进行构建，将生成的行为证书存储在第四方认证中心进行管理。

准确识别用户身份、验证用户身份合法性一直是各安全机构和企业的目标，尤其是在涉及资金转账、隐私数据获取等应用领域，如何能够在不影响用户体验的前提下，快速准确地对用户身份进行认证，是身份认证技术所需要解决的问题。随着硬件采集设备和数据分析技术的发展，现阶段身份认证技术已经从模式固定的单一化身份认证，发展为多种身份识别技术融合的"集成式"身份认证。下面将对如今广泛应用的几种主流身份认证方法进行介绍。

(1)最常用到的身份验证方式为账号/密码匹配。无论是网银的 6 位数字密码还是其他复杂的数字、大小写字母组合，密码一直是验证用户身份最为直接有效的手段。近年来，随着智能手机用户的普及，以密码＋手机短信验证码作为验证手段的双重身份认证一直是网络用户身份验证的主要手段。其验证的基本思想就是假设同一用户多端信息同时被盗为小概率事件，即若用户 PC 端账号密码信息被盗，则可通过手机端进行防止，反之亦然。然而该种方法并不能阻止账号冒用等攻击手段。

(2)通过图形验证码、问题验证等方式辅助账号/密码对用身份信息进行认证[34,35]。该验证方式主要用于识别用户是否为机器人，且因图形库可通过众包、图像识别等方式进行标注，因而应用成本低。近年来，通过托块滑动、鼠标轨迹等方式进行验证手段相继出现，使人机识别手段更加多元化。

(3)生理特征认证，即通过指纹、面部、虹膜、声纹和静脉等生理特征对用户身份信息进行认证。运用生理特征识别用户身份受到各安全机构的青睐，因用户的生理特征具有唯一性，且识别速度快。但生理特征认证应用难以大规模普及，因为其信息输入需要额外的硬件设备加以辅助。近年来，智能终端逐渐将各种生理特征输入设备集成进去，就是想通过生理特征对用户身份进行识别。然而，随着信息处理技术的提升，生理特征信息变得越来越容易被"仿造"，从而越过验证系统，对用户信息安全造成威胁。如 Sharif 等[36]发现，当伪装者带上根据目标用户设计的特定眼镜后，可以轻易通过主流的几个人脸识别系统，进而冒名目标用户。因此，生理特征认证并不能完全防止恶性行为的发生。

(4)通过用户的行为进行身份认证。用户的行为包括多个方面，如用户走路的步态、签名的笔画顺序都可以看成用户的行为。在智能终端，终端内置的陀螺仪、重力感应器等传感器可感知用户对于终端的握持姿势和倾斜角度等，这些可以看成用户对于终端的使用行为，通过对这些行为的建模，就可以刻画出每个用户对于智能终端的使用行为模型，通过行为模型与使用数据的差异性识别用户的身份；对于智能终端用户行为的建模及认证,最有代表性的应该是 Google 的 Project Abacus 项目，该项目力求通过陀螺仪、重力感应器、前置摄像头等传感器，建立用户的面部图像模型、手持模型等多个终端使用及生理特征模型，进而取代在移动端的账号/密码身份认证方式[37]。而在 PC 端，用户的鼠标滑动轨迹、键盘敲击序列和网页浏览序列等都可以作为用户行为，进而提取每个用户的个性化特征，进行身份认证[38,39]。有别于账号/密码及生物特征认证的静态一次性认证方式，行为认证对用户身份的识别是一个动态持续认证的过程。

基于行为的认证方式是近年来学术界和工业界在用户身份认证、网络安全方面的研究热点。在中国，最大的第三方网络支付平台支付宝就在其风控系统中融合了用户的行为特征来进行网络交易风险控制及用户身份、恶意案例的识别。

10.3.1　基于行为的身份认证技术

本节主要从用户的智能终端触屏行为、键盘敲击行为、鼠标运动轨迹等方面讨论一些基于行为的行为认证技术。这些技术主要运用了机器学习中的一些方法来刻画用户的行为轨迹模型，通过对比当前用户的行为序列与行为模型的匹配程度来给出当前用户身份的置信度，进而达到身份认证与预警的目的。

1. 用户移动端行为认证技术

移动端用户行为可以从触屏行为和手持姿势两个角度出发；在触屏行为方面，可通过构建用户对屏幕对点压方式，对用户身份进行认证。目前，模型构建方法主要分为统计学方法、神经网络方法、模糊逻辑方法和数据挖掘方法等几大类。由于移动端用户触屏行为数据可分为时间特征数据和压力特征数据，存在复杂的非线性关系，所以选用可映射任意复杂的非线性关系的神经网络模型来对移动端触屏行为进行建模。如径向基函数（Radial Basis Function，RBF）神经网络，由输入层、隐藏层、输出层三层组成。输入层节点只传递输入信号到隐藏层，隐藏层节点由像高斯函数那样的辐射状作用函数构成，而输出层节点通常是简单的线性函数。隐藏层节点的基函数对输入层传递的信号在局部产生反应，即输入信号越接近基函数中心，隐藏层的输出越高，这表明了 RBF 神经网络具有局部逼近能力。RBF 神经网络的基本训练模式是，对于训练中的每个输入向量，需要为其分配一个预期输出向量，该输出向量表示对输入向量的预期分类。对于同一个类的输入向量，需要为其分配相同的输出向量，作为训练的基础。神经网络输入层节点数与输入向量维数相同，输出层节点数与预期的输出向量维数相同，隐含层节点数根据具体的训练算法不同而有所不同。RBF 神经网络的训练算法包括随机算法、自组织学习算法和最近邻聚类学习算法等，它们用于选取 RBF 神经网络隐藏层节点的基函数中心以及隐藏层节点与输出层节点之间的连接权值，利用训练算法对神经网络进行训练。

在特征选择方面，移动端用户触屏行为特征作为模式构建的基础，用户的一次触屏操作可以分为按键按下和按键弹起两个事件；搭载了触摸屏移动端设备，包括智能手机等，可以通过压力传感器采集到用户在虚拟软键盘上点击按键时的压力与接触面积，作为压力相关特征。

时间特征选择上，移动端用户虚拟键盘行为与传统键盘行为类似，按下是指用户手指接触触摸屏，并使移动端系统产生触摸反馈；弹起是指用户手指离开触摸屏，并使移动端系统的触摸反馈消失。按键持续时间是指一个按键的按下到该按键抬起的间隔时间，表示一次按键事件的持续时间；按键间隔时间是指在连续输入的字符序列中，一个按键弹起到下一个按键按下的间隔时间，表示一次按键事件结束与下一次按键事件开始的时间间隔。图 10.3 就刻画了一次用户触屏行为的时间特征序列[40-42]。

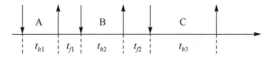

图 10.3 用户触屏时间特征序列

压力特征选择上，由于用户是在触摸屏上操作，所以可以通过传感器获取每次按键操作的压力和接触面积，这是移动端键盘行为不同于传统键盘行为的重要一点。在 Android 平台下，压力与接触面积均为一个 0～1 的相对值，取值与硬件传感器量程与灵敏度有关。可将压力与接触面积组合为压力特征向量，作为移动端用户虚拟键盘行为认证所独有的特征。

除了上述定义的特征以外，移动端用户触屏的按键持续平均时间，即输入字符串中按键持续时间的平均值；平均压力，即输入字符串中所有按键操作的平均压力等，都可以作为行为特征对用户建模。在对移动端用户键盘行为特征进行模型构建的过程中，可以依据模型的特点选择合适的特征进行模型构建。

每个用户在智能终端使用过程中，除了触屏行为存在差异外，其手持姿势及姿态也存在着明显的个性化差异，借助于智能终端携带的陀螺仪、磁力计等传感器，可以采集这部分行为数据构建用户手持姿势行为特征，进而进行身份认证。在特征信息抽取上可以从两个方面刻画用户输入时的手势行为特征，一个是用户手指在手机触摸屏上的手势行为，另一个是用户输入手势密码的姿势行为。为了刻画用户手势行为，可以采集手指与触摸屏的接触面的中心的 x 和 y 坐标、压力、接触面积。为了刻画用户的姿势行为，使用手机的方向传感器来采集手机屏幕方向的 x、y、z 坐标，以及用手机加速度传感器来采集手机加速度的 x、y、z 坐标。其中，手机屏幕方向的 x、y、z 坐标可采用如下坐标。

x 轴：y 轴与 z 轴的向量积(与设备所处位置处相切且大约指向东方)。

y 轴：在设备所处的位置处与地面相切且指向磁北极。

z 轴：指向地心并与设备所处位置地面垂直。

其示意图如图 10.4(a) 所示。

因此，由上述坐标系定义可知，手机屏幕方向的 x 坐标表示俯仰角，y 坐标表示翻转角，z 坐标表示方位角。另外，手机加速度的 x、y、z 坐标采用如下坐标系，该坐标系相对于手机屏幕定义。

x 轴：水平并指向屏幕右方。

y 轴：垂直并指向屏幕上方。

z 轴：垂直于屏幕并指向手机前屏幕外面。

其示意图如图 10.4(b) 所示。

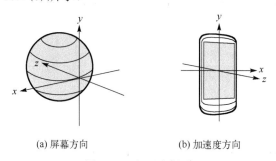

(a) 屏幕方向   (b) 加速度方向

图 10.4 参照坐标系

通过手势及姿势行为数据的抽取,可将用户姿势数据加入用户手势认证过程中。利用用户输入手势密码时, 由手机触摸屏采集到的手指坐标、压力、接触面积等用户手势相关数据，及由手机的方向传感器与加速度传感器采集到的用户姿势相关数据，构建一个行为认证模型。用户只有输入正确的手势密码且通过行为模型的认证才能够正常登录。这样即使用户手势密码被盗，该认证模型依旧可以提供一定的安全保证。并且由于行为特征包括两个方面，行为认证模型的构建可以分两步：首先，根据反映用户姿势的特征聚类出该用户的若干个姿势，并确定一个阈值来判定当前姿势是否属于该用户；其次，为用户的每个姿势分别使用分类算法训练一个手势认证模型，用于判定该姿势下用户手势是否合法。这样，可以首先判断用户姿势是否符合用户的习惯，若符合则识别当前用户属于何种姿势，之后利用该姿势下的手势认证模型进行再次认证。

2. 用户键盘敲击行为识别技术

针对用户的生物特征以及行为习惯，例如，用户按键行为，具有不容易被模仿和获取的特点[43,44]，设计基于用户键盘敲击行为的身份认证模型，可以更好地识别用户身份。用户键盘行为认证通过采集用户的键盘行为数据，对用户的键盘行为数据进行分析和建模，针对用户建立其独有的键盘行为模式，作为身份认证的依据。

用户键入密码时的时间特性跟年龄、性别、对计算机的熟悉程度等都有联系，不同用户的键盘行为模式是难以被他人模仿和盗用的。通过采集用户的键盘行为数据，建立用户独有的键盘行为模式，利用其键盘行为模式的不可模仿性认证和识别用户。根据隐马尔可夫模型(HMM)的特点和功能，针对用户键盘行为模式可以构建相应的隐马尔可夫模型。在用 HMM 对用户敲击行为进行识别时，行为识别属于隐马尔可夫模型中的评估问题，通过训练已采集到的用户键盘敲击数据集 D，可以训练出相应的 HMM，当用户登录系统时，通过对用户敲击密码的动作，将得到新的一组观察序列 O。因此，可得 $P(O|\mathrm{HMM})$，同时根据阈值 TH，当 $P(O|\mathrm{HMM}) > \mathrm{TH}$ 时，可判定登录用户是同一用户。

图 10.5 为键盘行为模式的隐马尔可夫模型，A 为状态转移矩阵，η_i 为发射向量，π 为初始向量，$y_1 \sim y_n$ 为观测到的序列，即采集到的待估键盘行为数据，通过计算观测序列的概率可以判断此观测序列是否为已知键盘行为模式的合法数据。其中，$P(q_{t+1}^j|q_t^i) = A_{ij}$，$t$ 表示一个离散时间点，q^i 表示第 i 个状态。η 为发射向量，$\eta_i = P(y_t|q_t^i)$，表示第 i 个隐含状态到观测状态的发射概率。

键盘按键行为模式建模与认证是根据用户一段时间内账户登录时输入密码的历史按键信息进行数据分析并建立相应的用户模型，并对于新的待测数据进行模型计算，以识别用户身份。对于多人共用账户，每个合法的成员都有自己独特的键入行为模式，单单使用键入行为来判断会有很大的误判率。所以对于多用户账号，模型构建的关键在于区分数据来源，对同一账号下的键盘行为数据进行聚类处理，聚类的最终结果要求同个簇内为同一个用户的键盘行为数据，不同簇为不同用户的键盘行为数据，簇之间彼此不相交，再对聚类后的每个簇进行键盘行为模式的建模。采用聚类后再进行键盘行为模式构建，提高了此类场景下用户键盘行为模式构建的准确性，也为后期认证准确性的提高提供了保证。

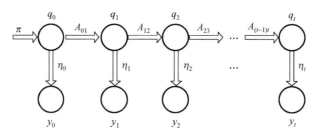

图 10.5   键盘行为模式的隐马尔可夫模型

要对用户进行键盘行为模式的构建，首先要选择合适的键盘行为特征作为模式构建的基础。用户的一次键盘操作可以分为按键按下和按键弹起两个事件，目前键盘行为研究的主要特征均是根据这两个事件的操作产生的相关量产生的。其主要的键盘行为特征可以分为时间特征和非时间特征两大类。时间特征主要是按键持续时间、按键间隔时间等；非时间特征主要有击键压力、击键速度等。在基础特征的基础上，用户的键盘行为特征还有其他一些特征，主要有击键模式矩阵、键盘行为模式有向图、击键压力、每秒平均敲击次数等。

图 10.6 为键入序列 S 为 $\langle S_1, S_2, S_1, S_3, S_4, S_5 \rangle$ 构成的键盘行为模式有向图，在此基础上，可以根据建模的需要在有向边上加入权值，如按键持续时间、按键间隔时间等。

K-means 算法是一种基于形心的分类方法，簇的形心就是这个簇的中心点，这类方法采用簇的形心来代表这个簇。通过 K-means 对多用户数据聚类，

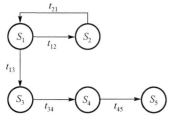

图 10.6   按键序列有向图示例

剔除异常数据，并以区分数据来源是否来源于不同的用户。在账号的键盘行为数据中，任意选择一个样本点，计算其余样本点到该样本点的欧氏距离的方差，由于单个用户的键盘行为数据点较为集中，相对于存在多个用户账号下的数据，只有一个用户时的方差较小，而单账号多用户情况下的方差较大，以此判断账号下是否存在多个用户。

可以通过改进 K-means 算法，在 K-means 算法中加入方差判别条件来判断账号下是否存在多个用户，判定是否需要进行聚类处理。计算账号下样本点到某一随机点欧氏距离的方差，利用此方差判定是否需要聚类，并自动识别账号下的用户个数。通过取随机样本点，计算其余数据点到该点欧氏距离的方差，利用该方差来判别账

号是否为多用户账号。假设样本集为 $\{D_1, D_2, \cdots, D_p\}$，$D_i = \{D_{i1}, D_{i2}, \cdots, D_{in}\}$，其中，$p$ 表示样本集中按键持续序列的个数，任意选择一个样本点 $D_x = \{D_{x1}, D_{x2}, \cdots, D_{xn}\}$，计算样本集中其余样本点到 x 点的距离的方差。对于单账号单用户和单账号多用户两类账号分别采用此方法计算其样本集下的方差，对比两者方差的差异，确定方差判别阈值 TH。TH 用以判定账号下是否有多个用户，在改进后的 K-means 算法中，当所有簇的方差均小于 TH 时，算法终止。利用高斯概率密度函数来评判待估键盘数据与既定的用户模型的相似程度，来作为模型的评价标准。模型的评分值为一个分布在区间[0,1]的小数，值越趋近于 1，表示待估键盘数据和用户模型的相似程度越高，待估键盘数据来自合法用户的可能性越高；反之，表明相似程度低，有可能是非法用户。

3. 用户鼠标滑动行为分析技术

用户行为是用户的生理特征和习惯爱好等长期作用后的综合体现，它具有独一无二性、不易盗用性、不可模仿性等特征。本节提出一种辅助的身份认证方法，在动态软键盘应用时有效地认证用户身份。根据合法用户利用软键盘键入密码信息登录过程中采集到的鼠标行为数据进行数据挖掘，形成用户独特的鼠标行为模式，从而用来进行身份合法性认证，研究利用鼠标行为模式进行辅助认证方法的可行性，从而进一步保障用户的账号和资金安全。

用户的鼠标行为特征，与人的手速、对计算机设备的熟悉程度、年龄、性别等都有关系。基于鼠标行为进行身份认证的基础前提是对于每位不同的用户来说，鼠标行为习惯，即鼠标使用模式，都与其他用户有着明显的不同之处，用户独特的鼠标行为模式是难以被别人盗取复制的[45,46]。利用鼠标行为模式进行用户身份识别的最大优势在于不需要额外的硬件辅助设备，用户也不需要对原来的操作习惯做出任何改变，在用户利用软键盘登录的过程中采集鼠标数据并进行辅助认证，对用户使用计算机的正常操作没有任何侵入性。

要对用户鼠标行为模式进行构建，首先要选择合适的鼠标行为特征作为构建模型的基础，之后再选择合适的模型构建技术和身份识别方法。用户在操作软键盘时，最主要的鼠标动作为单击和移动，由于时间和位移特性可以很好地区分用户间鼠标行为模式的不同，并且时间和位移值有便于提取和处理的优点，鼠标移动行为模式主要采取这两类数据作为特征。鼠标行为认证的具体步骤包括鼠标行为数据获取、特征提取和特征选择、鼠标行为模式的构建和身份认证四个过程。鼠标行为认证采集的数据主要为鼠标动作类型、鼠标坐标值、鼠标动作时间戳等。现有研究中，一般将鼠标行为特征分为交互层特征(也称为应用层特征)和生理层特征[47]。交互层特征，与用户操作的应用环境相关，体现了用户使用偏好和习惯的特征，如操作频率分布、移动方向频率、操作屏幕频率分布、静止时间占空比等；生理层特征，顾名思义，体现的是用户生理上独有的特征，如鼠标单双击时间间隔、平均移动速度、平均加速度、移动速度极值等。在动态软键盘的应用场景下，在计算鼠标行为特征量时多采用生理层的特征。然后，基于增 L 去 R 选择算法构建非固定轨迹下的鼠标行为模式。通过模拟动态软键盘应用场景，捕获相对自由轨迹下的用户鼠标行为，根据行为特点提出新的特征属性值，同时对传统特征值进行分类细化，综合使用累计函数分布和增 L 去 R 选择算法得到鼠标行为特征向量，采用支持向量机（Support Vector Machines，SVM）分类器对特征向量做分类处理获得用户鼠标行为模式。采取多数票决方法，对用户的身份进行合法性认证。

　　用户鼠标行为认证方法可以细分为以下几个模块：用户鼠标行为数据采集模块，实现截获和存储用户操作鼠标产生的数据，具体包括坐标轴、时间戳和鼠标动作类型等基本数据项；数据预处理模块，主要负责清洗脏数据，并对原始数据进行加工，通过数学公式计算，获得鼠标行为特征属性；特征向量选择模块，从所有的特征属性集合中选择并组成最佳特征向量；行为模式构建和存储模块，使用最佳特征向量用于鼠标行为模式的构建和存储；用户身份认证模块，用于认证用户的身份。图 10.7 为用户鼠标行为认证方法的各个功能模块展示。

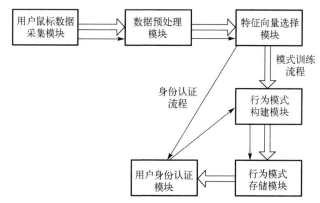

图 10.7　鼠标行为认证方法功能模块图

　　鼠标行为数据采集模块的主要功能是利用设计好的随机动态软键盘，模拟用户录入密码的场景，收集和存储用户输密码操作中使用鼠标产生的数据，记录的数据元组具体包括时间戳、x 和 y 坐标轴信息、动作类型等基本数据项。

　　数据预处理模块，首先清洗脏数据，主要包括不符合规则的记录元组，以及数据大小明显异常的记录元组，同时对跨平台数据进行校准处理，尽可能消除平台差异性带来的影响，再通过数学公式处理获得备选的鼠标行为特征属性，用于生成后续建模所需的特征向量。

　　特征向量提取模块，使用特征向量选择算法、评价函数对分类准确度进行比较，最终选出最佳的特征向量用于模式构建。

用户行为模式构建和存储模块，利用 SVM 对上述模块得到的鼠标行为特征进行训练。对于每个账号下的鼠标行为数据，模式构建模块利用规定的模式构建方法对处理后的数据进行分析和建模，并将行为模式的相关参数存储在数据库中，便于后续的鼠标行为身份认证操作。

用户身份认证模块，主要功能是对于新的待测数据进行特征属性的计算，并利用存储的模式参数，使用 SVM 分类器和多数票决法判别未知用户的身份。对于符合用户鼠标行为模式的数据，允许该用户登录，同时将此合法数据加入到模型库中，不断更新用户的鼠标行为模式。若判断为非法的数据，则阻止用户进行登录操作。

不同平台下，操作环境和设备的不一致性会影响用户鼠标行为认证的准确性。针对显示器分辨率、鼠标指针敏感度等因素影响，提出优先选择不依赖于操作环境的特征量，如时间、角度、比值类的特征量，对于依赖操作环境的特征量，可以使用方差判别法进行校准操作。同时，从用户操作鼠标习惯形成的方面着手，研究用户键入不同长度密码的特征属性变化情况，并通过实验数据分析不同长度密码给认证效果带来的影响。根据用户在输入长度不同的密码时的鼠标行为习惯的不同，动态地调整判定属性参数值，消除行为差异对最终认证效果的不良影响，从而提高鼠标行为认证准确性。

10.3.2　用户行为证书方法

数字证书作为网络环境下一种有效的身份认证机制，已经被广泛采用，它能够基本解决网络交易的买方和卖方都必须拥有合法的身份且在网上能够有效无误地进行验证的问题。数字证书作为一种静态的认证机制逐步暴露出其缺陷：首先是无法解决"盗用身份"和"利用合法身份做非法事情"等问题，且一旦有该类情况发生，一般只能进行事后分析和离线检测。数字证书为网络支付参与方提供了身份识别的保证，但对于参与方的交易行为目前尚无很好的机制进行认证。因此，可以对每个用户的行为，生成相应的行为证书，客户端部分的行为认证通过对用户行为的分析来实现对"合法用户的非法行为"进行有效监测。用户行为证书方法主要用来对用户的交易行为进行监控和分析，从而对用户身份进行鉴定，避免出现身份盗用、冒用的情况，预防交易风险的发生。

用户行为证书的基本设计框架如图 10.8 所示。图中给出了用行为证书对用户身份认证的整体设计框架，客户端负责用户行为数据的采集与上传。在认证中心，采集的用户行为数据会根据行为数据处理模型生产相应用户的行为证书，若用户的行为证书已存在，则会以增量的方式动态调整用户的行为模型证书，以适应用户行为的动态迁移。当用户行为证书生成或更新后，证书文件会发送到客户端，最终用户身份信息的认证会在客户端完成，认证中心会根据客户端的认证结果采取相应的放行或预警措施[48,49]。

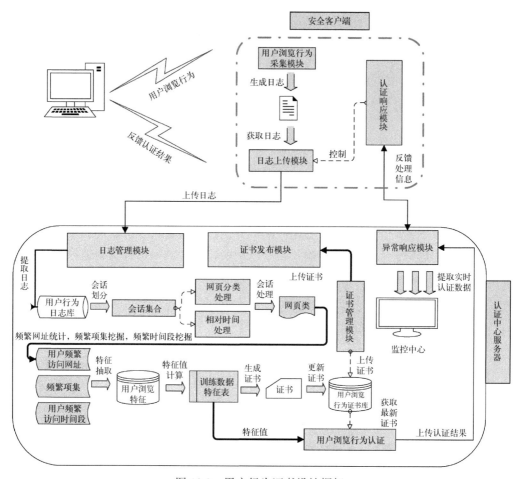

图 10.8　用户行为证书设计框架

　　用户行为模式的身份认证可通过采集正常用户平时网页浏览记录，从中抽取最能够代表该用户的行为信息，构建用户行为证书，从而在原有认证方式的基础上进一步判断用户的网页浏览行为是否与用户行为证书相一致，进而对用户进行双重认证，更好保证用户财产安全。

　　用户浏览网页过程中每打开一个网页，都会相应产生一条包含一个 5 维向量的浏览记录 Rec 来存储网页相关信息

$$Rec = (UserID, TimeStamp, LastingSeconds, URL, Reference)$$

其中，UserID 标识产生本条网页浏览记录的用户 ID；而 TimeStamp 、LastingSeconds 记录此次网页浏览的发生日期及持续时间；此外 URL 、 Reference 记录用户此次浏览的网页地址及该网页地址的前向链接(若无前向链接则为 NULL)。数据采集器收集到用户原始数据记录如表 10.1 所示。

表 10.1　Rec 数据记录格式样例

标签	内容
UserID	user1
URL	http://123.duba.net/dbtj
Reference	http://weibo.com/u/1652598533?c=spr_web_sq_kings_weibo_t001
TimeStamp	2013/12/11 21:07:17
LastingSeconds	60

　　用户网络浏览行为认证主要包括离线与在线两个阶段。离线阶段的主要工作是构建用户行为模型，在线阶段主要包括观察序列实施监测以及利用行为证书进行用户行为认证。同时，对用户网页浏览行为的建模及身份认证基于已有的行为稳定性假设，其主要体现在两个方面：第一，在短周期内，用户网页浏览偏好不会有太大变动(即网页浏览的种类和上网时间)，且用户在每次网页浏览过程中大部分的网页浏览信息聚集在特定的一部分网页类内；第二，若正常账户被恶意攻击者盗用，攻击者的网页浏览行为与账户拥有者的网页浏览行为相似性较低。该稳定性假设已在大量的科学研究中证明其合理性。

　　在采集到用户的行为数据后，构建的用户行为模型可以用户马尔可夫模型形式表示。构建过程有以下几个步骤。①数据挖掘过程，采集 Web 用户至少 30 天的网页浏览记录，从中获取网页链接顺序以及网页浏览的先后顺序；②信息呈现过程，根据采集到的数据提取网页关键信息，如网页描述的内容以及网页的链入链出信息，以网页内容及时间为特征进行网页聚类，形成网页类节点；③根据网页类节点间的链接数对图的边加入权值，构成用户行为模式图，如图 10.9 所示；④马尔可夫模型的构建，其中包括生成初始化概率向量以及状态转移概率，如图 10.10 所示。

　　除了马尔可夫模型外，其他数据分析模型如关联规则、频繁树挖掘等都可以用于用户行为分析。此外，除了对用户浏览网址类型序列的挖掘外，可以更深一步研究用户浏览内容的行为特征，进行用户身份识别[50,51]。

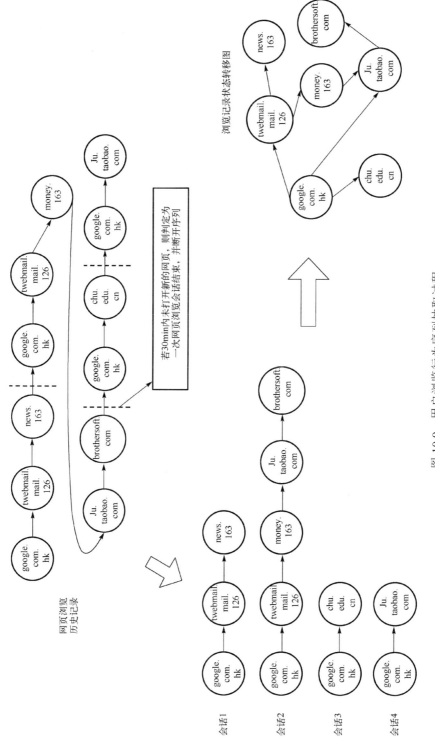

图 10.9　用户浏览行为序列抽取过程

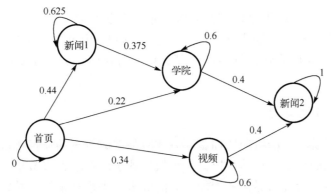

图 10.10 简化的用户浏览马尔可夫链示例

10.4 交易系统的在线监控

基于上述内容,研究和开发网络交易系统的在线监控平台,可以实现对网络交易系统及风险防控的需求分析、构造、验证、监控与评测等理论和技术的有效集成。通过分析现有网络交易系统中业务流程、支付工具、信用体系中存在的问题,构建可信的网络交易环境,对网络交易各参与主体的行为进行约束和规范。网络交易在线监控平台基于行为证书对主要交易主体(买方、卖方、第三方支付平台等)以及整个交易流程进行监控并记录,对来自网络交易监控中心的监控记录进行分析处理,进而挖掘相应用户的用户行为;将监控记录按照时间段分类,进而挖掘在某次交易时交易各主体的交易过程并进行相应的分析。第四方认证中心将作为网络交易中可信、独立的一方,负责对网络交易主体的行为证书进行构建、更新和发放,并通过交易主体的网上交易行为对其进行认证,如果发现异常,会向相应的交易主体发出警报。

10.4.1 监控系统的组成架构

课题组研发的监控中心系属于"可信网络交易软件系统试验环境与示范应用"项目,用于监控用户、商家和第三方支付平台在进行交易时产生的行为数据,并采用表格与图表的方式展现交易过程中的数据和状态。监控中心基于第四方认证中心,通过软件行为与用户行为认证技术对三方交易主体进行监控和认证,能够发现交易过程中的异常行为。监控中心前期工作包含了安全客户端(其采集了系统和用户的网络交易行为数据,并用于挖掘行为证书)以及行为认证机制。监控中心主要包含了四个部分:客户端用户行为交互信息显示、客户端软件行为验证流程信息显示、电商平台验证信息显示和第三方支付平台验证信息显示。客户端用户行为交互显示用于呈现用户登录第四方认证中心、下载用户行为证书、日志上传、退出等用户与第四方认证中心交互的信息。其他三个部分用于显示用户、电商和支付平台各自的软件行为,三方交互中的软件行为,以及软件行为证书验证的结果[52]。

10.4.2　系统优化管理

目前网络交易较为严格的风控验证方式容易造成较高的误报率以及较低的用户体验。实际发生的交易数量基数巨大,直接导致了较高的误报数量。将正常交易误识别为欺诈交易会给公司运营者增加较大的成本。当模型识别到具有欺诈风险的交易时,会通过系统发确认短信、邮件甚至人工手动电话等方式进行交易的二次确认,这需要企业额外地付出大量资金和人力成本。此外,对用户的短信确认、人工确认,会让用户感到迷惑,增加了用户使用电子支付的安全担忧,干扰了用户的正常支付业务流程,容易导致用户的操作失败,甚至导致了用户的流失,造成额外成本。因此对于网络交易系统来说,如何对已有的风险体系进行优化,降低对交易平台的正常用户干扰亟待解决。课题组提出一种风险控制优化方案,使电子交易首先通过一个简单模型进行初步验证,如果验证通过则认为其是正常交易,否则进行后续的严格模型验证。以此来减少单独使用分类模型导致的误报率高的问题,同时也能通过放行大量的正常交易,提高分类阶段中异常交易样本的占比,改善使用分类模型中的不平衡样本问题[55-57]。

两层风险控制方法由风险交易过滤方法与风险识别模型方法两部分组成。风险交易过滤方法根据交易可信模型在严格模型验证之前对正常交易进行快速放行,从而提高正常交易的响应速度,减少交易的误报率。经过风险过滤模型后的交易仍包含异常交易,因而需要利用风险识别模型方法对剩余交易样本进一步分类,识别出异常交易。区别于一味地寻找更有效的模型分类方法和更有区分度的特征,两层风险控制方法提出了两个层次的风险控制方法。该方法分别从两个角度解决和改善电子交易中的风险问题。第一层聚焦正常交易,通过对明显正常的交易进行放行,减少后续严格模型误报了正常交易,以及多余的电脑性能损耗。第二层聚焦异常交易,通过有效的数据特征的选择以及分类模型的选择,对异常的交易进行分类识别。交易在两层风险过滤系统的交易数据流图如图 10.11 所示。

10.4.3　系统在线监控

金融业是大数据的重要产生者,交易、报价、业绩报告、消费者研究报告、官方统计数据公报、调查、新闻报道无一不是数据来源。互联网金融环境中,数据作为金融核心资产,具有相当大的价值,但同时它又存在着巨大的安全隐患,金融行业是不能容忍任何安全问题,一旦出现问题,必然会对企业和个人造成巨大的损失。针对网络金融信息安全问题，课题组研究并开发了以行为认证为核心的可信网络金融交易系统，围绕软件行为认证等关键技术，搭建了行为认证平台体系。

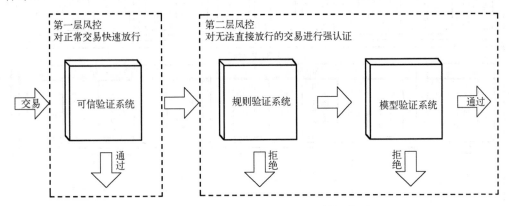

图 10.11　两层风险过滤系统交易数据流图

1. 行为认证平台体系

在认证中心搭建过程中，通过在用户安全客户端以及在电商网站和支付平台部署行为监控器，形成网络交易可信认证系统平台，并制定网络交易可信认证的认证协议。在网络交易可信认证系统中，认证中心主要负责管理用户行为和软件行为证书，同时能够实时认证软件及用户行为的可信性。

网络交易可信认证中心底层支持多种操作系统，具有良好的跨平台能力。系统之上的支撑技术为上层的应用开发提供了良好的支持。在支撑技术之上设计通信管理模块、证书管理模块和数据库管理模块；通信管理模块能够针对本系统特定需求对网络通信功能进行封装，为上层提供数据交换等通信服务；证书管理模块对软件行为证书、用户行为证书以及数字证书进行统一的管理，包括证书的搜索、更新、发布等操作；数据库管理模块负责更新和维护数据库，提高数据访问效率。在基础管理模块之上，就是网络交易可信认证系统的第四方认证域，其主要功能是监控和认证网络交易过程，对交易三方进行数字认证、通过用户行为证书验证用户身份的可信性、通过软件行为证书验证交易三方的网络交易行为的可信性。网络交易可信认证中心架构如图 10.12 所示。

网络交易可信认证中心的认证协议流程如下：当网络交易发生时，用户通过登录安全客户端，上传数字证书进行数字认证，电商和第三方支付也同时上传其数字证书进行相应的数字认证。当数字认证通过后，用户通过用户行为证书下载模块下载行为证书，三方正式进入交易流程。在交易过程中，安全客户端通过用户行为采集模块实时采集用户行为，并交给用户行为认证模块，根据从第四方认证中心下载

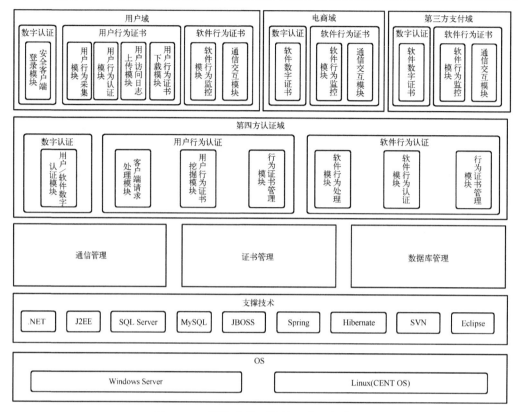

图 10.12　网络交易可信认证中心架构图

的该用户行为证书认证用户当前访问行为的可信性。如果认证通过，那么继续采集用户的访问行为，进行认证；若认证不通过，则将详细认证结果上传至认证中心，由认证中心进行审查、判定。同时，通过软件行为采集模块实时采集客户端软件行为，并由通信交互模块上传至认证中心。而电商和第三方支付也同样通过软件行为监控模块实时采集其软件行为，并由通信交互模块上传至认证中心。如果软件行为认证通过，则认证中心发回反馈信息，继续进行交易流程，同时三方软件行为监控继续进行实时采集；若认证不通过，则由认证中心广播通知交易三方交易流程出现异常，并终止交易。当交易完成后，安全客户端由用户访问日志上传新的访问日志至认证中心，当认证中心收到新的访问日志后，发回反馈信息，用户退出安全客户端。接着，认证中心通过证书管理模块调用用户行为证书挖掘模块对新的用户访问日志进行挖掘，更新该用户的行为证书。当一个新的电商或第三方支付平台加入时，首先对其进行审核，通过后颁发数字证书；接着通过分析其网站源码，挖掘出其相应的软件行为证书，上传至认证中心，由行为证书管理模块统一进行管理[53,54]。网络交易可信认证中心认证流程如图 10.13 所示。

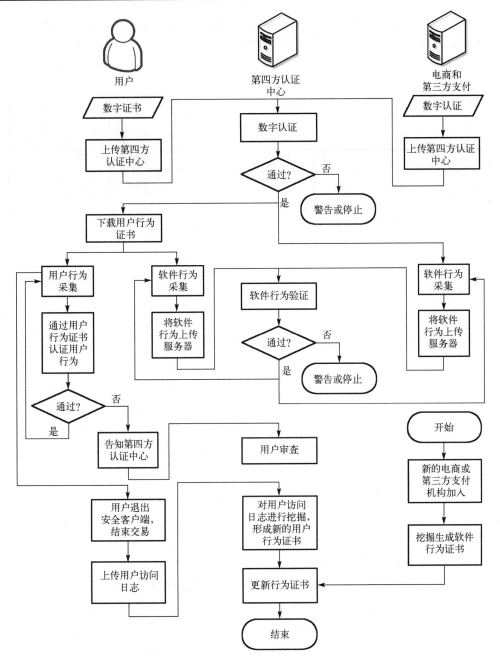

图 10.13 网络交易可信认证中心认证流程

2. 软件行为认证

根据用户、电子商务网站、第三方支付平台在正确交易流程下的三方通信数据包，由专业人员刻画三方正常合法交互行为，形成软件行为模型，从而构建软件行为证书。软件行为分析整体框架如图 10.14 所示。

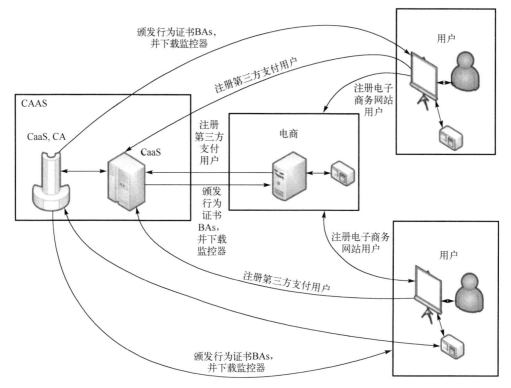

图 10.14　软件行为分析整体框架

软件行为证书将三方之间的交易信息交互过程抽象成的 Petri 网，将三方每次执行一步作为一个变迁，例如，修改数据库、修改订单状态等；将三方特定的行为理解为触发条件并抽象为库所，如订单消息、状态消息等和单击购买按钮行为等；同时，规定一个变迁中每个输入库所必须有且唯有一个托肯，变迁才有资格被触发。在软件行为证书构建完成后，三方身份判别由软件行为监控验证系统来实现。软件行为监控验证系统由三方软件行为监控器和软件行为实时验证系统两个部分组成。三方软件行为监控器主要监控三方交易交互数据包并提取必要信息(URL 地址、参数等)，将关键信息以数据包的形式发送给软件行为实时验证系统。软件行为实时验证系统在接收三方监控器分别提交的交易交互信息数据包后，提取并整合其中的关键序列与信息。并将此序列信息设置为交互序列与软件行为模型进行实时对比，一旦发生乱序，如假冒身份等非法行为，则进行警报并关闭交易。

3. 可信认证在线监控可视化呈现

可信认证中心监控中心用于监控用户、商家和第三方支付公司在进行在线交易行为时产生的用户行为数据与软件行为数据，并采用多种类多维度的表格与图表的方式直观动态地展现过程中产生的数据。监控中心作为直观动态展现以上数据的平台，目前主要分为三个部分，每个部分又分别由三个屏幕组成共九个屏幕组成。三个部分分别为平台软件行为监控、平台交易数据监控和平台用户行为监控。软件行为监控分屏显示了包括购物者、电商、第三方支付平台三方的软件行为监控日志。平台交易数据监控为模拟经过四方认证平台的实时交易模拟数据，具体包含了滚动展现的交易日志、全国交易数据的分布以及平台实时的交易额与交易笔数数据。用户行为监控以单用户与多用户的用户行为浏览日志与评分，以及包含频繁访问类和访问时间段在内的多维度的用户浏览习惯展现。

第一部分为平台软件行为监控，其主要监控包含了电商、第三方支付以及用户的软件行为监控，监控系统通过滚动列表的方式展示软件行为的日志，并高亮显示异常交易，以此帮助业务人员分析异常报警。部分界面如图 10.15 所示。

商家软件行为监控

ID	订单ID	发生时间	输入标识	输入URL	输出标识	输出URL	发生变迁	状态
4237	520	2013-09-04 13:37:18 Wed	1	orderIDgrossstatushid	0	null	HandleIPN	异常
4234	520	2013-09-04 13:37:09 Wed	0	null	0	null	PlaceOrder	正常
4232	519	2013-09-04 13:36:58 Wed	1	10.60.149.195/junzhu_	0	null	FinishOrder	正常
4229	519	2013-09-04 13:36:50 Wed	1	orderIDgrossstatushid	1	http://10.60.149.179/(	HandleIPN	正常
4226	519	2013-09-04 13:36:41 Wed	0	null	0	null	PlaceOrder	正常
4224	518	2013-09-04 13:36:30 Wed	1	orderIDgrossstatushid	0	null	HandleIPN	异常
4221	518	2013-09-04 13:36:21 Wed	0	null	0	null	PlaceOrder	正常
4219	517	2013-09-04 13:36:10 Wed	1	10.60.149.195/junzhu_	0	null	FinishOrder	正常
4216	517	2013-09-04 13:36:01 Wed	1	orderIDgrossstatushid	1	http://10.60.149.179/(	HandleIPN	正常
4213	517	2013-09-04 13:35:52 Wed	0	null	0	null	PlaceOrder	正常
4211	516	2013-09-04 13:35:42 Wed	1	10.60.149.195/junzhu_	0	null	FinishOrder	正常
4208	516	2013-09-04 13:35:33 Wed	1	orderIDgrossstatushid	1	http://10.60.149.179/(	HandleIPN	正常
4205	516	2013-09-04 13:35:23 Wed	0	null	0	null	PlaceOrder	正常

第三方支付软件行为监控

ID	订单ID	发生时间	输入标识	输入URL	输出标识	输出URL	发生变迁	状态
4230	519	2013-09-04 13:36:53 Wed	1	http://10.60.149.179/(	0	null	Paying2	正常
4228	519	2013-09-04 13:36:47 Wed	1	10.60.149.179/Caas/se	1	orderIDgrossstatushid	Paying	正常
4217	517	2013-09-04 13:36:04 Wed	1	http://10.60.149.179/(	0	null	Paying2	正常
4215	517	2013-09-04 13:35:58 Wed	1	10.60.149.179/Caas/se	1	orderIDgrossstatushid	Paying	正常
4209	516	2013-09-04 13:35:36 Wed	1	http://10.60.149.179/(	0	null	Paying2	正常
4207	516	2013-09-04 13:35:30 Wed	1	10.60.149.179/Caas/se	1	orderIDgrossstatushid	Paying	正常
4201	515	2013-09-04 13:35:07 Wed	1	http://10.60.149.179/(	0	null	Paying2	正常
4199	515	2013-09-04 13:35:01 Wed	1	10.60.149.179/Caas/se	1	orderIDgrossstatushid	Paying	正常
4189	527	2013-07-22 22:48:56 Mon	1	http://10.60.149.179/(	0	null	Paying2	正常
4187	527	2013-07-22 22:48:50 Mon	1	10.60.149.179/Caas/se	1	orderIDgrossstatushid	Paying	正常
4181	526	2013-07-22 22:48:27 Mon	1	http://10.60.149.179/(	0	null	Paying2	正常
4179	526	2013-07-22 22:48:21 Mon	1	10.60.149.179/Caas/se	1	orderIDgrossstatushid	Paying	正常
4173	525	2013-07-22 22:47:57 Mon	1	http://10.60.149.179/(	0	null	Paying2	正常

图 10.15　软件行为监控

第二部分是平台用户行为监控可视化，这部分是对平台用户行为习惯监控数据的可视化，其子部分包含了多维度的用户网络行为信息，如用户的上网时间段的分布、用户访问的网站类的成分等，通过多维度信息展现用户的行为习惯。部分界面如图 10.16 所示。

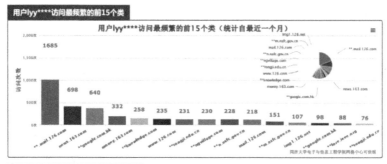

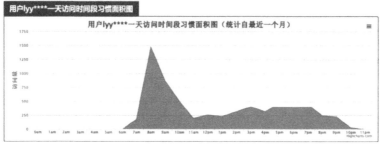

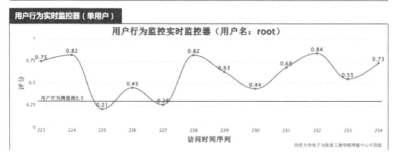

图 10.16   用户行为监控（见彩图）

最后一部分是平台交易数据可视化，用于展示经过平台的交易数据，其数据可以通过实时数据服务从受监控的外部电商平台获取，包括全国交易量统计，实时交易量监控等信息，部分界面如图 10.17 所示。

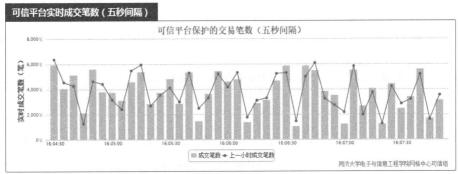

图 10.17　交易量监控(见彩图)

10.5　小　　　结

随着互联网和网络交易的飞速发展，网络交易的风险防范已成为网络交易系统亟待解决的新的安全问题。在开放的网络环境下，完整的网络交易业务流程涉及多个参与实体，多会话机制也使得业务流程中的交互行为更为复杂。网络交易多样化的系统结构和众多角色参与，使得安全风险必然随之增加。所以，如何对多主体多会话业务流程进行准确的刻画，对交易数据进行有效的分析，最终实现有效的风险防控是当前面临的重要研究课题。

参 考 文 献

[1]　中国互联网络信息中心. 第 39 次中国互联网络发展状况统计报告. 2017.

[2]　360 互联网安全中心. 2014 年中国网站安全报告. 2015.

[3]　中国互联网络信息中心. 第 35 次中国互联网络发展状况统计报告. 2015.

[4]　360 互联网安全中心. 2016 年中国互联网安全报告. 2017.

[5]　Wang R, Chen S, Wang X F, et al. How to shop for free online-security analysis of cashier-as-a-service based web stores//Proceedings of the IEEE Symposium on Security and Privacy, Oakland, 2011.

[6]　艾瑞咨询. 中国电商生命力报告. 2016.

[7]　中国互联网络信息中心. 第 38 次中国互联网络发展状况统计报告. 2016.

[8]　Wang M, Ding Z, Zhao P, et al. A dynamic data slice approach to the vulnerability analysis of e-commerce systems. IEEE Transactions on Systems, Man, and Cybernetics: Systems, 2018, 50(10): 3598-3612.

[9]　2010 年中国网络购物安全报告. http://www.infosec.org.cn/news/news_view.ph-p?newsid= 14139, 2010.

[10]　2011 年上半年中国网络购物安全报告. http://www.ijinshan.com/download/2011zgwl-gwaqbg. pdf, 2011.

[11]　360 公司. 2016 年第二季度网络诈骗趋势研究报告. 2016.

[12]　蒋昌俊, 闫春钢, 丁志军, 等. 网络欺诈交易检测方法及装置、计算机存储介质和终端: CN111415167A. 2020.

[13]　蒋昌俊, 闫春钢, 丁志军, 等. 一种信用卡交易异常检测方法及装置: CN110490582A.2019.

[14]　Yin S, Liu G, Li Z, et al. An accuracy-and-diversity-based ensemble method for concept drift and its application in fraud detection//Proceedings of the IEEE International Conference on Data Mining Workshops, Sorrento, 2020.

[15]　蒋昌俊, 闫春钢, 丁志军, 等. 金融交易的可信欺诈检测方法、系统、介质及终端: CN11290 6301A.2021.

[16]　Hertis M, Juric M B. An empirical analysis of business process execution language usage. IEEE Transactions on Software Engineering, 2014, 40(8):738-757.

[17]　Kunze M, Weidlich M, Weske M. Querying process models by behavior inclusion. Software and Systems Modeling, 2015, 14(3): 1105-1125.

[18]　Du Y, Li X, Xiong P C. A Petri net approach to mediation-aided composition of web services. IEEE Transactions on Automation Science and Engineering, 2012, 9(2): 429-435.

[19]　布宁, 刘玉岭, 连一峰, 等. 一种基于 UML 的网络安全体系建模分析方法.计算机研究与发展, 2014, 51(7): 1578-1593.

[20]　Bentounsi M, Benbernou S, Atallah M J. Security-aware business process as a service by hiding provenance. Computer Standards and Interfaces, 2016, 44(1): 220-233.

[21]　Liu G, Jiang C J. Secure bisimulation for interactive systems//Proceedings of the International

Conference on Algorithms and Architectures for Parallel Processing, Zhangjiajie, 2015.

[22] Du Y Y, Jiang C J, Zhou M C, et al. Modeling and monitoring of E-commerce workflows. Information Science, 2009, 179(7): 995-1006.

[23] Yu W Y, Yan C G, Ding Z J, et al. Modeling and validating e-commerce business process based on Petri nets. IEEE Transactions on Systems, Man, and Cybernetics: Systems, 2013, 44(3): 327-341.

[24] Yu W Y, Yan C G, Ding Z J, et al. Modeling and verification of online shopping business processes by considering malicious behavior patterns. IEEE Transactions on Automation Science and Engineering, 2014, 13(2): 647-662.

[25] Yu W, Yan C, Ding Z, et al. Analyzing E-commerce business process nets via incidence matrix and reduction. IEEE Transactions on Systems, Man, and Cybernetics: Systems, 2016, 48(1): 130-141.

[26] 肖茵茵, 苏开乐, 马震远, 等. 实例化空间逻辑下的 SET 支付协议验证及改进. 华中科技大学学报(自然科学版), 2013, 41(7): 97-102.

[27] Ren Q, Mu Y, Susilo W. SEFAP: An email system for anti-phishing//Proceedings of the 6th IEEE/ACIS International Conference on Computer and Information Science, Melbourne, 2007.

[28] Zhang Y, Hong J I, Cranor L F. Cantina: a content-based approach to detecting phishing web sites//Proceedings of the 16th International Conference on World Wide Web, Banff, 2007.

[29] Shah H B, Gorg C, Harrold M J. Understanding exception handling: viewpoints of novices and experts. IEEE Transactions on Software Engineering, 2010, 36(2): 150-161.

[30] Brito P H S, de Lemos R, Rubira C M F, et al. Architecting fault tolerance with exception handling: verification and validation, Journal of Computer Science and Technology, 2009, 24(2): 212-237.

[31] Wang S. A comprehensive survey of data mining-based accounting-fraud detection research// Proceedings of the International Conference on Intelligent Computation Technology and Automation, Changsha, 2010.

[32] Wang Y T, Lee A J T. Mining web navigation patterns with a path traversal graph. Expert Systems with Applications, 2011, 38(6): 7112-7122.

[33] Yang Q, Wang C, Wang C, et al. Fundamental limits of data utility: a case study for data-driven identity authentication. IEEE Transactions on Computational Social Systems, 2020, 8(2): 398-409.

[34] Jain A, Ross A, Prabhakar S. An introduction to biometric recognition. IEEE Transactions on Circuits and Systems for Video Technology, 2004, 14(1): 4-20.

[35] Abaza A, Ross A, Hebert C, et al. A survey on ear biometrics. ACM Computing Surveys, 2013, 45(2): 1-35.

[36] Sharif M, Bhagavatula S, Bauer L, et al. Accessorize to a crime: Real and stealthy attacks on state-of-the-art face recognition//Proceedings of the 2016 ACM SIGSAC Conference on Computer and Communications Security, New York, 2016.

[37] Neverova N, Wolf C, Lacey G, et al. Learning human identity from motion patterns. IEEE Access, 2016, 4(1): 1810-1820.

[38] Leiva L A, Vivó R. Web browsing behavior analysis and interactive hypervideo. ACM Transactions on the Web, 2013, 7(4): 1-28.

[39] Canali D, Bilge L, Balzarotti D. On the effectiveness of risk prediction based on users browsing behavior//Proceedings of the 9th ACM symposium on Information, Computer and Communications Security, New York, 2014.

[40] 张鸿博. 基于移动端用户键盘行为的身份认证方法研究. 上海: 同济大学, 2016.

[41] 张晓萌. 用户键盘行为模式的构建方法研究. 上海: 同济大学, 2015.

[42] Zhang X M, Zhao P H, Wang M M. Keystroke dynamics in password authentication for multi-user account. Journal of Computational Information Systems, 2015, 11(1): 321-331.

[43] Gamboa H, Fred A. A behavioral biometric system based on human-computer interaction. International Society for Optics and Photonics, 2004, 5404(1): 381-392.

[44] Gamboa H, Fred A. An identity authentication system based on human computer interaction behaviour//Proceedings of the International Workshop on Pattern Recognition in Information Systems, Angers, 2003.

[45] Hamdy O, Traoré I. Homogeneous physio-behavioral visual and mouse-based biometric. ACM Transactions on Computer-Human Interaction, 2011, 18(3): 1-30.

[46] 沈超, 蔡忠闽, 管晓宏, 等. 基于鼠标行为特征的用户身份认证与监控.通信学报, 2010, 3(7): 68-75.

[47] Chandola V, Banerjee A, Kumar V. Anomaly detection for discrete sequences: a survey. IEEE Transactions on Knowledge and Data Engineering, 2010, 24(5): 823-839.

[48] 蒋昌俊, 陈闳中, 闫春钢, 等. 基于Web用户时间属性的序列模式挖掘方法: CN103744957A. 2014.

[49] 赵培海, 网络用户行为可信认证构建方法研究. 上海: 同济大学, 2017.

[50] Abramson M, Aha D. User authentication from web browsing behavior//Proceedings of the 26th International FLAIRS Conference, Florida, 2013.

[51] Awad M A, Khalil I. Prediction of user's web-browsing behavior: Application of markov model. IEEE Transactions on Systems, Man and Cybernetics: Cybernetics, 2012, 42(4): 1131-1142.

[52] 蒋昌俊, 陈闳中, 闫春钢, 等. 网络交易中用户与软件行为监控数据可视化系统: CN104573904A. 2015.

[53] 蒋昌俊, 陈闳中, 闫春钢, 等. 软件行为监控验证系统: CN103714456A. 2014.

[54] Jiang C, Fang Y, Zhao P, et al. Intelligent UAV identity authentication and safety supervision based on behavior modeling and prediction. IEEE Transactions on Industrial Informatics, 2020, 16(10): 6652-6662.

[55] 郑宇卫. 电子交易的两层风险控制模型及其方法研究. 上海: 同济大学, 2015.

[56] 蒋昌俊, 丁志军, 章昭辉, 等. 面向设备识别的双因子认证方法、系统、介质及服务端: CN112152997A. 2020.

[57] 蒋昌俊, 闫春钢, 刘关俊, 等. 交易行为轮廓构建与认证方法、系统、介质及设备: CN108229964A. 2018.

彩　　图

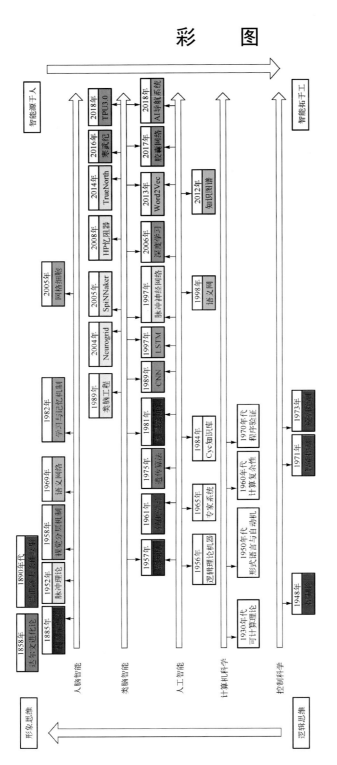

图 1.3　智能版块 "五线谱"

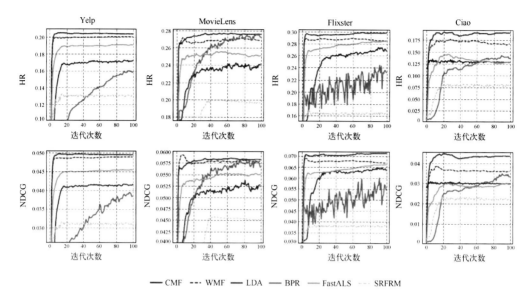

图 3.2　模型的预测精度 vs 迭代次数($K=20$)

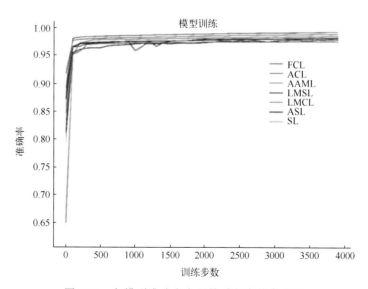

图 4.13　各模型准确率在训练过程中的变化图

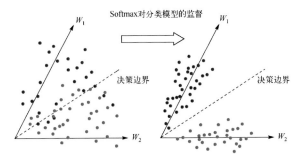

图 4.15　Softmax 损失的几何解析实例

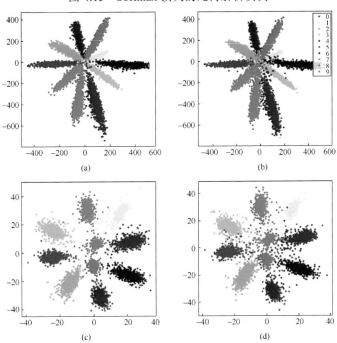

图 4.16　Softmax 损失与 PGL 在 MNIST 数据集上的可视化效果

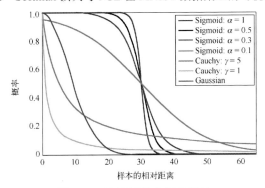

图 4.17　映射函数之间的对比

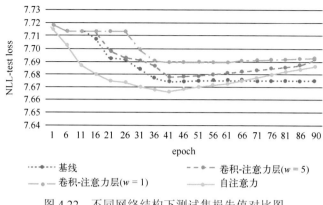

图 4.22　不同网络结构下测试集损失值对比图

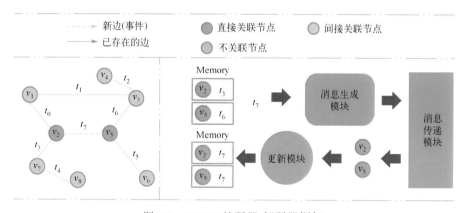

图 5.2　DGNN 编码器-解码器框架

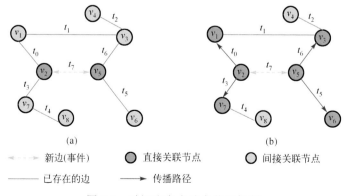

图 5.4　时间注意力消息传递机制

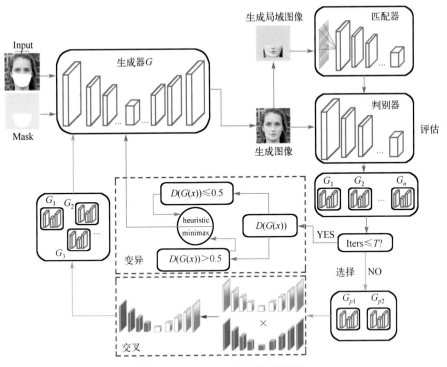

图 7.7　EG-GAN 的结构框架图

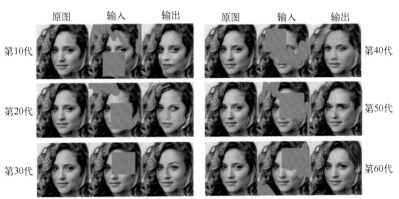

图 7.20　不同代数下的修复结果

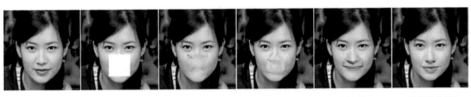

(a) 原图　　(b) 掩盖输入　　(c) M1　　(d) M2　　(e) M3　　(f) EG-GAN

图 7.22　不同方法的图像修复结果

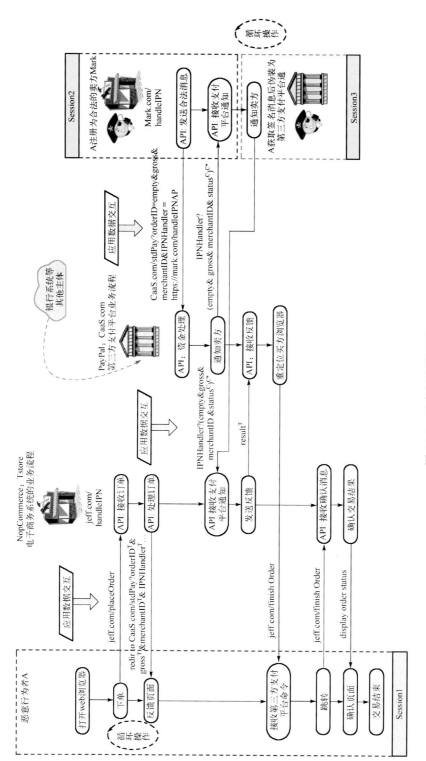

图 10.2　恶意行为流程图

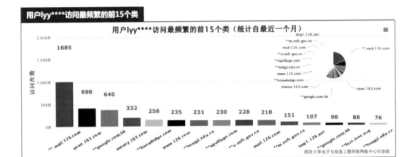

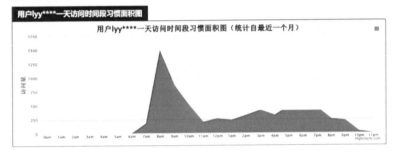

ID	用户	访问时间	访问URL	系统评分
5570074	root	2013-11-28 14:33:01 星期四	http://www.coding123.net/article/20121112/jquery-easyui-1...	0.73
5570072	root	2013-11-28 14:32:59 星期四	http://bbs.manmankan.com/forum.php	0.55
5570070	root	2013-11-28 14:32:57 星期四	http://bbs.manmankan.com/home.php?mod=medal	0.84
5570068	root	2013-11-28 14:32:55 星期四	http://e.weibo.com/starcraft?ref=http%3A%2F%2Fwww.weibo...	0.68
5570066	root	2013-11-28 14:32:53 星期四	http://www.weibo.com/sora0601?wvr=5&	0.44
5570064	root	2013-11-28 14:32:51 星期四	http://bbs.manmankan.com/home.php?mod=medal	0.63
5570062	root	2013-11-28 14:32:49 星期四	http://bbs.manmankan.com/home.php?mod=medal	0.82
5570060	root	2013-11-28 14:32:47 星期四	http://bbs.manmankan.com/home.php?mod=medal	0.26
5570058	root	2013-11-28 14:32:45 星期四	http://www.cnblogs.com/mihu/p/3140418.html	0.45
5570056	root	2013-11-28 14:32:43 星期四	http://hi.baidu.com/sps_smolhh/item/2e7f3645a50ab50fc116	0.21
5570054	root	2013-11-28 14:32:41 星期四	http://www.coding123.net/article/20121112/jquery-easyui-1...	0.82
5570052	root	2013-11-28 14:32:39 星期四	http://www.cnblogs.com/mihu/p/3140418.html	0.75
5570050	root	2013-11-28 14:32:37 星期四	http://blog.csdn.net/glarystar/article/details/6676824	0.85
5570048	root	2013-11-28 14:32:35 星期四	http://bbs.redocn.com/design/ziti/12302d7d6cca5ba4f3d0a1...	0.45

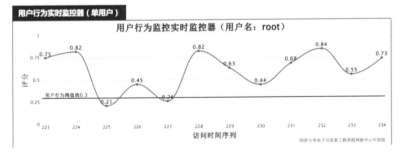

图 10.16　用户行为监控

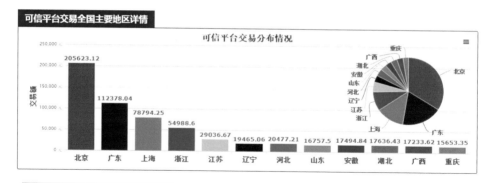

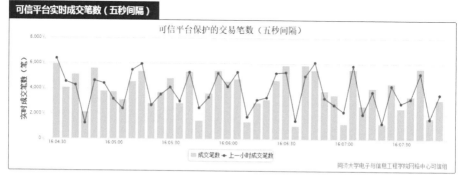

图 10.17 交易量监控